Globally Important AGRICULTURAL HERITAGE Systems

中国世界遗产全记录丛书

COMPLETE RECORDS OF CHINA'S WORLD HERITAGE SERIES

山东出版传媒股份有限公司

重点图书

中国世界农业文化遗产全记录

Complete Records of China's World Agriculture Cultural Heritage

主　编／王思明　副主编／刘馨秋　赵文

齊魯書社

·济南·

图书在版编目（CIP）数据

中国世界农业文化遗产全记录 / 王思明主编. -- 济南：齐鲁书社, 2023.1
（中国世界遗产全记录丛书）
ISBN 978-7-5333-4570-9

Ⅰ. ①中… Ⅱ. ①王… Ⅲ. ①农业－文化遗产－介绍－中国 Ⅳ. ①S

中国国家版本馆CIP数据核字(2023)第002856号

策划编辑　傅光中
责任编辑　冯晓品
责任校对　王其宝　赵自环
装帧设计　刘羽珂

中国世界农业文化遗产全记录
ZHONGGUO SHIJIE NONGYE WENHUA YICHAN QUANJILU
王思明　主编

主管单位　山东出版传媒股份有限公司
出版发行　齐鲁书社
社　　址　济南市市中区舜耕路517号
邮　　编　250003
网　　址　www.qlss.com.cn
电子邮箱　qilupress@126.com
营销中心　（0531）82098521　82098519　82098517
印　　刷　山东临沂新华印刷物流集团有限责任公司
开　　本　720mm × 1020mm　1/16
印　　张　22.25
插　　页　3
字　　数　280千
版　　次　2023年1月第1版
印　　次　2023年1月第1次印刷
标准书号　ISBN 978-7-5333-4570-9
定　　价　88.00元

编委会

前 言

2002 年，联合国粮食及农业组织（FAO）、联合国开发计划署（UNDP）、全球环境基金（GEF）和联合国教科文组织（UNESCO）、国际文化财产保护与修复研究中心（ICCROM）、世界自然保护联盟（IUCN）、联合国大学（UNU）等十余家国际组织或机构以及一些地方政府，共同启动了全球重要农业文化遗产系统（Globally Important Agricultural Heritage Systems，简称 GIAHS）保护和适应性管理项目工作，目的是为了在经济与文化全球化、生态环境变化、政策不确定性及人类活动对环境影响越来越大的背景下，建立全球重要农业遗产及其有关的景观、生物多样性、知识和文化保护体系，并在世界范围内得到认可与保护，使之成为可持续发展与管理的基础。全球重要农业文化遗产系统，本书统称“世界农业文化遗产”。

全球重要农业文化遗产系统基本等同于世界文化遗产，同时更加突出“农业”内容。这一系统或景观要具有丰富的生物多样性，是农林牧渔相结合的复合系统，是动植物、人类与景观在特殊环境下共同适应与共同进化的系统，而且是通过高度适应的社会与文化实践及其机制进行管理的系统。它还应满足当地社会经济与文化发展的需要，能够为当地提供粮食与生计安全和社会、文化、生态系统服务功能，有利于促进区域可持续发展。

为了保护这一系统的文化遗产价值和农业生态价值，更为了使其以活态形式存在，联合国粮农组织自 2005 年开始在全球范围内评选传统农业系统保护试点，并选择了 10 种典型的农业系统作为参照类型，包括山区水稻梯田农业生态系统、农林复合系统、林下养殖系统、游牧与半游牧系统、独特的灌溉和水土资源管理系统、复杂的多层庭园系统、湿地农业系统、部落农业遗产系统、高价值作物和香料系统、狩猎—采集系统。经过十余年的探索和发展，被列为保护试点的全球重要农业文化遗产系统已达到67个，分布于全球20多个国家和地区。

中国是具有万年以上农耕历史的农业文明古国，农业科技和文明长期走在世界前列，对世界农业的发展产生过深刻影响，对世界文明进步做出了重大贡献。在联合国粮农组织和有识之士的大力推动下，中国也掀起了农业文化遗产保护与项目申报的热潮。截至2022年5月底，中国已有18个农业系统入选全球重要农业文化遗产保护项目，包括浙江青田稻鱼共生系统、江西万年稻作文化系统、云南红河哈尼稻作梯田系统、贵州从江侗乡稻鱼鸭系统、云南普洱古茶园与茶文化系统、内蒙古敖汉旱作农业系统、浙江绍兴会稽山古香榧群、河北宣化城市传统葡萄园、福建福州茉莉花种植与茶文化系统、江苏兴化垛田传统农业系统、陕西佳县古枣园系统、甘肃迭部扎尕那农林牧复合系统、浙江湖州桑基鱼塘系统、中国南方山地稻作梯田系统、山东夏津黄河故道古桑树群、河北涉县旱作石堰梯田系统、内蒙古阿鲁科尔沁草原游牧系统、福建安溪铁观音茶文化系统。这些系统包括在不同生态环境下形成的传统农业生产方式、种质资源、古代农业遗址、农业民俗文化、农业景观以及与其相伴而生的农业技术、耕作制度和农耕工具等，至今仍对世界农业发展甚至人类的生存与发展具有十分重要的意义。

本书对中国列入全球重要农业文化遗产保护项目的18个农业系统进行梳理，详细阐释其历史传承、价值与特点、现状与发展，旨在通过展示中华农耕文明成就，弘扬中华优秀传统文化，为增强我国人民文化自信、实施乡村振兴战略服务。

目 录 CONTENTS

浙江青田稻鱼共生系统

青田稻鱼共生系统位于浙江省东南部，瓯江中下游，总面积2493平方千米。青田稻鱼共生系统保护核心区龙现村占地面积4.6平方千米。青田县属亚热带季风气候区，有显著的山地立体气候特征和较明显的海洋性季风气候特征，四季分明，地貌多样。境内溪谷纵横，山峦相接，生物资源丰富。青田县还是中国著名侨乡，有23万华侨遍布世界120多个国家和地区。稻鱼养殖业是当地最重要的生产生活方式。

青田稻鱼共生系统（全国农业展览馆网）

稻鱼共生系统，是一种典型的生态农业生产方式。系统内水稻和鱼类共生，通过内部自然生态协调机制，实现系统功能的完善。稻鱼共生，既可以实现水稻丰产，又能充分利用稻田养殖鱼类；促进了稻田生态系统的物质循环与能量流动，提高了生产效益；减少了化肥农药的使用，保护了农田生态环境；提高了当地居民的生活质量，传承了地方农耕文化。

稻田养鱼产业是青田县的主导产业，面积 8 万亩，标准化稻田养鱼基地占地 3.5 万亩，是青田县东部地区农民主要收入来源。稻鱼共生系统的种养模式具有生态、高效的特点，鱼具有为水稻除草、除虫、松土、增肥、通气的功能，水稻可以为鱼提供天然饲料，减少了化肥、农药、人工饲料的投入，并能够调节系统内的小气候，鱼和水稻形成和谐共生系统。青田田鱼品种优良、肉质细嫩、鱼鳞柔软可食，是集观赏、食用、加工等功能于一体的优良鲤鱼品种。悠久的稻鱼共生技术还促使当地产生了“鱼文化”，青田田鱼与青田本土文化融合，形成了一种独特的民间艺术——青田鱼灯舞。青田鱼灯舞曾参加 1999 年中华人民共和国成立 50 周年天安门广场中心表演区演出、2001 年第五届中国国际民间艺术节、2004 年第七届中国艺术节和中西（西班牙）建交 30 周年庆典、2008 年北京奥运会、2010 年上海世博会、2011 年第八届全国残运会、中意（意大利）建交 40 周年庆典等国内外文化交流活动。

2005 年 5 月，浙江青田稻鱼共生系统入选全球重要农业文化遗产系统（GIAHS，以下简称“全球重要农业文化遗产”）。

一、历史发展

稻田养鱼技术在我国的历史十分悠久。中国是世界上最早进行淡水养鱼的国家之一。自春秋时期火耕水耨、饭稻羹鱼开始，淡水养鱼与水田种稻就一直是吴越地区的生产生活方式。青田县属古代吴越地区，也一直延续着这一生产生活方式。至唐朝时，发展形成养鱼种稻为一体的稻田养鱼农业生产模式。明清时期，这一生产方式进一步发展，清中后期逐渐从自给自足转向商品贩卖，并从中获取收益。青田县稻鱼共生系统的发展主要经历了以下几个历史时期：

新石器时期——捕鱼的起源　自新石器时代开始，江浙地区居民便以种稻渔猎为生。河姆渡遗址中出土的木桨、陶舟、结网工具和鱼骨，绍兴马鞍凤凰墩出土的公元前2000年左右的陶网坠，都是先民捕鱼活动的证据，说明新石器时代江浙地区已出现了人类的捕鱼行为。

春秋时期——堰塘养鱼的开始　春秋时，江浙地区属吴国和越国，吴越人即古越族，仍以种稻渔猎为生。《史记·货殖列传》载："楚越之地，地广人稀，饭稻羹鱼，或火耕而水耨。"据说，春秋末期越大夫范蠡著《陶朱公养鱼经》，开创了中国堰塘养鱼的历史，人工养殖淡水鱼开始出现。此后，淡水鱼类养殖成为江浙地区重要的农业生产方式之一。

秦汉时期——青田稻鱼共生系统的形成　战国后，古越人经历了越灭吴、楚灭越、秦灭楚等巨大社会变化，大部分北迁被汉族同化，或是逃亡到东部沿海地区、西南内陆地区。少部分留在吴越的越人进入江浙地区的山区。越人进入山区后，因缺乏"饭稻羹鱼"饮食习惯中食用鱼的来源，且山区不如平原地区适合进行大规模的开塘养鱼，所以开始利用稻田养殖淡水鱼，以延续之前的生活方式。稻鱼共生系统由此形成。

明清以后——青田稻鱼共生系统的成熟　至明清时，青田县稻鱼养殖技术趋于成熟。明洪武《青田县志》载：田鱼有红黑驳数色，于稻田及圩池养之。这是目前有关青田田鱼养殖的最早史料直接记载，距今已有600多年。这一阶段，田鱼种类逐渐多样。清光绪《青田县志》卷四《风土物产》记载：田鱼，有红、黑、驳数色，土人在稻田及圩池中养之。清光绪《汤溪县志》卷六《食货》载：泥鳅，捕者亦多，夏秋之交于野塘及晚稻田中捕之。民国《建德县志》卷二《实业志》载：北区胥村鲇鱼山脚最多，簇聚水田。四五月间，往往千百成群，经冬则无。民国《宣平县志》卷五《实业志》载：鲤鱼，河、溪皆有，畜池塘中。……又一种春售鱼秧，似针，放畜稻禾水田。及秋，取之，可十两许。若放池塘中，迟之又久。大者可二三斤，较河鲤色稍黑，肉略肥，味亦相近。俗谓之田鲤鱼。以上地方志记载说明，这一阶段田鱼种类丰富，出现了红、黑等不同种类；除了田鲤鱼、泥鳅等鱼类，还有田螺、毛蟹等水生动物；此外，养殖技术上逐渐专业化，出现稻鱼共生或稻鱼轮作的方式。主要方式是将鱼苗投入水田，待收获时用竹篮放饵引诱捕之。如民国《宣平县志》卷五《实业志》载：（鳝鱼）……土人以小篾笼内纳芳香饵少许，夜放水田中，次早收售。自四月至八月颇有利。

青田稻鱼共生系统景观格局（全国农业展览馆网）

经过漫长的时间历程，青田稻鱼

共生系统发展成为一种成熟的生态农业模式。通过“鱼食昆虫杂草——鱼粪肥田养稻”的方式，使系统自身维持正常循环，保证了农田的生态平衡，形成了一种原始协作、互生互惠的循环体系。青田稻鱼共生系统是中国传统农业智慧的体现，更是传统农耕文化中天人合一、和谐共生精神的象征。

二、系统构成

系统结构

农渔复合 青田稻鱼共生系统是一种典型的农渔复合系统，既具备农田生态系统的特点，也具备渔业生产的特点。水稻、杂草构成了系统的生产者，鱼类、昆虫以及其他水生生物，构成了系统的消费者，细菌与真菌则是分解者。鱼类食用昆虫与杂草，为水稻创造良好的生长环境，鱼粪又可以起到肥田的作用，构成良性循环。系统自身不需要使用化肥农药，实现系统内部废弃物“资源化”，对稻田土壤有保肥、增肥的效果。在获得农业产品的同时，农民还可以额外得到渔业产品，丰富了当地人饮食结构，也创造了收入机会。

景观格局 青田稻鱼共生系统保护区内呈现出“田－水－建筑”的自然景观与人文景观相互交错的格局。当地民居几乎家家临水，具有水乡地区的景观特征。有水便有鱼，田鱼直接养殖于民居附近的水域，形成了动静合一、虚实交错的水乡田园景观。青田稻鱼共生系统是青田当地农民在总结历史经验后，创造性、动态地适应当地环境而发展起来的一种农业可持续发展模式，这种景观格局是传统稻鱼共生系统演化的土壤，同时，也赋予了这种景观格局独特的人文内涵。

相关知识体系和适应技术

青田稻鱼共生系统的知识体系主要分为两个部分：一是关于田鱼的放养、管理和收获；二是关于水稻的种植技术。田鱼的放养遵从历史经验，在放养鱼苗前需要将田埂加固，之后用竹篾、树枝编织成栅栏安装在稻田进出水口，防止鱼逃脱。每年2月底，放养鱼苗；投放之前用盐水消毒，一般于清晨或傍晚投放，每亩投放300尾左右。每年3月，开始做3年以上田鱼产卵的准备工作，砍柳杉树枝放置在水田中，等待田鱼产卵受精；几天后收获鱼卵，经过淋水曝晒等方法即可收获鱼苗。水稻种植以一年一熟的耕作制度为主。传统耕作方式为稀植，行株距离为40厘米 ×36厘米左右，现在一般采用宽行窄距、长方形东西密植的方法，蓄水高度10厘米～20厘米为宜，根据水稻品种、抗倒伏能力、抗病虫害能力及地力等状况使用相应的种植技术。

系统特征

青田稻鱼共生系统是当地居民在适应青田气候条件、地形地貌之后进行农业生产时所形成的生态农业模式。青田地处浙南中低山丘陵区，地形复杂。沿江两侧分布有河谷平原，山间有方山、阜山、海溪等盆地。海拔50米以下的河谷占5%，山间盆地占5.3%，丘陵和山地占89.7%，故称青田之地貌为“九山半水半分田”。青田地处瓯江水系，水资源丰富，但与此同时浙江东部溪流湍急，且有较多滩石，山地溪水中很少出现鱼类的踪影。并且，山区地势陡峭，难以普遍开挖池塘养鱼，宜稻、宜渔面积极少。在缺少发展平原生产模式的条件下，利用有限的水土资源实行稻鱼共生的生产方式成为必然选择。稻鱼共生是一种内部扩大再生产的农业模式，是对有限的土地资源的综合利用、立体开发，使得耕地具有种稻养鱼等多种功能，有效地缓解了人地矛盾，是当地农民顺应自然地理条件进行农业活动的体现。

稻田分布于山间（青田网）

青田稻鱼共生系统是一种可循环、可持续的生态系统。通过稻、鱼互相作用，利用山区生态资源，完成食物链物质流动与能量循环，不需要过多的外力帮助。在稻田中，田鱼能吃杂草，又能吃掉稻飞虱等有害昆虫以及水稻无效的分蘖，能明显地减少病虫害，其粪便还能肥田；水稻则为鱼遮阴，提供饵料。这种机制使物质和能量得以良性循环。种稻过程中很少使用或不使用农药、化肥，养鱼不用抗生素、生长激素，维持了系统的生态安全，产生了无污染、无添加的农业产品。青田稻鱼共生系统对农业可持续发展模式有着示范作用。

稻田养鱼在浙、闽、赣、黔、湘、鄂、云、贵、川等地的山区较普遍，养殖鱼类以草鱼、鲤鱼为主，也养殖鲫、鲢、鳙、鲮等。青田先民从稻田所养鱼类中选育出独特的传统品种——青田田鱼。青田田鱼属鲤鱼的一个变种，从体色上可分为全红、青、黑、大花、麻花、粉玉、粉花等多种体色，具有食用和观赏的双重价值，亦是研究鱼类体色遗传和育种的资源。从鳞片上可分为大鳞田鱼和细鳞田鱼两种。田鱼具有食性杂、适应性广、繁殖力强、成活率高、生长迅速、肉质细嫩鲜美和营养丰富等优点。此外，田鱼还属药用鱼类，它的肉有利尿、消肿等功效，青田地区食用田鱼多以制成田鱼干为主，田鱼干是青田地区最独特的农产品。

青田稻鱼共生系统作为一种复合型的农业系统，对当地的生态、社会、文化都有重要影响。在生物多样性保护、生物防治、水土保持和促进碳循环上实现了生态功能。可持续的农业生态系统对亚洲及其他地域的稻米种植区有示范意义。生态景观与人文景观自然融合形成了优美的环境，具有景观功能。对传统农业知识的继承与发展和对现代科研的支持与推动，体现了青田稻鱼共生系统的文化功能。此外，民俗旅游、农产品品牌推广，体现出稻鱼共生系统的经济功能。青田稻鱼共生系统的多功能性，可以促进生态、社会、文化、经济的协同发展，使其成为一个以稻鱼共生为核心的复合系统，完整地展现了遗产地风采。

三、价值与特点

全球重要性

青田稻鱼共生系统拥有1300多年的悠久历史，鱼稻共生在世界上许多国家都有着广泛的实践，在亚洲水稻产区尤为如此。水稻与田鱼相互依赖，互相促进。水稻为田鱼提供生存空间与有机食物，而田鱼则可为水稻除草、松土增肥、提供氧气、吞食害虫、减少病虫害，由此形成了一个绿色的营养循环体系。当地农民在这一生态系统中，使用轮作、稻鱼共作等技术，对田间稻禾距离、鱼苗的放养与选育进行人工控制，在不破坏原有生态循环的前提下，发挥主观能动性，获取所需的农业产品。稻鱼共生系统具有维持碳循环和养分循环的生态功能。在保护种质资源、维持生物多样性、调节生态平衡的前提下，为人类提供了高质量的植物蛋白与动物蛋白，并带来经济效益。这一传统的农业耕作方式，是农民在长期适应当地自然条件的情况下形成的独特的生产方式与土地利用方式，实现了真正意义上的人与自然和谐共处。青田稻鱼共生系统是可持续的农业生态系统，具有极大的推广潜力，对亚洲及其他地域的稻米种植区有示范意义与借鉴价值。

青田稻鱼共生系统是生态景观与人文景观自然融合的完美体现。稻鱼共生的复合生态系统为静态稻田增添了动态景观，农田的季节性变化也展现出四季不同的景观特征。此外，稻鱼共生是一种典型的生态农业，它能够充分利用水稻和鱼之间的相互依存关系，减少农药、化肥等的使用，对农业生态环境起到良好的净化作用，有利于农村生态环境的改善，推动美丽乡村建设。

青田稻鱼共生系统在遗产保护研究和复合农业生态系统的研究方面具有科研价值。农业文化遗产保护研究需要多学科交叉、多角度分析、多方法并用，其中农学、生态学、经济学、地理学、文化学、社会学等，将成为农业文化遗产保护的基础性学科，相关交叉学科以及衍生学科也将发挥各自的重要作用。稻鱼共生系统的文化遗产保护研究，必将有力地推动各学科的融合。此外，稻鱼共生系统属于典型的复合农业生态系统，系统内稻、鱼以及其他动植物和谐共存。农业文化遗产保护尤其关注农业生态系统的保护，因此，稻鱼共生系统对复合农业生态系统的研究具有重要价值。

生物多样性与生态价值

青田稻鱼共生系统不仅为当地提供了优质的稻米、鱼类资源，而且在生物多样性保护、生物病虫害防治、水土保持和促进碳循环上具有重要的生态价值，尤其在保护优质稻米、鱼类种质资源，以及维持生物多样性方面发挥着重要作用。

生物多样性保护 青田县植物资源丰富，现有植物种类90多科、290多属、700多种。国家重点保护植物有钟萼木、香果树、华东黄杉、长叶榧、杜仲、银杏、江南油杉等15种。具有经济价值的野生植物有油料类、芳香类、化工原料类、药用类、野生果及饮料类等8类。全县境内分布有脊椎动物29目75科294种。其中，兽类8目20科55种，鸟类16目39科180种，爬行类3目9科38种，两栖类2目7科21种。已知属于国家一级保护动物的有云豹、黑麂、黄腹角雉、白颈长尾雉、鼋5种；属于国家二级保护动物的有猕猴、穿山甲、豺、青鼬、水獭、大灵猫、小灵猫、苍鹰、赤腹鹰、松雀鹰、白鹇、白鹭等。

水分调节与水土保持 稻鱼共生促进了生态环境的改善，增强了抵御自然灾害的能力。稻田具有保存水分的能力，并可以从天然溪流和沟渠中获取土壤养分供给系统中的植物。稻田养鱼使得田埂得以加高加固，并开挖沟壑，增大了农田的蓄水能力，有利于防洪抗旱，调节水资源。在丘陵地区，采用稻鱼共生系统，可使每亩稻田蓄水量增加200立方米。如果建设10万亩稻鱼共生稻田，能多蓄水2000万立方米，相当于建设一个小型水库，能显著增强当地的抗旱能力。

生物防治 稻鱼共生系统还具有生物治虫的作用，可明显减少使用药剂防治水稻病虫害的次数，降低农药污染。稻田里养殖的鱼类能够吞食落到水面上的稻飞虱、叶蝉、稻螟蛉、卷叶螟、食根金花虫等。据江苏省如皋县邓元农科所的比较分析实验，相比不养鱼类的普通稻田，养鱼稻田三化螟三代卵块数量减少30%，白穗率降低 50%，稻飞虱数量减少 50% 以上，稻纵卷叶虫百株束叶数减少 30%，白叶率降低 70%，稻叶蝉数量减少 30%。此外，稻鱼共生还能明显减少蚊蝇滋生。

促进碳循环　稻鱼共生系统在“用地”时兼具“养地”的功能，可显著提高稻田的肥力。若以每亩放养鱼苗 500 尾计，养鱼稻田与未养鱼稻田相比，有机质可增加 40%，全氮增加 50%，速效钾增加 60%，速效磷增加 130%。鱼的排泄物中富含氮和磷，可以提高稻田的肥力。营养分析报告指出，养鱼稻田的磷酸盐含量是无鱼稻田的 1.2 倍，氨含量是无鱼稻田的 1.3 倍 ~ 6.1 倍。稻鱼共生系统通过稻、鱼互相作用，使物质和能量得以良性循环。种稻过程中很少使用或不使用农药、化肥，养鱼不用抗生素、生长激素，稻鱼的整个生长过程无毒无公害，对促进碳循环、生物链的能量流动、有机农业的发展具有积极意义。

生计与经济价值

青田稻鱼共生系统为当地居民提供了许多优质农产品，最为主要的是水稻与田鱼。精细化的农田管理与优质种质资源促使水稻、田鱼成为青田最具代表性的物产，并带来丰厚的经济效益。

青田田鱼（新华社记者徐昱 摄）

种植业产品　种植业产品以青田稻米为主。青田稻米在种植时不使用农药，具有无污染、生态、环保、优质、有机的特点。目前在青田已形成多个生态米品牌。在稻米种类上，青田地区现存的传统品种主要有红米、千罗稻、晚

青田农民制作田鱼干（百度图库）

稻、中稻、晚谷等。

渔业产品 渔业产品以青田田鱼为主。青田田鱼属鲤鱼中一个独特品系，有红、黑、灰三种颜色，具有观赏价值，且食用可口，无土腥味，鳞片柔软可食且含有较多的卵磷脂。“青田田鱼”已被国家工商行政管理总局商标局核准注册地理标志证明商标，远销欧洲、澳大利亚等海外地区。

多元文化价值

稻鱼共生系统不仅是一种农业生产方式，也具有丰富的文化内涵。稻鱼共生系统在历史的积淀中孕育了厚重的文化，并且衍生出与系统密切相关的乡村宗教礼仪、风俗习惯、民间文艺及饮食文化等，这些文化从不同侧面折射出农业文化遗产的内涵。稻鱼共生系统是稻作文化的延伸，反映了南方农民精耕细作的耕作文化。保护青田稻鱼共生系统，亦是对这一传统耕作文化的保护，人类的农业文化财富也由此得以延续。同时，稻鱼共生系统中还蕴含了遗产地衍生出的各类文化，这些文化相互融合，完整地展现了遗产地的人文风貌。

青田稻鱼共生系统是传统稻作农业生产知识与技术的传承载体。青田农民在上千年的实践中总结出一套特有的农作知识，认识到鱼能够除水田杂草、食害虫、松土和肥田；他们在生产过程中还创造了丰富的农作器具，如田耙、稻梯、稻桶、箩、畚斗、桶、草刀、锄头、畚箕、耖、牛轭、耙、石臼、手磨等。在水稻病害防治方面，他们认识到将松树枝浸泡在田中可防止水稻和田鱼的病害，另外还有在水面洒油以控制病虫害并饲养鱼类的方法；在除草方面，使用一些传统特制的除草工具进行辅助控草，如有在田中除草的工具，也有在田埂上除草的工具。“稻鱼共生，合为一体”，不仅是青田稻鱼共生系统的文化精神，而且是中国传统农耕文化的重要组成部分。

青田鱼灯舞（诠摄汇—中国摄影报官网）

其次，水乡田园景观促使青田产生了特有的“鱼文化”。青田鱼灯是青田鱼文化的代表，是由青田稻田养鱼所衍生出来的民间灯舞。鱼灯仿照淡水鱼形象制作，造型美观、色泽艳丽，一般由 11 盏、13 盏、15 盏组成灯队。每逢春节、元宵节等节日，青田县便会进行鱼灯表演活动。同时，当地还有“尝新饭”的民俗。青田山多田少，稻米产量不高，因此十分珍贵。新米丰收后，为祈求来年风调雨顺，青田农民会举行“尝新饭”的祭祀仪式。“尝新饭”一年一次，每年举行日期须进行挑选，有着完整的祭祀仪礼与流程。此外，当地还产生了许多与青田田鱼相关的传说，并有着田鱼放生的习俗。田鱼是青田民俗文化的基础，为青田稻鱼共生系统增添了人文色彩。

四、现状与发展

发展现状

青田稻鱼共生系统被评为全球重要农业文化遗产后，其社会影响力明显上升，一系列国家级品牌的确立进一步提升了其社会影响与品牌价值。2008年，青田鱼灯舞进入第二批国家级非物质文化遗产代表作保护名录。2013年，青田稻鱼共生系统列入首批中国重要农业文化遗产名录。2013年，青田田鱼获国家地理标志证明商标，田鱼和稻米同时获绿色、有机食品认证。2014年，“青田田鱼”和“青田田鱼干”获得国家生态原产地产品保护证书。2014年，青田县农业局成立青田田鱼品牌管理领导小组。2018年，中国渔业协会授予浙江省青田县“中国田鱼之乡”的称号。此外，方山乡龙现村获得特色乡村旅游示范村、市级文明村、浙江省新农村建设示范村等荣誉称号；2014年小舟山梯田被评为“中国美丽田园”梯田十大景观，后又摘得全国休闲农业创意精品展金奖。

品牌效应提高了青田农产品的知名度。稻鱼生态米、田鱼等产品市场价格稳步提升，农民收入显著提高。2011年，景宁自强稻田鲤鱼养殖合作社作为稻田养鱼产业化试点地，开始采用生态种养技术种植水稻，平均产量为稻谷每亩527.5千克（折合大米约369千克）、无公害田鱼每亩68千克，每亩产值过万元，创造出“千斤稻、百斤鱼、万元钱”的“景宁模式”。2011年青田县建立方山稻田养鱼特色精品园，总面积1000亩，基本实现了“千斤稻、百斤鱼，亩产值三千元”的目标。2013年，建立仁庄稻田养鱼主导产业示范区，总面积3000亩；建立仁庄新彭再生稻稻田养鱼高产示范区，总面积100亩，亩产稻谷710千克、田鱼 140 千克，亩产值近万元。

在对青田稻鱼共生系统的保护上，除了积极与联合国粮食及农业组织、中国科学院地理科学与资源研究所自然与文化遗产研究中心及高校合作，青田县人民政府还制订了详细的保护规划。2010 年，成立青田稻鱼共生系统保护工作领导小组，同年印发《全球重要农业文化遗产青田稻鱼共生系统保护暂行办法》，为“稻鱼共生系统”保护划出三道防护线。“一环线”为核心区，主要村落为方山乡龙现村和邵山村；核心区内必须严格保持沿袭传统稻鱼共生耕作方式和稻种、鱼种资源的原真性，保持区域内遗产文化不受外来文化的侵扰。“二环线”由方山乡其他十余个村组成；这一部分属于缓冲区，以维持传统特色为主，大部分区域保持严格的原真性，适度发展现代化稻田养鱼。“三环线”由鹤城街道、仁庄镇、章旦乡和山口镇组成；该区域以农业文化遗产的现代化模式经营为主，用现代化手段增加稻、鱼产量。

休闲农业与旅游业的发展亦是青田稻鱼共生系统的一大亮点。方山乡因势利导，形成了以田鱼文化为中心的休闲渔业模式，龙源山庄、聚龙山庄、中国田鱼村休闲中心等以田鱼为主导的休闲旅游中心陆续建成，吸引了温州、丽水等周边地区游客前来旅游观光。除了得天独厚的地理位置，渔业休闲观光产业也是吸引游客前来的原因。将田鱼资源、梯田景观和摄影休闲文化有机结合，使休闲观光渔业品牌进一步提升，吸引全国各地的游客。青田县还大力推动以龙现村为核心的方山乡村休闲观光业发展，形成“看遗产、品田鱼”的特色旅游品牌。当地农民通过农家乐餐饮服务、销售田鱼、田鱼干等获得巨大收益。此外，青田县还计划建设博览园、博物馆等集教育、保护、旅游等功能为一体的机构；委托浙江大学、丽水学院编制 GIAHS 稻鱼共生博物园建设总体规划，面积5平方公里，集稻鱼共生系统保护、农业文化遗产展示、农耕文化体验观光为一体，总投资近亿元。2009年底青田稻鱼共生文化博物馆开工建设。

同时，举办及参加各种大型活动也进一步提高了青田稻鱼共生系统的知名度。2017年，第三届“稻鱼之恋”开犁节由青田县供销社和小舟山乡人民政府联合举办。2019年，第四届青田开犁节在稻菊小镇阜山乡举行。中国农民丰收节的举办也有青田稻鱼系统的参与。2018首届中国农民丰收节系列活动暨2018青田“稻鱼之恋”文化节举行。2019年9月21日中国农民丰收节系列活动之青田“稻鱼之恋”文化节活动在方山乡举行。2017－2018年，青田稻鱼米连续两年在浙江省农博会上获得“2017浙江好稻米”和“2018浙江好稻米”，以及浙江农业博览会金奖产品等荣誉称号。2019首届中国稻鱼综合种养战略发展国际高峰论坛暨青田稻鱼米推介会上，青田县荣获生态农业稻鱼共生传承突出贡献奖。通过举办与参与各种产品推介活动，青田稻鱼系统的品牌价值得以提高，经济效益也更加显著，农业文化遗产增加了新的商业价值。

威胁与挑战

首先，传统农业技术难以革新，优质稻鱼品种退化，传统农业文化逐渐消失。青田县稻鱼共生系统虽然有其内在的合理性和优越性，但随着生态环境和社会经济条件的变化，其配套的生产技术必须进行革新，才能适应新的发展形势。这些需要革新的技术包括稻鱼共生系统结构优化技术、化肥农药替代使用技术、水肥优化管理技术、病虫害的生态控制技术等。优良的稻、鱼品种是青田稻鱼共生系统的一大特色。近年来，随着现代农业技术的发展，为追求经济效益，农民开始使用化肥农药及人工添加饲料，并用高产杂交稻逐步替代地方水稻品种，田鱼也被一些外来鱼种所代替，致使地方水稻品种日渐消失，田鱼品种发生退化。传统的稻田养鱼模式是建立在传统农耕文化上的农业技术，是经济与文化的综合体。随着现代生产方式和生活方式以及旅游业发展的影响，当地传统文化受到多方面的冲击。例如，传统种植模式的消失，大量劳动力外出就业，留守村民不依赖养鱼种稻来增加收入，导致稻田面积减少，出现只种稻不养鱼或只养鱼不种稻的局面。传统农业锄草、杀虫方法遭到废弃，为省时省力，许多农民使用化肥、农药，破坏了传统的耕作方式。此外，庙宇祠堂等古建筑空置废弃，逐渐退出日常生活舞台；鱼灯舞、龙舟、百鸟灯、青田鼓词等民间文艺活动逐渐消失；传统文化传承意识淡薄，现代技术在农业生产上的不断利用，机械化、专业化、社会分工程度越来越高等，这些问题都使得传统农业生产方式面临着艰难局面。

其次，旅游发展缺乏规划，生态环境遭到破坏。青田稻鱼共生系统被授予全球重要农业文化遗产后，因其知名度的提高，遗产地内出现了许多旅游项目，逐渐推出特色农家旅游。但在发展旅游业时，也出现了许多破坏原有生态环境的问题，如在河流上游建餐馆，在河流上围坝开展游泳活动等。乱扔垃圾、乱建房屋的问题逐渐增多，环境超载和环境污染问题日益突出。同时，农药、化肥的使用也导致了小流域和下游地区的面源污染。生态环境的破坏影响到青田稻鱼共生系统的稳定，其生态功能与生态价值受到威胁。

第三，集约化程度低下，难以形成规模经济。虽然政府大力推广“千斤稻、百斤鱼、万元钱”的稻田养鱼模式，但由于稻田养鱼产业的从业人员文化水平整体较低，观念落后，缺乏创新意识，以及农业专项发展资金短缺，养殖过程中鱼病、成鱼成活率低等风险问题，致使这一模式普及性不高，集约化经营难以实现。至2015年底，丽水市在青田和景宁两县创建了两个山区特色稻鱼生态种养技术模式和1个稻田养鱼产业化研究省级试点；但因政策不统一、县况差异较大和经济发展不平衡等原因，导致稻田养鱼模式推广力度不均、农民认知度不高、成效不明显，生产模式仍以个体经营为主。同时，针对各地区实际情况制订的实用技术较少，个性化政策明显不足，稻田养鱼模式难以形成规模经济。

未来展望

至2025年，青田稻鱼共生系统遗产地将建设成为中国最具影响力的农业文化遗产展示窗口、中国首个农业文化遗产特色小镇、特色鲜明的休闲农业发展示范基地、充满活力的生态农产品生产基地、富有吸引力的农业科普教育和社会实践基地。遗产地将划分为两个功能区，分别是重点保护区和一般保护区。重点保护区主要包括龙现村和邵山村；一般保护区包括方山乡的其他村，重点涉及周岙、松树下、奎岩庄、后金等村。遗产地保护以农业生态保护、农业文化保护、农业景观保护为主，开发生态产品，发展休闲农业，提升遗产地经济价值。通过农业文化遗产的保护与发展带动遗产地农民增收致富，促进遗产地生态环境保护，维系遗产地社会稳定，推动遗产地传统知识、技术和文化的传承。

参考文献

[1] 吴敏芳、邬爱雷：《全球重要农业文化遗产浙江省青田稻鱼共生系统保护和发展经验》，《世界农业》2014年第11期。

[2] 袁俊、吴殿廷、肖敏：《生态旅游：农业文化遗产地保护与开发的制衡——以浙江青田“稻鱼共生”全球重要农业文化遗产为例》，《乡镇经济》2008年第2期。

[3] 夏如兵、王思明：《中国传统稻鱼共生系统的历史分析——以全球重要农业文化遗产“青田稻鱼共生系统”为例》，《中国农学通报》2009年第5期。

[4] 陈介武、吴敏芳：《试析青田稻田养鱼的历史渊源》，《中国农业大学学报（社会科学版）》2014年第3期。

[5] 曹清瑛：《浙江农业景观的文化形态与发展研究》，浙江农林大学硕士学位论文，2013年。

[6] 孙业红、闵庆文：《中国首个世界农业文化遗产：青田稻鱼共生系统》，《世界环境》2011年第1期。

[7] 李巧玲、吕耀平、戴庆敏等：《守正创新：稻田养鱼转型升级的路径探索——基于全球重要农业文化遗产地青田县方山乡的调查》，《丽水学院学报》2016年第3期。

[8] 杨星星、谢坚、陈欣等：《稻鱼共生系统不同水深对水稻和鱼的效应》，《贵州农业科学》2010年第2期。

[9] 焦雯珺、闵庆文主编：《浙江青田稻鱼共生系统》，中国农业出版社2015年版。

（撰文：段彦）

江西万年稻作文化系统

万年县是世界稻作文化发源地之一，有着灿烂的远古文明；早在旧石器时代，就有人在这里定居劳作，繁衍生息。这片古老神奇的土地，孕育出源远流长、积淀深厚、光辉灿烂的稻作文化；境内的仙人洞与吊桶环遗址内发现了距今约12000年的稻作遗存。经考古学家鉴定，万年贡稻是由野生稻演化而成的一种古栽培稻

江西万年仙人洞遗址（吴青华 摄）

江西万年仙人洞前平原（李鹏春 摄）

类型，同时具有野生稻和栽培稻的特征，邻近的东乡野生稻为其祖型。

据历史文献记载，明朝正德七年（1512），万年县知县为答谢朝廷建县之恩，将当地出产的“坞源早”制成大米进贡皇上，得到“代代耕作，岁岁纳贡”的恩赐，万年贡米由此得名。万年贡米接近野生稻形态特征，是当地先民不断从生产实践中逐渐选育而成的带有野生稻特征的原始栽培稻。

万年县附近的东乡县至今还保存着一片野生稻，这些野生稻谷群落和围绕传统贡米种植生产形成的农耕器具、生产方式、民俗文化以及万年稻谷，在长期发展演变中形成了“野生稻－人工栽培野生稻－栽培稻－稻作文化”的稻作发展历程，共同构成了“百年贡米产业、千年贡谷遗存、万年稻作起源”的稻作文化系统。万年稻作习俗及贡米生产技术被列入江西省非物质文化遗产保护名录，万年县绿色（有机）稻米基地被确定为“鄱阳湖生态农业示范基地”。

万年稻作文化系统于2010年被联合国粮农组织认定为全球重要农业文化遗产，2013年被农业部列入首批中国重要农业文化遗产。

一、历史发展

万年栽培稻及其演化历程

水稻、小麦、玉米是世界主要粮食作物。水稻占世界粮食作物种植面积的1/5，在中国约占全国粮食作物播种面积的1/4。水稻占世界粮食产量中的1/4，在中国约占1/3。水稻作为中国本土起源的粮食作物，是我国的主要粮食作物之一。在中国，自古以来就形成了“北粟南稻”的作物种植格局。

中国是世界栽培稻的起源地，20世纪90年代，中外考古学家联合对万年县仙人洞和吊桶环遗址进行多次考古发掘，在新石器时代早期地层中，不仅发现了丰富的野生稻，还发现了栽培稻植硅石，而且从早期到晚期，野生稻的比例逐渐减少，栽培稻的比例相应递增，清晰地展示了从采集野生稻为主向栽培稻为主的演变过程。而且经碳14测定，遗址中发现的栽培稻植硅石年代在12000年前，表明仙人洞与吊桶环遗址是现今所知世界上最早的栽培稻遗址之一。

江西万年吊桶环遗址（吴青华 摄）

稻作起源地的确定需要具备以下四个方面的条件：一是发现中国最古老的栽培稻或者遗存；二是发现与古栽培稻共存的野生稻种或者遗存；三是发现驯化古栽培稻的古人类群体及其生产工具；四是该地区当时不仅具备野生稻

生存繁衍的气候与环境条件，而且具有驯化野生稻的强烈生存压力。1978 年在与万年县相隔不远的东乡县发现了野生稻群落，它被认为是仙人洞与吊桶环稻作遗存的祖型。

万年贡米，原名籼稻“坞源早”，俗称芒谷，属于香稻之列。谷粒长而瘦，顶端有针芒。也就是说，每一粒稻谷尖上都长有一根坚硬的长长的芒，这长长的谷芒其实是稻谷的防身武器，野猪、鸟雀不敢侵害啄食。“坞源早”有“一亩稻花十里香，一家煮饭百家香”的赞誉。万年的水稻生产和稻作文化，使万年及周边地区的居民得以繁衍生息，无论是稻作农业所生产的稻谷，还是以稻谷为载体的农耕文化，都是万年人最宝贵的财富，也正是这些物质与精神财富共同构成了万年特有的农业文化。稻米为该地区的主要粮食作物，贡谷的种植为当地提供了丰富的农产品，同时贡米也被当地居民用于疾病的食疗。

二、系统构成

生态系统

万年县隶属江西省上饶市，地处江西省东北部，鄱阳湖东南岸。东与弋阳县、贵溪市接壤，西与余干县毗邻，南与余江县接壤，北与乐平相连、与鄱阳县隔乐安河相望。万年境内地貌类型以岗地、丘陵为主，辅之以滨湖平原，地势由东南向西北倾斜，呈阶梯状。东南部群山并立，最高峰海拔 685 米；中部丘陵起伏，间夹小块平原；西北部与鄱阳毗邻，系滨湖地区，湖塘众多，地势较低，最低点海拔 11.5 米。

万年县境内河流主要有乐安河、珠溪河、万年河等河溪 182 条，总长 806 公里。主要湖泊 14 个，山塘、平塘 1500 余口。地属亚热带季风区，风向有季节性变化。秋季北方冷空气南下，冬季冷空气势力达到最强，秋冬二季以偏北风为主；春季，南方暖湿气流势力增强，与北方冷气团在万年地区来往重复，表现为偏北风和偏南风交替出现；夏季暖空气势力达到最强，多受副热带高压控制，天气炎热，偶有台风影响，地面多偏南风。年均无霜期达 259 天，最长无霜期为 300 天，最短无霜期为 227 天。

万年县林地分布广泛，各乡镇林地面积与县土地总面积呈正相关系，森林覆盖率达到 64.1%。林木以用材林和薪炭林为主，防护林也占有一定比重。境内有珍异树种 26 种，列为国家一级保护植物的有红豆杉、银杏；二级保护植物的有鹅掌楸、香榧、凹叶厚朴、花榈木、香樟；已发现中草药品种 106 种，主要有白术、黄枝子、枳壳、金银花、夏天无、金钱草等；野生动物资源丰富，其中兽类 92 种，鸟类 400 种，爬行类 68 种，两栖类 30 种，鱼类 180 种，省级保护的陆生野生动物有 90 种（类）。列入《濒危野生动植物种国际贸易公约》附录一和附录二的野生动植物种类有 20 种（类）。常年分布的珍稀濒危野生动物有东方白鹳。列为省重点保护野生动物的有狼、麂、眼镜蛇、银环蛇、棘蛙、蟾蜍、鹤、雁、鹊、布谷鸟等。

相关知识体系和适应技术

万年稻作文化系统的知识体系和适应技术，主要体现在万年贡米的选育知识和栽培技术方面。其核心知识和技术一直在万年民间传承应用，是具有世界文明价值的瑰宝。

选种技术　万年贡米原名叫“坞源早”，属于香稻系列，是原产于江西省万年县裴梅镇荷桥村的籼型香稻地方品种，早在魏晋南北朝时期就开始种植。该品种全生育期 180 天，米色银白，香味浓郁，饭软不糯，味甘可口，抗病虫害、抗寒力强，适应当地“冷浆田”种植。

古代江西一带农民之所以喜欢种植一季晚稻，一方面是因为这里地广人稀，另一方面是可以错开农忙季节，以免耽误农时。“坞源早”属于高秆易倒伏品种，但一季晚稻经过收获前的“干水晒田”调控，使稻秆内含水量减少，稻秆变硬而挺直，增强抗倒伏性能。此时即使倒伏，因田中已经干涸无水，可以慢慢收割，不需要抢时间，不影响产量收成。因此“坞源早”理所当然就成为当地水稻的当家品种。这套技术是“良种 + 良法”的综合应用，是万年先民长期生产实践的智慧结晶。

此外，“坞源早”有着特殊的地域依赖性，不能易地栽种。它对生长环境有着非常敏感的反应。土壤要肥沃，水温要适中，日照要充足，播种要及时，尤其是在耕作方面，要精耕细作及时除草，这些生产要素完整协调组合，才能使“坞源早”茁壮生长，稳产高产。

万年贡米良种培育更新是传统选育工作的重点。良种繁育区选择在海拔高度 50 米 ~ 80 米之间的东北朝向的荷东乡的农田，耕作层深厚，有机质丰富而且肥力中等，用自然山泉水或者水库水灌溉，昼夜温差在 10℃左右。严格按照良种要求进行生产，精选良种繁育，每年都使用经过提纯复壮的原种，生产一级良种供万年贡米生产区域的大田用种。由此可见，万年贡米稻种是经过严格选育而成的，是一个有着深厚积淀的名符其实的良种。

稻田种植技术体系 万年贡米的田间技术环节很多，而且配套组合，环环相扣，前呼后应，层层递进。主要有播种、育秧、拔秧、栽插、耘田、收割等。

播种。当地气候，立夏过后天气渐热，是“坞源早”播种的时节。农民把隔年翻好的田地整平，再把田边塍埂沟岸等处的杂草清除后，放在田里烧掉，俗称“烧田”。“烧田”有许多好处，因为田里的杂草籽和病菌害虫，大多数都依附在田边的草丛里，经过火烧以后，就可以减少当年的杂草和病虫害发生。当地农民对秧田的整治非常讲究。先把整平的田块灌水至15厘米水深，然后用铁耙耙烂，再用一种叫“荡耙”的农具把田荡平，将田泥踩叠成墒垄，再把墒面弄平，才能在墒垄面上播种。稻种不能播得太密，又不能太稀，是一门难度较高的技术活，通常要“种田高手”才能承担。

育秧。培育秧苗是“坞源早”种植中的一个重要环节。当地有句民谚说“娶亲看娘，栽禾看秧”，喻义秧苗好坏决定了收成多少。秧苗经过精心培育、及时施肥，长到5寸左右高时，便可拔秧移栽。单季晚稻插秧的时节通常在端阳节前后，由于山高水冷，播种太早，秧苗不易成活；太迟，则秋后易遇“寒露风”，稻谷灌浆不足。总之，适时播种育秧是关键环节。

江西万年农民在拔秧苗（吴青华 摄）

拔秧。开年头一次开始拔秧作业，俗称“开秧门”。“开秧门”是万年民间的重要民俗活动，“开秧门”时要举行一个简短的祭祀仪式，当天太阳升起时，参与拔秧的农民聚集在秧田旁，点燃香烛，朝天祷告，祈求风调雨顺，五谷丰登，然后燃放鞭炮。经过这番仪式后，才能下田拔秧。拔秧也是一门技术性很强的农活，秧苗拔起来后，要求没有泥浆附着，秧根扎成扇形，秧把的大小以手握不感累赘为宜。

栽插。插秧也是一门技术性很强的农活，既要插得好，又要插得快。插秧一般是一人一排，横插五株至七株，要求横看成行，竖看成列。株行距依田土肥瘠而定，一般是株距 5 寸，行距 8 寸。边插边退，瞻前顾后。有一首清代诗人的《插秧》诗很形象地写道：“闲行北陌与南阡，策马分秧看种田。退步原来皆进步，始知落后是争先。”

耘田。秧苗栽下半个月后，就要开始耘田除草。整个生长期要耘三至四遍。俗话说：“禾耘三遍仓仓满。”农谚有：“头道叮叮咚，二道加紧搡，三道泥塌塌，四道有得吃。”这首农谚是说，第一次耘田时，秧苗小，田水多，耘田的动作会叮咚作响。第二次耘田时，田里的杂草长出来了，要把杂草幼苗“搡”到烂泥里去。第三次耘田时禾苗长高了，要把田泥壅培到禾根周围，减少后期的倒伏。第四次耘田时，要同时追加施肥，使秧苗“有得吃”，当然也是保证丰收“有得吃”，语带双关，幽默成趣。

收割。收割是一年农事中最为辛苦的环节。“坞源早”是一季晚稻，收割后不必赶时间种植后茬作物，所以不像早稻收割那样顶烈日，冒酷暑，长时间在田里劳作。但是秋收毕竟也是一场紧张的农事活动。清代诗人景云在《刈稻歌》中写道：“刈已席地餐，彼此计穜稑。彼言亩担余，此言亩三斛。三斛给田主，担余旧租足。”从这首诗中知道，农民收割稻谷时，多在田头席地用餐，并且互相交谈收成生计。这里的“担余”“三斛”，不是指稻谷的亩产，而是指农民的负担。“担余”“三斛”都是给地主的田租。

项目文化内涵

万年先民年复一年的“日出而作，日落而息”“面朝黄土背朝天，曲腰弓背去种田”。在长期的水稻耕作实践中，不仅积累了丰富的经验，同时也创作了一大批反映生产生活的农谚、民谣以及民间神话、传说故事等。这些民俗文化，以各种形式在民间世代相传，反映出当地人民的处世观念、习俗风尚、价值追求和生活情趣，形成了万年稻作农业的独特风俗。

贡米习俗

万年稻作文化系统具有文化传承价值，万年人民对水稻生产有着深厚的感情，在水稻生产早期，即用水生红萍和绿萍作为肥田的肥料，同时采用打桩排泉，扎草人拒鸟，油菜籽壳磨粉防虫等原始方式进行水稻栽培管理。在万年农村的民俗中，还保留着“敬老有福,敬土有谷”“开秧门”“祭谷王”等农耕信仰。这些信仰，不仅在维系农耕社会秩序、遵守道德规范、净化人们心灵、保护自然环境等方面有重要的作用，而且为稻作文化的形成，奠定了坚实的民俗基础。

万年稻作习俗及贡米生产技术有着深厚的文化底蕴，是万年民俗的渊源和缩影，在整个古文化系列中占有重要地位，万年仙人洞、吊桶环遗址，是现今所知世界上年代最早的栽培稻遗存之一，对研究我国稻作文化和饮食文化有很高的价值。

万年当地的民俗民风，既是历史文化的积淀，又是农耕文明的传承。万年人对二十四节气中的“立春”尤为重视，因为立春是一年农事活动的开始，人们总是热闹庆祝，放鞭炮，供祭品，祭祀春神，俗称“闹春”。

与水稻耕作相关的习俗中，“稻谷进仓”仪式更具有庆丰收、享太平的心理诉求意义。每年秋粮入仓之后，家家户户都要用新糯米酿制米酒，邀约乡邻亲朋，共享丰收喜悦。新米入仓时，要在仓房前洒酒祭祖，祈求祖宗保佑年年丰收、岁岁平安。同时还要在仓房外撒些谷粒，寓意“鼠雀往仓外，勿食我仓谷”。此外，农家盖新房安装大梁的时候，有专门“贡米抛梁”的习俗。通常由木匠师傅们扛着油光铮亮的木梁，齐步迈向新宅，待木梁依次搁上山墙，组成梁架时，立刻将装满贡米的红布袋挂在正梁当中，这袋米称为“压梁米”。然后人们从正梁上抛下各色米糕，让在地上的众人争抢，以示共享新居之喜。

农耕禁忌　农历立春之后第五个戊日为社日，社日即春社。万年民间很重视春社，这一天要吃得丰盛，大鱼大肉。当地农谚说，“社日吃八块，腊肉炖青菜，吃了八块肉，坐在坎上哭”。为什么要坐在田坎上哭呢？意思就是过了这一天，无论刮风下雨还是倒春寒，农民都要下地劳作。社日还要用米舂粉做社果，配上几道好菜，送到田头，祭祀社公菩萨，祈求六畜兴旺、五谷丰登，祭毕全家人分享社果。

社日当天，耕牛也得休息。民间传说，社日是牛的生日，过了社日，无论刮风下雨，天气冷暖，耕牛都要下田挽犁，再也没有休息的时候了。

在万年，旧时农民种地，有讲究“几龙治水、几牛耕田”的习俗。“几龙治水”是根据干支纪日设定的，每年从正月初一到正月十二日，哪一日干支中出现“辰（龙日）”，这天便是“龙治水日”；出现日子的数字越小，则治水的龙越少，表示这年干旱；出现日子的数字越大，比如最后一天是“辰（龙日）”，则表示有12条龙治水，则这年有大涝灾、大洪灾；如果出现在初七、初八这些中间的日子，就表示风调雨顺，丰收在望。同样，“几牛耕田”也是根据干支纪日设定的。每年从正月初一到正月十二日，哪一日干支中出现“丑（牛日）”，这天便是“牛耕田日”。出现日子的数字越小，则耕田的牛越少，劳力少，暗示这年歉收；出现日子的数字越大，比如最后一天是“丑（牛日）”，则表示有12头牛耕田，则这年会大丰收。

饮食习俗 千百年来，农民总是“鸡叫做到鬼叫”，意即天未亮鸡鸣时就出工，待到天黑鬼魅出现时才收工回家。一年劳苦耕田，但求安乐康泰，丰衣足食。因此，农民对秋天的收获格外珍惜。每年收获时节，几乎每家每户都要做米糕，这种米糕做得非常大，浸泡在水中，要一直吃到来年开春。此外，每个节日都有专门的糕点食俗。例如，除夕有“团年饭”，初一有“年糕”，元宵节有“元宵果”，清明节有“清明粿”，端午节有“粽子”，中秋节有“团饼”（月饼）等。此外，当地的贡米还用来做米酒、米糖、米粉、烫皮等糕点小吃。

农事物候 几千年来，万年劳动人民观察到草木枯荣、候鸟去来，都与天气冷暖有密切关系，由此产生了根据天气物候现象来安排农业生产的习俗，形成了大量约定俗成的稻作农业的谚语。农事物候谚语是万年人长期生产实践和生活经验的结晶，是珍贵的农业文化遗产。它们是万年稻作文化系统不可缺少的组成部分，在稻作农业生产上起到了积极的作用。万年人世代口头传承的农事谚语，简短、通俗、顺口，便于记诵和传播。例如：

雷打惊蛰前，无水做秧田。
清明前后，播谷种豆。
宁可赛种田，不可赛过年。
立夏不下，高田莫耙。
小满不满，芒种不管。
芒种火烧天，夏至雨连连。
蛤蟆不开口，担谷烂三斗。
禾耘七道仓仓满，豆锄三遍粒粒圆。
懵里懵懂，嵌社浸种。
清明前后，撒谷种豆。
谷雨前，好种棉。
……

三、价值与特点

全球重要性

以江西省万年县仙人洞和吊桶环遗址为代表的长江中下游及其周边地区和以南的地区是中国栽培水稻起源地，其起源年代在1万年以前。这是对世界稻作史的重大贡献。

万年县拥有从野生稻驯化而来的原种“万年贡谷”。随着农业文化遗产保护工作的深入，万年县越来越重视对原种万年贡谷的保护和利用，使这个在公元5世纪南北朝时期开始种植的品种，得以在历史长河中千年传承。万年人深刻认识到，万年贡谷是祖先留下的宝贵遗产，是构成万年稻作文化系统的重要组成部分，其中蕴藏着的基因资源极为宝贵。自2016年以来，万年县开展了品种的提纯复壮工作，计划用10年左右的时间，恢复并巩固传统贡米的优良性状。

中国目前有野生稻 20 多种。江西东乡野生稻是栽培稻的始祖，是迄今为止发现的纬度最高、保存最集中的原生型野生稻，被誉为中国水稻种质资源的宝库。东乡野生稻具有抗寒、耐旱、耐瘠、免疫矮缩病等丰富的抗逆基因。当地野生稻资源仍然处于自然的生长状态，蕴藏着能抵御自然界各种生物逆境和非生物逆境等抗逆性基因。野生稻优良的农艺性状和丰富的遗传多样性是水稻遗传改良的重要资源。中国科学院遗传与发育生物学研究所、丹麦哥本哈根大学、美国加州大学伯克利分校的研究人员合作研究表明，东乡野生稻富集了众多优异特性，是栽培稻遗传改良极其珍稀的遗传资源。越来越多的育种学家意识到，有效保护野生稻资源并从中挖掘有利基因，是当务之急。中国杂交水稻育种专家袁隆平创制的“三系法”杂交育种关键的“野稗”基因，就是来自野生稻。

生物多样性与生态价值

品种资源危机是当代全球性生物资源问题的重要组成部分，品种资源一旦消失，也就意味着历经亿万年进化和积累的许多优良基因也将随之永远丢失。目前我们还无法充分预测未来如何利用这些品种资源，但是拥有丰富的品种资源，人类就能够经受更大的挑战，获得更多的生存空间。有鉴于此，国内外先后发布了一系列条约、规章来保护品种资源。

一般而言，野生植物体内含有丰富的基因资源，是多样化的基因库。野生稻资源对于水稻育种至关重要，甚至可以说没有野生稻就没有中国的育种事业。野生稻资源是水稻育种的基础材料，不可或缺，其一旦灭绝，损失将不亚于任何其他一种珍稀动植物的灭绝。随着扩大耕地面积和提高复种指数的潜力越来越小，稻米增产的根本出路在于通过遗传资源利用提高单产和稳产，而育种的突破很大程度上依赖利用遗传资源。因此可以说，野生稻资源的利用，关系到我国乃至世界的粮食安全问题。

中国有三种野生稻，即普通野生稻、药用野生稻和疣粒野生稻。野生稻分布地域包括：东起广东饶平，西至云南盈江，南起海南岛，北至江西的 137 个县市。1992 年，这三种野生稻均被我国列为二级保护的濒危物种，尤其是普通野生稻，资源被破坏，损失严重，濒临灭绝。

东乡野生稻的生长环境具有丰富的生物多样性。根据调查，东乡野生稻原生环境总计有高等植物 206 科 478 属 891 种，其中苔藓植物 23 科 30 属 36 种，蕨类植物 23 科 30 属 42 种，裸子植物有 4 科 4 属 5 种，被子植物 156 科 394 属 808 种；以被子植物数量最多、分布最广。

贡禾与杂交稻对比（中国农业博物馆网）

东乡野生稻原生境不仅具有丰富的生物多样性，还具有大量宝贵的珍稀植物，东乡野生稻原生境生态保护对野生稻，对遗传多样性和生物多样性保护都具有重要价值和意义。东乡野生稻由于长期处于野生状态，经受各种灾害和不良环境的自然选择，抗逆性较强，是天然的基因库，保持着栽培稻不具有或已经消失的遗传基因，因此充分利用这些有利的基因，扩大现有栽培稻品种的遗传基础，已成为现代水稻育种的重要内容。

与东乡野生稻一样，万年传统贡米也是重要的种质资源，它们有着共同的丰富的基因多样性。万年贡米作为原始的栽培稻，有人认为这就是栽培的野生稻，是迄今为止人类保留下来的较早的栽培稻之一。

万年贡米原产于万年县的裴梅镇荷桥村山区，具有不可复制性。由于贡米的种植需要冷泉水常年灌溉，稻田周围的森林具有涵养水源的重要作用，当地人对山林的保护也使得贡米生产系统以及周围的山林，形成了生物多样性丰富的农林复合系统；同时，由于贡米自身的抗寒性和耐瘠性，农民在种植贡米时不需使用化肥农药，使得种植环境相对较好，有利于保持生物多样性。所以，万年贡米具有重要的资源永续利用的生态价值。

生计与经济价值

万年县依托农业文化遗产的发掘保护工程，借势大力发展现代稻米生产加工，在原有稻米文化和种植经验的基础上，加强特种优质贡米的开发，并聘请顶级水稻专家指导，通过高新技术手段，同时围绕绿色、环保、健康的理念，从高质化、高新化定位，不使用化肥农药，着力发展“万年贡米”系列新品种20多个，并荣获绿色食品标志、出口免检产品证书以及国际质量ISO9000体系认证。

与常规水稻的栽培方法相比较，作为农业文化遗产的贡米水稻明显具有较高的生态效益、环境效益和经济效益。它的经济和生态价值主要表现在：一是能够有效恢复和保持农田生态系统的生物多样性；二是能够有效地减轻和降低农药化肥的使用，减少化肥农药的污染；三是可缩短土壤暴露于侵蚀表面的时间，增加土壤生物多样性，减少养分损失，帮助保持和提高土壤生产力；四是改善土壤结构和田间水分的渗透，增强土壤保持养分的能力，减少地下水污染的风险；五是能够把碳截留在土壤中，有助于减轻温室效应。

多元文化价值

万年先民在长期的耕作实践中形成了农谚、歌谣、节令、传说等具有地方特色的稻作文化。

万年自古文风很盛，肥田沃土哺育出了许许多多的文人墨客，也孕育出多姿多彩的稻作民间文化，包括灯彩、戏曲、书法、刺绣、纸扎工艺等。千百年来，它们像滔滔江水，源远流长，汇集在祖国民族文化的大海之中，一直为人民群众所喜爱。

民歌　万年民歌一般是口头创作，口头流传。其特点是，采用夸张的手法、幽默的歌词，表达出农民的观念、感情、意志、愿望和诉求，具有强烈的现实性，是当地民俗文化的重要组成部分。万年民歌种类繁多，按声调可分为高腔、山歌、平腔；按农事活动可分为采茶歌、砍柴歌、放牛歌、插秧歌、风俗歌，另外还有田歌、号子、小调等几十种。近年的民间采风，收集到民间传唱的大量万年民歌。例如，“山悠悠，水悠悠，对岸小妹唱悠悠”；“你说我歌多不多，楼上关了三皮箩，半夜老鼠咬了个洞，漏了几千下江河”。其中流传较广的有《耘禾山歌》《车水号子》《舂米号子》《姑嫂观灯》《十劝郎》《十绣荷包》《十月怀胎》《十杯酒探妹》《二姑娘思春》等。

这里举一首《十劝郎》情歌为例：

一劝郎呀听分明，没把小妹挂在心，
以往事情没去想，想来想去烦死人。
二劝郎呀仔细听，燕子衔泥入新居，

燕子衔泥空费力，长大羽毛各自飞。
三劝郎呀是清明，劝郎回家讨个亲，
自己拿钱讨一个，合得意来随得心。
四劝郎呀走四方，劝郎回家栽禾秧，
多施肥料多得谷，五谷丰登装满仓。
五劝郎呀起得早，这山莫望那山高，
半年辛苦半年闲，世上只有作田好。
六劝郎呀莫打牌，赌博场上莫要来，
四边坐的亲朋友，个个都想发大财。
七劝郎呀莫贪花，贪花害苦后生家，
世上几多贪花汉，谁个贪花不败家。
八劝郎呀是中秋，夫妻相骂莫记仇，
白天同吃一锅饭，晚上共睡一枕头。
九劝郎呀是重阳，莫想隔壁三姑娘，
今日有钱今日好，明日无钱各一方。
十劝郎呀劝得多，句句话儿劝情哥，
切莫当作耳边风，桩桩件件记心窝。

还有一类是在田头劳动时唱咏的歌谣，人们一边干农活，一边对唱山歌，既增加劳动时的乐趣，又减轻了劳动的劳苦。例如下面这首《一根线》民谣，就是在水田插秧时唱的："一根线，搭过河，河边嵬伪会栽禾。栽一棵，望一棵，望得禾黄娶老婆。"

除了民歌民谣，当地还有许多文人墨客留下的文学和政论作品，旧志"文征"载有奏疏、部覆、檄、格言、文告、序、记、传、颂、赞、诗、歌、赋、策、议、论、说、辨、疏、引、启、跋、志铭等22种，文163篇，诗赋233首。

灯彩　万年的灯彩相传始于西汉，以后历代流传，不断改进创新，形成品类多样、异彩纷呈的彩灯艺术。种类有龙灯、花灯、狮子灯、罗汉灯、蚌壳灯、竹马灯、高脚灯等。灯彩活动时间为每年正月十三日至正月十六日。活动高潮为正月十五，也就是元宵节。

龙灯。万年素以舞龙灯著名，龙灯中还分为滚龙灯、跳脚龙灯、板凳龙灯、草扎龙灯等，尤以跳脚龙灯最受群众喜爱。跳脚龙灯在唐代流行于市井乡间。龙灯以竹木做骨架，以竹篾扎成，呈圆筒状，由 7 节或 11 节连成。圆筒直径约 20 厘米，外裹红、黄布，布面画成或剪贴成鳞片状。每节扎一短木棒，表演者持棒而舞。舞灯者有龙头、龙尾各 1 人，龙身 7 至 11 人，引宝者 1 人，由元宝灯引导，按传统曲牌，往返交织，变化舞步。万年县组织的跳脚龙灯表演，在 1984 年参加上饶地区举办的民间歌舞调演时曾获一等奖。

狮子灯，又叫狮子舞，是结合武术的民间舞蹈，一般由 2 人扮狮子，另 1 人扮武士，持彩球逗引。在表演上分文狮、武狮两种。文狮表演，狮子温驯，有搔痒、舔毛、打滚、抖毛等动作。武狮表演，狮子性格勇猛、暴躁，有跳跃、跌扑、登高、腾转、踩球等动作。狮子灯多伴以棍、刀、枪、剑、鞭、锏等武术表演，所以有“半套武术班”之

江西万年矮脚龙灯（吴青华 摄）

称，此灯至今流行，以苏桥、坞下、汪家等地最盛。

蚌壳灯，也称蚌壳舞。舞时1人身背由竹篾、布帛做成的蚌壳，扮成蚌壳精，另1人扮渔夫，表演渔夫捉蚌；或另添1人扮鹬，3人表演“鹬蚌相争，渔翁得利”。此灯于青云、石龙等地尤为流行。

竹马灯，也称跑马灯，竹马多以竹篾扎成骨架，用纸或布蒙上。分前后两节，系在舞者腰间，如骑马状。舞时表演骑马徐行、疾驰、奔腾或跳跃，动作洒脱活泼，热烈奔放。主要流行、流传在县域东南一带。

花灯，又称采花灯，多为2人表演，也有时是3人表演。表演者边舞边唱《孟姜女》《卖油郎》等地方小调。

台角，意为舞台角色。台角一般只扮形象，不演不唱，是万年唯一的无舞无唱的灯彩，如《断桥会》扮许仙和白娘子，《牡丹对药》扮牡丹和吕洞宾。每组台角3人～5人，1人扮台角，或立或坐于八仙桌上，另2人～4人以杠棒抬着前行。台角表演多在重大喜庆和重大灾疫时举行。

戏剧 万年戏剧有三脚班、木偶戏班、同春舞台、县剧团和太子班、农村业余剧团等多个专业剧团和业余剧团，编演的剧目多种多样，深受群众欢迎，至今大源镇荷溪古村还保存着完整的古戏台。

赣剧，万年赣剧的表演风格，古朴厚实，亲切逼真。口白以中州韵为基础。行当分老生、正生、小生、老旦、花旦、小旦、大花、二花、三花，称“九角头”。赣剧的腔调有高腔、二黄、西皮、文南词、秦腔、拨子、浙调、浦江调等。

三角班，起源于明末清初的民间灯戏，起初由一旦一末组成，被称对子戏，后来增加小生成为三脚班，明清时期在农村广泛流传。三脚班演出的剧目，主要有民间爱情故事和日常生活琐事，如《菜刀记》《三伯访友》《采桑》《王婆骂鸡》等。

木偶戏班，木偶戏又称傀儡戏，分提线木偶、杖头木偶、布袋木偶、铁枝木偶4种。演唱饶河调，形象与角色对应，剧目与赣剧相同，但多为小折子戏，从业人员多才多艺，而且有操纵木偶的技巧。

串堂锣鼓，又叫串堂班。串堂，是一种民间民俗音乐艺术形式，早在北宋末年，就在万年一带广泛流传，为人民群众喜闻乐见。旧时，万年一带称文艺演出团体为“戏班子”，故而将这种走门串户的民间民俗音乐组织称为“串堂班”。唱腔多以昆曲、高腔为主，也唱采茶调，后受饶河调的影响，多以赣剧皮黄为主要唱腔，剧目有很多种。串堂班在万年广泛流行，故有“村野处处，丝竹之音不绝于耳”之说。

手工艺 手工艺是指以手工劳动进行制作的具有独特艺术风格的工艺美术。传统手工艺品是指纯手工或借助简单工具制作的艺术品，也可以使用一些机械工具，比如，远古时代制作陶器时发明了陶轮，纺纱用的纺车等，但前提是产品或艺术品的制作核心技术还是以直接的手工作业为主。手工艺品由自然材料制成，具有艺术性和创新性，能传达文化内涵，同时具有宗教或社会象征意义。万年的手工技艺门类众多，列举如下几项：

刺绣，作为万年民间的一种传统工艺，早在汉代就在乡村流传，其历史可与中国四大名绣比肩。技法有挑花、锁丝、纳丝、纳锦、错针等十几种。万年民间刺绣工艺品以小件为主，如枕套、台布、坎肩、围兜、童帽、鞋面、鞋垫等，将花草鸟虫鱼刺绣其上，活灵活现，栩栩如生。面料为绸缎或各色棉布，线料多为五彩丝线，伴以镶嵌边沿的金银线。作品色调清新明快，构图古朴大方，既有鲜明的民族特色，又有浓郁的乡土气息，至今有些地方姑娘出嫁，仍以刺绣品做嫁妆。

纸扎，多以竹篾为骨架，内填稻草、纸屑、布头等物，外糊各色纸张，伴以剪纸点缀，若扎成人物或神灵形象，则以泥塑其头面手足并施以彩绘。纸扎艺术品大多数为丧事服务。清末民初，大凡家境稍微宽裕者，每遇丧事，必扎纸人、纸马、灵鹤、灵屋、灵车、花圈，祭奠亡灵，寄托哀思。纸扎品类繁多，麒麟龙凤、飞禽走兽、人神鬼怪、花鸟虫鱼、日常用品，无所不包，而且神形兼备、栩栩如生，堪称乡间一绝。

四、现状与发展

在推进农业文化遗产的保护与传承时，万年县让企业在其中唱主角、当主力，在创新发展中培育稻作文化，通过弘扬稻作文化，倾力培育万年贡米品牌、稻作旅游品牌，积极推进贡米产业转型升级，把稻作文化遗产资源优势转化为品牌优势，把品牌优势转化为发展优势和经济优势。

由于受到社会转型和经济开发的影响，东乡野生稻从1978年发现时的9个品种锐减为现在的3个品种。为了有效保护野生稻遗传资源和稻作文化，当地政府采取了有效的政策措施，提高公众对传统农耕技术和野生稻保护的意识，建立对农业文化遗产和野生稻保护的激励机制，以吸引更多的劳动力和资金投入到保护传承事业中来。

当前，贡米生产和加工已经成为万年县的主导产业。成为农业文化遗产之后，万年县应当利用稻米品牌优势和深厚的文化内涵，积极发展绿色产业、有机产业，以满足现代人对食品安全的要求，此举不但有利于环境保护和资源的可持续利用，还可以提高农民的收入。目前万年贡米获得国家原产地保护产品、国家地理标志保护产品和7个绿标、1个有机认证。近几年，全县积极推进贡米产业化经营，贡米系列产品种植面积40万亩以上，贡米产业形成了产、供、销一条龙的良好格局。同时，万年县还利用万年贡米的品牌和绿色食品的优势，在延伸产业链上下功夫，开发出系列深加工产品，增加绿色大米产业的附加值。

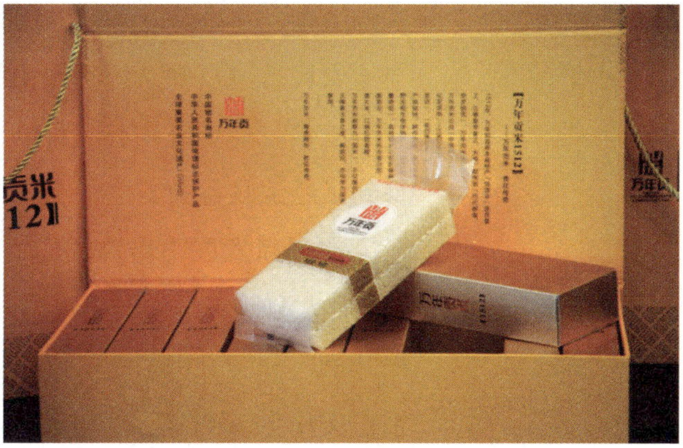

万年贡品牌大米（何露 摄）

遗产地农产品的品牌价值得到了有效提升。万年县以“万年稻作文化系统”和“万年贡米”为依托，推行农产品深加工，延长了农业产业链，并通过农村电子商务等形式进行品牌宣传，拓宽了销售渠道，扩大了品牌的知名度和美誉度，逐渐将万年贡米的文化遗产品牌转化为发展优势、经济优势。

遗产地社区对遗产的价值认知度较高。万年县各级党政领导对于农业遗产保护与管理工作，以及组织建设、社区动员、劳动力安排和利益共享等方面都高度重视，加大农业遗产保护与管理工作开展力度，有力促进了社会经济发展，使其在农业增产、农民增收方面发挥了积极作用。

遗产地政府对农业文化遗产的保护与传承工作很重视。当地政府为了确保农民种植传统农作物品种的积极性，采取了多种切实可行的措施，注意在传统水稻品种种植、优质遗产贡米的加工销售等方面保护农民的利益。在种稻农民自愿参加的前提下，通过农民专业合作社、农户＋公司等途径，对遗产地优质稻米进行统购统销，并通过电商平台集中销售，形成强大的市场销售网络。当地农民普遍反映，统购包销的方式，贡米售价一般高出普通杂交稻三倍，使传统稻谷品种的价值获得市场的认可，使遗产传承得到了经济收益的支撑和响应。

在创新发展中培育稻作文化，积极推进贡米产业转型升级，裴梅、大源等有稻作文化资源的乡镇纷纷打出了“鸭稻共栖”“蛙稻共栖”和“有机稻物联网私人定制农场”等稻作文化牌，万年稻作文化生态、自然、安全的形象进一步建立。

大力推进产业化建设。2016 年，万年县重点推进“国米”文化生态产业园建设，包括建设稻作文化博物馆、稻作文化体验馆、稻作文化村以及稻作度假村、国米加工厂、贡米酒厂、精制植物油加工厂等，以及一批世界稻作文化发源地特有的标志性景点和建筑。

参考文献

[1] 农业部国际交流服务中心编：《全球重要农业文化遗产（GIAHS）实践与创新》，中国农业出版社 2018 年版。

[2] 何露、闵庆文主编：《江西万年稻作文化系统》，中国农业出版社 2015 年版。

[3] 俞文鹏：《批判性地域主义角度下万年稻作文化遗产景

观的表达研究》，江西农业大学硕士学位论文，2015 年。

［4］陈平涛:《农业文化遗产保护存在的问题及对策研究——以万年仙人洞吊桶环遗址为例》，江西农业大学硕士学位论文，2018 年。

［5］王团华：《江西万年县旧石器时代考古调查报告》，《文物鉴定与鉴赏》2019 年第 2 期。

［6］万年县农业局：《让万年稻作文化瑰宝大放异彩》，《江西农业》2015 年第 3 期。

［7］中国农业博物馆编:《中国重要农业文化遗产大观》，中国农业出版社 2018 年版。

（撰文：朱冠楠）

云南红河哈尼稻作梯田系统

哈尼梯田位于云南省东南部的红河哈尼族彝族自治州。以哈尼族为主的各族人民共同创造了这种壮观的农业和自然奇观。宏伟的哈尼梯田系统是智慧的哈尼族的杰作，他们在这个非凡的地理景观中生活了1300多年。梯田主要分布在哀牢山红河谷的南部，包括红河、元阳、绿春和金平四个县，面积约18万公顷。哈尼梯田向世界展示了中国农民的非凡智慧。哈尼族村庄建在山坡上，村庄上方是茂密的森林，梯田就在村庄下方。令人惊奇的是，哈尼水稻梯田没有水库，但水源充足，森林、村庄、梯田和河流构成了哈尼水稻梯田的典型生态景观。哈尼族传统的农业技术、传统习俗和环保理念等各个方面都展现了人与自然之间的和谐关系，具有重要的文化遗产价值。2010年6月哈尼稻作梯田系统被联合国粮农组

哈尼彩色梯田（搜狐网）

织评为全球重要农业文化遗产。

一、遗产历史传承

《山海经·海内经》记载："西南黑水之间，有都广之野，后稷葬焉。爰有膏菽、膏稻、膏稷，百谷自生，冬夏播琴。"黑水即今之雅砻江和金沙江,而以哈尼族先民"阿泥"命名的安宁河（阿泥河）,与雅砻江一同流入金沙江。西南黑水之间的"都广之野"，正是阿泥河流经其西侧的今四川凉山彝族自治州西昌、越西等广大地区,由此可推知,哈尼族先民早已在"都广之野"耕田种稻了。

晚唐时期,《蛮书·云南管内物产》中也有称赞"蛮治山田，殊为精好"的记载。明代大科学家徐光启（1562－1633），在其著作《农政全书》卷五《田制·农桑诀田制篇》引王祯《东鲁王氏农书》"梯田"曰："梯田，谓梯山为田也。夫山多地少之处，除磊石及峭壁例同不毛，其余所在土山，下自横麓，上至危巅，一体之间，裁作重蹬，即可种艺。如土石相半，则必叠石相次，包土成田。又有山势峻极，不可展足，播殖之际，人则伛偻蚁沿而上，耨土而种，蹑坎而耘。此山田不等，自下登涉，俱若梯蹬，故总曰梯田。"

清代嘉庆《监安府志·土司志》也曾描绘哀牢山区哈尼族的耕作情景："依山麓平旷处，开凿田园，层层相间，远望如画，至山势峻极，蹑坎而登，有石梯蹬，名曰梯田。水源高者，通以略杓，数里不绝。"

从哈尼族流传的歌谣中也能窥见他们悠久的稻作历史。哈尼族的古歌"毕蝶、凯蝶、则蝶"（意为人、庄稼、牲畜的来源）、"湘窝本"（意为开田种谷）和民间传说中都有反映，如哈尼地区广为流传的民间故事《天、地、人的传说》中提到，龙王为了表示对塔婆养育之恩的感谢，向塔婆敬献了三个竹筒，其中一个筒里装的是稻谷种，可见稻作活动是哈尼人古老的生产内容。

二、系统构成

哈尼稻作梯田生态系统 哈尼族人历经千百年的探索和实践，构建起了令人惊叹的哈尼稻作梯田生态系统。哈尼稻作梯田生态系统在空间上形成了森林－村寨－梯田－河谷垂直分布的生态景观特征，并形成了系统内独特的能量和物质流动：天然降水落到地面后，形成地表径流（部分下渗），地表径流沿坡面流经森林、村寨和梯田，由于梯田修成水平面，并有一高出水平面的田埂，从而使地表径流及其携带的泥沙以及生活污水、垃圾、粪便等截留在梯田中，并逐级沉淀，一方面使得梯田肥力增加，另一方面也有保持水土的功能，最终只有多余且不带有任何泥沙的少污染的水流入沟谷中的江河。另外，森林－村寨－梯田在高度上的错落分布，方便了哈尼人的生活，上可入山打猎、采集、砍柴等，下可方便施肥入田和管理梯田，并减少了人、畜对环境的污染。由此可见，这种空间结构具有保持水土、控制水土流失、保证村寨安全、维持系统稳定性和具有自净能力等功能。

系统内的物质和能量流动形成良性循环(《哈尼梯田世界农业文化遗产申报书》)

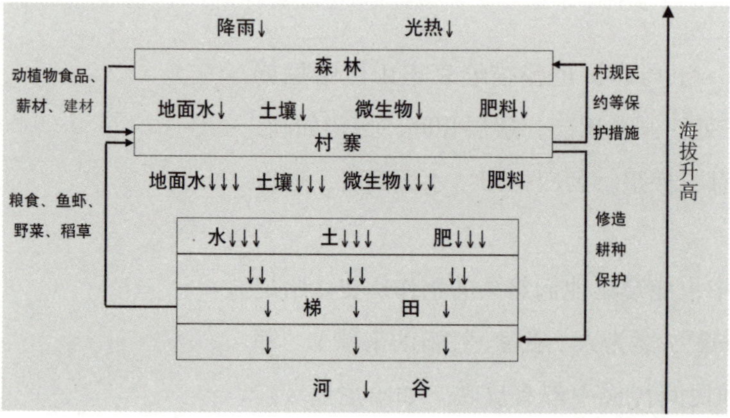

森林是梯田的“天然水库”，哈尼族的祖先在走过无数大山之后，选定哀牢山建立村寨，正是因为此处的茂密森林。走进哀牢山，目之所及，都可以看到莽莽苍苍的原始森林，它们铺展在雄峻的大山之上，苍翠广阔。哈尼人在海拔 1400 米 ~ 1800 米的半山腰，也就是森林的下方，建寨挖田，繁衍生息。哈尼人可能不明白森林涵养水源的科学道理，但是祖祖辈辈流传的经验告诉他们，森林能够带来丰沛的水源，而水源是赖以生存的根本。

绵延数百里的哀牢山，贯穿云南中部，跨热带和亚热带，复杂多样的地貌形态、气候类型和土壤类型，为各类野生动植物生存繁衍提供了得天独厚的条件。哀牢山分布着多种区系的森林动物，保护区的鸟兽有 460 多种，两栖爬行动物有 46 种。哀牢山植被景观复杂立体，在高山区，壳斗科、木兰科、樟科、竹科等树种构成寒温带阔叶混交林；在上半山区，酸枣、野核桃、野樱桃、黄杞、红油果、木荷等构成了温带落叶、常绿阔叶林；在下半山区，思茅松、麻栎、红椿等构成了亚热带针阔叶混交林；在河谷地区，分布着木棉、榕树、八宝树、野蕉、大野芋等热带植物。当来自河谷的水汽在海拔 1000 米以上地区开始凝结并形成云雾、降水时，位于高山和上半山的山顶高山矮曲林、山地常绿阔叶林等原始森林吸收并蓄积了大部分水分，将降水转换为地下水。当地山体中存在大量花岗岩-岩浆岩岩层构成的隔水层，使得森林涵养的水源在哀牢山山区随处涌出，形成大量天然山泉。这些泉水有效保障了森林下方地区的农业灌溉用水以及人、畜饮用水，使得聚落与梯田的发展具备了稳定水源。

哈尼族独有的寨神林文化，以独特的方式表现出他们对森林的感激和敬畏。哈尼族把村寨上方的一片森林称为寨神林，即村寨守护神的住地，并把其中一棵笔直的大树作为寨神的象征。哈尼族人相信，是寨神保佑村寨人畜兴旺、梯田丰收，因此，寨神林是哈尼族的一块神圣的地方，平时人不能在“寨神林”里打猎行走，更不允许在其中放养牛马牲畜，当然也不能砍伐，不能用做薪柴，即使树木枯死也不行。哈尼族对“神树林”的崇拜和保护，客观上有效地保护了当地的森林资源，使梯田生态系统得以良性循环，是哈尼稻作梯田农业文化中具有深远意义的一个组成部分。

哈尼族的村寨作为哈尼梯田文化景观的核心部分，位于森林与梯田的交界处。村寨的选址有独特的讲究。哈尼族靠田吃饭，那么住处不能离田地太远，否则不方便农事活动；并且，村寨位于梯田的上方，有利于人、畜粪肥和森林的腐殖质顺着雨水和水渠将天然肥料送到田间，减轻了运肥施肥的负担。村寨聚集在相对地势较低的缓坡地，也称为“凹塘”。凹塘处地下水水压高于两侧高地，容易涌出泉水，这泉水是哈尼族赖以生存的生命之源。森林流下的水可供灌溉，却不能保证清洁，还需要寻找一汪干净的地下水，保障人、畜饮水清洁。

哈尼族集中在哈尼物候历的一月至三月修建房屋，即农历十月至腊月期间进行。选在此时与当地历法密切相关：此时秋收农忙结束，春耕农忙尚未开始，从事建筑活动的劳动时间可以保证；当地气候相对干燥，适合木材、土坯等建筑材料的备置；营造传统房屋需要大量来自梯田、森林的农林产品，秋收后物资最为丰足。

古拙小巧的蘑菇房点缀在苍绿的森林之间，是哈尼族特有的村寨景观。蘑菇房是哈尼族传统民居，因其顶部有四坡草顶，被称作“蘑菇房”。蘑菇房的平面形制一般为矩形，面宽约 9 米，进深约 6 米，共两层加一层阁楼。一般以石材做基础，土坯砖做墙身，茅草或稻草做坡顶，墙身厚可达半米。传统上，蘑菇房建筑材料全部来自森林与梯田：石材来自林中或梯田，土坯砖由当地红土混合切碎的稻草压制晒成，茅草来自林中，稻草来自梯田。功能划分上，蘑菇房一般分三层：底层高度低于2米，潮湿阴冷，用作牛圈和柴草房（堆放柴草和农具）；二层住人，层高2.4米上下，面宽四间，当中两间用作起居空间，设有一个常年烟火不断的方形火塘，有宗教意义，并能祛湿增温，两侧有卧房（仅作寝居功能，大小只容一张床）和灶台；顶层一般用三合土覆盖，用于储存粮食。顶层一端一般有露台，可用作晒台。较厚的土坯墙身能够隔绝湿气，并具有良好的蓄热功能，冬暖夏凉。朴拙的蘑菇房设计之中蕴含着哈尼族人祖祖辈辈的生存智慧。

哈尼族有悠久的垦田种稻历史，在长期生产劳动中，哈尼族人适应哀牢山地区的自然环境，形成了一套系统的梯田耕作程序和梯田管理制度。哈尼族开垦梯田，首先在山坡较平缓处开挖出缓坡旱地，经过一段时间的耕作，缓坡旱地逐渐变成较平的旱地，然后依据灌溉条件而采取不同措施，把旱地改造成台地，并使之不断熟化最后再改造成水田。长此以往，哈尼先民不断地开挖新的旱地，不断地改造出新的水田。随着开挖台地的

哈尼梯田春耕（wallpaper.com）

增加，梯田也越来越多。经过哈尼人民上千年的努力和积累，层层叠叠的梯田和一座座的田山才得以形成。

红河南岸地区降水丰富，山坡坡度较陡，梯田极易发生崩塌和滑坡。为保持梯田的保水性，哈尼人民对不同坡度的梯田采取不同的措施。例如高山区和中山区梯田采用长年淹水的方式，而低山区梯田采用季节淹水（种水稻时才淹水）的方式；同时，在水稻栽插之前和收割之后，把梯田田埂清理干净，并把田泥糊在田埂上，一方面可为梯田增加肥料，另一方面可杜绝田鼠等动物的破坏，增加梯田的保水性。除这种经常性的维护外，哈尼人民还在雨季到来之前出动大量的人力和物力，把所有的水渠修通，并在暴雨季节派人疏通水渠，随时排走多余的雨水，以保证梯田和水渠的安全。

哈尼族在梯田农耕活动中，已普遍使用的有犁、耙、锄、斧、砍刀、弯刀、锯镰、镰刀、铁锤、铁撬杆、谷船、麻袋、背箩等生产工具。锄头在哈尼族农耕活动中发挥着重要作用，挖田、挖地均需要锄头。哈尼人家每个劳动力都有一把锄头，锄为铁，把为木。在梯田耕作中被普遍使用的有板锄和条锄，板锄分四角形和三角形，锄刃有月牙形、齐口形；月牙形锄头在挖田、打埂等时用，齐口形板锄用于铲埂壁、埂脚及挖台地，条锄用于新垦梯田和开挖水沟。

此外，由于农业生产的部分环节，如栽秧、收谷等需要集中在数日甚至一两日内完成，因此劳动力的互换与出让行为广泛存在，一般可分“换工”和“请工”两种情况：“换工”指A家请B家、C家等在自家农忙时无偿帮忙，等到B家、C家农忙时，A家也去无偿帮忙。由于各家撒种时间不同，栽秧时间有别，各村寨之间海拔高度有异，因此各家之间农忙时间可以错开互助。“换工”需要很强的社会关系支持，通常发生在直系亲属及较近的姻亲间。“请工”即雇请劳动力在农忙时帮助自己耕作，也有个别私交甚密者费用为每天 30 元，另加一餐中饭。“请工”也需要较好的社会关系支持，但弱于“换工”的标准。“请工”通常被自家劳动力从事其他非农产业，如外出打工或担任村支书等公共职务等，手中现金充裕但无法保证能够按时换工的家庭采用。除了劳动力的交换和雇请外，当地还有“牛工换人工”和“牛亲家”等换工方式。“牛工换人工”一般按照一个牛工换两个人工计价。“牛亲家”则是一种变相的耕牛出租行为，即牛的所有者在农闲时，将牛租给农忙的村寨使用，租户负责这一段时间牛的喂养和照料，并承担耕牛伤病死亡的赔偿风险。“牛亲家”一般都发生在不同海拔的村寨之间，由于元阳地区具有多民族在不同海拔高度聚居的特点，因此它事实上促进了不同民族间的交流与合作。

梯田离不开水的灌溉，哈尼人的生活也离不开洁净的水。对于水资源的利用管理，哈尼人形成了自己的独特方式。哈尼人利用村寨在上，梯田在下的地理优势，发明了“水力冲肥法”。“水力冲肥法”分成两种，一种是人工冲肥，即每个村寨都挖有公用积肥塘，牛马牲畜的粪便污水蓄积于内，春耕时节挖开塘口，从大沟中放水将其冲入田中，沿沟一线均有专人照料疏导（改革开放以后，实行家庭联产承包责任制，各家各户都有自己的小积肥塘）。肥料进田经过翻犁被压入田泥底层，变成了长效的底肥；另外一种是“自然冲肥法”，即每年六七月间，当雨水将满山畜粪和腐殖土冲入水沟时，哈尼人会将沟水引入梯田，给正值扬花孕穗的稻谷提供肥料。“水力冲肥法”不仅节约了施肥过程中可能消耗的能源和电力，而且充分利用了村寨中产生的

“生活垃圾”及自然水土流失带来的营养物质，展现出天然的可持续发展理念，促进了村寨—梯田生态系统形成物质和能量流动的良性循环。

在生产生活方面，哈尼人利用沟渠流经村寨的有利条件，充分利用水利资源，在各家各户的下方建起了水碾、水碓、水磨等生活设施，他们用水碾除去稻壳，用水碓舂米，用水磨磨面，进而加工成各种可口的食品。

为使每村每户都能合理分配到水资源，哈尼人发明了独特的水量分配方式，即分水木刻、分水石刻和沟口分配。具体方法是：根据灌区面积和沟水流量，按沟渠流经的先后顺序，在水沟分界处放置一横木或改用石头放置在总水沟分流处，按每一片梯田的实际需水量进行分水，这种简便易行的分水方法就是所谓的“分水木刻”“分水石刻”和“沟口分配”。这种水量分配方式既可使高山梯田水量适度，又能保证低山稻田的灌溉。

水量分配的实施者是沟长，沟长的首要工作是必须进行赶沟（即疏通水沟），其次是分配水量和调节水资源利用纠纷。因为沟长为水沟管理付出了一定的劳动，用水沟水源进行梯田灌溉者必须缴纳“沟谷”，即用水沟中的水就必须交纳沟谷给沟长。每年所收沟谷由管理水沟的人平分，作为其一年工作的收获。

哈尼梯田传统文化 哈尼族独一无二的梯田耕作系统涵养了与梯田紧密相联的耕作习俗和节日文化。哈尼梯田农耕祭祀活动与节日庆典活动结合在一起，从社会功能的角度来说，哈尼族的节日活动确保了梯田稻作农耕文化的绵延传承。

哈尼族重要节日及其梯田农耕程序

节日名称		日期	历时	历法意义	梯田农耕程序
哈尼语	汉语				
扎勒特	十月年	农历十月第一轮属龙日起	5天	秋季转入冬季	梯田庆丰收，冬闲养田阶段
昂玛突	祭寨神	农历二月第一轮属龙日或属蛇日	3天	冬季进入春季	冬闲季节的结束和春耕季节的开始
康俄泼	开秧门	农历三月中下旬的属龙属蛇日	1天		栽插节令
莫昂纳	关秧门	一般在农历四月举行，具体日期各地哈尼族选择的日期有异	1天	春季转入夏季	栽插季的结束，开始进入夏季的梯田管理
矻扎扎	六月节	农历六月举行，各地的哈尼族选择的吉日各异	13天	标志盛夏	沿袭古规、预祝稻谷丰收、进入中耕和秋收前的准备阶段
车拾扎	尝新谷	农历七月第二轮属龙日或八月第一轮属蛇日	1天	夏季转入秋季	秋收大忙的开始

（本表来自《哈尼梯田世界文化遗产申报书》）

“扎勒特”是哈尼族辞旧迎新的新年，正值秋收后丰收喜庆之时。在“扎勒特”期间，哈尼族人团聚一堂，杀猪宰鸭，舂糯米粑粑，做糯米汤团，以此送旧岁、迎新年、祭祖先等。新年当天，全寨要共同杀一头猪，这头猪被称为“生轰”，大意为“共同分的”。“生轰”猪无论大小，必须按全寨户头平均分配，而且猪身上的肝、肠、肚、心肺等，哪怕只能分一点，也要家家都分到。其目的在于全寨各户，用同一头猪的肉，分别祭祀自己的祖先。第二天凌晨，人们鸣火枪迎接新年的到来。节日期间，男女老少身着新装，走亲串寨，宴请亲朋好友，共叙友情，互通信息。青年男女相邀一起，对唱情歌，通宵达旦。“扎勒特”期间，哈尼山寨处处欢歌笑语，喜气洋洋。

“昂玛突”是哈尼族隆重神圣的祭祀寨神的节日，“昂玛突”在哈尼语中是哈尼村寨的最高保护神，它保佑村寨五谷丰登、人畜兴旺。祭寨神是哈尼族一年中最隆重的、全寨最大的祭祀活动。节日当天中午，人们要到寨神林举行祭祀仪式，并将牲畜肉分给各户，认为其能消灾避难。部分地区的哈尼人，第二天要举行盛大隆重的“街心宴”招待亲朋好友。其间老人们吟唱“哈巴”，传颂哈尼族的历史与文化。身着节日盛装的姑娘们踩着鼓点翩翩起舞，舞姿简洁优美，诉说着哈尼族古老的传说。

“康俄泼”是哈尼族春耕开始前特有的开秧门仪式，哈尼语为开秧门的日子。这个日子，乡亲们会穿着传统哈尼服饰陆续走过田埂，聚集在寨神林周围，吹拉弹唱，载歌载舞。在高声吆喝或枪炮鸣放的同时，男人把身上的秧坨坨甩进田里，女人们纷纷下田，开始栽秧。人们出门劳作，一般会穿旧衣服去，而在有些地区，姑娘们去插秧时都会找出自己最新最好的衣服穿上，还要打扮得漂漂亮亮。开秧门要先栽下三株秧苗：“最先栽下一株苗，祝愿秧苗长得齐整；最早栽下一棵秧，

欢庆矻扎扎节（中国农业博物馆网）

祝愿稻谷糯谷都齐全。中间插下一株苗，祝愿家人健康不患病；中间栽下一棵秧，祝愿男女齐全能成双。最末栽下一株苗，祝愿六畜兴旺；最后栽下一棵秧，祝愿家畜公母齐全配成双。”栽过这三棵秧，开秧门的内容就全部结束了。

“矻扎扎”是哈尼族祈求丰收的六月节，也是与农业生产密切相关的祭祀活动。当繁忙的春耕结束，进入盛夏农闲时节，哈尼人为了预祝五谷丰登，举行隆重祭祀的节日。节日前几天，每家都要从秧田拔回一撮秧苗，插进竹筒里挂在寨内，祈求天神保佑稻谷丰收。节日期间，人们聚在一起载歌载舞，青年男女还进行各种象征性的化妆表演，沿着传统的串寨路线庆祝节日。

三、价值与特点

全球重要性

哈尼梯田是以哈尼族为主的红河哈尼彝族自治州各族人民倾注数十代的智慧与心力，历经1300多年开垦而形成的生态农业奇观。它不仅是一幅气势恢宏的农耕山水画卷，更是世界农耕文明的典范和宝贵遗产。哈尼梯田绵延在哀牢山脉达50万亩，垂直落差1500多米，层层梯田拾级而上，最高可达5000多级，有时田埂有5米~6米高。而1000多年前的哈尼人，在没有火炮、炸药作为助力的条件下,利用独特的地理条件,实现了“山有多高，水有多高”的自流灌溉体系，并且世世代代在这样险峻的山崖间开渠挖田，耕种收获。

哈尼梯田的魅力不仅在其连绵起伏、赏心悦目的外观，更表现在哈尼人对自然气候和水土资源的巧妙利用。他们充分考虑自然地理条件，开创了森林－村寨－梯田－河谷“四度同构”的复合农业文化生态系统。山腰气候温和、冬暖夏凉，十分宜居，适于建村寨；村寨上方茂密的森林，有利于水源涵养，使山泉、溪涧常年有水，保障人、畜用水和梯田灌溉用水，同时山林中的动植物又可为人们提供肉食和蔬菜；村寨下方开垦万阶梯田，既便于引水灌溉，满足水稻生长，又利于从村里运送人、畜粪便施于田间。这种结构实现了人与自然的高度融合，体现了结构合理、功能完备、价值多样、自我调节能力强的生态农业的特征。

哈尼族是山地稻作民族，创造了与自然景观同样丰富的稻作文化。千百年来，哈尼劳动人民创造了独具特色的农耕技术和相应的文化习俗，形成了系统的文化现象和独特的农业生产方式，使得这一农业文化遗产长期因农业这一经济活动保持着生态、社会与文化价值。例如，一般的现代稻种经过 3 年 ~ 5 年种植后，就会出现品种退化而难以持续种植，但哈尼人培育的红米，能够在海拔 1400 米以上生存，具有极为稳定的遗传特征和极强的适应性。再如，哈尼梯田合理的林水结构、分水制度、泡田方法以及水力冲肥等，均为有效保护和合理利用水资源、维持农田肥力的技术与管理策略。又如，十月年、六月节、尝新谷等农业民俗节庆活动，至今仍为哈尼族所重视和延用。更为重要的是，在这样一个独特的复合农业生态系统中，人始终是重要的参与者，哈尼人因时、因地制宜的适应性管理理念，使其生产与生活方式随历史的发展而与自然协同进化。

哈尼梯田凭借其令人惊叹的生态与文化景观，丰富的生物与文化多样性，巧夺天工的农耕技术，以及科学合理的生态系统结构，为当地人民提供了食物与生计保障，将哈尼人民长期以来适应自然的生态文化成就集为大成。更加难能可贵的是，哈尼梯田以水资源管理为核心的技术体系，为当今和未来社会人们应对全球环境变化，缓解水、土、森林资源危机提供了宝贵的借鉴和启示。

生物多样性和生态价值

哈尼梯田种植的水稻具有很高的品种多样性。据调查，当地有水稻品种195种，现存的地方水稻品种有48种，常见的水稻品种主要有红脚谷、水红脚谷、大白谷、麻线谷、蚂蚱谷、皮杂谷、长毛谷、山谷、香谷、水黄糯、大毛糯等。

哈尼红米是哈尼先民在隋唐初期于高山梯田垦殖中由野生稻驯化而成，接近于野生稻谷，种皮棕红色。红米稻生长期较长，产量低，但因米质好，市场前景广阔，其价格是白米的若干倍。根据哈尼族古歌描述，哈尼梯田的红米水稻已连续种植了上千年。科研人员在哈尼农户家中找到一百多年前祭祀用的红米水稻谷穗，经基因测序，与目前梯田种植的品种一致。这种红米

打谷子的人们（周怀宗 摄）

品种适应性极强，需肥量小，不易感染病虫害，基因多样性指数是现代改良品种的三倍，适应哈尼族不使用化肥和农药的农耕习惯。

在稻种选择方面，哈尼人使用中国农耕技术中最传统的“穗选法”。有经验的村民在收获季挑选最饱满的谷穗作为次年的种稻，每家在种植红米2年~4年后，会把自家田地的种子与本村或者其他村寨的进行交流。这种频繁的种子交流，只在同一海拔的梯田间进行，如此会促进红米种子之间基因的优化组合，增强红米品种的基因多样性。

除水稻品种多样外，其他农业生物的种类也非常丰富。梯田内有天然生长的各种鱼类、螺蛳、黄鳝、泥鳅、虾、江鳅、石蚌、蟹等水生动物，以及浮萍、莲藕等水生植物；梯田的田埂上，天然生长有水芹菜、车前草、鱼腥草等野生草本植物；哈尼族还在梯田内放养鸭和各种鱼类，包括鲤鱼、鲢鱼、鲫鱼等，并在田埂上种植黄豆。

哈尼梯田系统及其附近动植物资源极为丰富，有野生种子植物5677种，其中裸子植物29种，被子植物5648种；野生动物689种，其中兽类112种，10个亚种，两栖类56种，爬行类71种。在梯田系统的内部及其附近，有极高的森林生物多样性。植被以常绿阔叶林为主，生长有多样的野生木本植物，如旱冬瓜、喜树、南酸枣、红木荷、毛刺花椒、香叶树、柃木、新木姜子、山茶、短刺栲、桫椤树、克雷木、多脉冬青、杨梅、金竹、樱桃、木通、茅栗等；多样的野生草本植物，如滇白珠、毛蕨菜、朝天蕨、有刺凤尾蕨、碗蕨、莨草、鞭打绣球、白蓼、兔耳兰、下田菊、旱芹、水芹、鱼腥草、黄花菜、土茯苓等；多样的野生菌，如香菇、银耳、木耳、白参、青头菌、干巴菌等。

哈尼梯田的生态价值主要体现在良好的水土保持作用。在人工开垦耕种的过程中，梯田改变了山地的坡面坡度，减缓了地表径流流速，从而增加了土壤入渗时间；同时，由于切断了坡面径流，减小了坡面径流汇集面积，从而减小了径流量；再加上梯田田埂对天然降水、携带泥沙的地表径流的拦截，一定程度上控制了滑坡和泥石流等地质灾害的发生；梯田生态系统的水循环在自然和人类等因素影响下，梯田存储降雨径流或灌溉水，多余的水通过地表回流，或深层渗漏补给地下水汇入地表径流排往下游地区，而且水分通过稻田表层土壤蒸发、水稻叶面蒸腾等返回大气，随着时间和空间的转换不断地循环变化。由于水稻喜水灌溉的特性，稻田四周所筑的田埂就像水库、塘坝的堤防，具有蓄积洪水水量、调节洪峰的作用；哈尼村寨所特有的“水力冲肥”的方式，变废为宝，将人、畜粪便转化为梯田养分，一方面为水稻提供了充足的养分，另一方面也人为地分割了饮用水源和生产水源。

生计与经济价值

哈尼稻作梯田农业生态系统给哈尼族提供了丰富的农业产品。在水稻生长期间，哈尼族喜欢放养“谷花鱼”和鸭子，等到收获稻谷之时，便可从梯田中获取稻米、鱼类和鸭子（蛋）；到梯田休耕时，田内可天然生长各种鱼类、螺蛳、黄鳝、泥鳅等水生动物，以及水芋、莲藕等水生植物；在梯田的田埂上，哈尼族会种植黄豆，还可采食水芹菜、车前草、鱼腥草等野生草本植物作蔬菜。

哈尼稻作梯田系统最具代表性的特色农产品是哈尼梯田红米。根据哈尼族口传史诗，元阳梯田红米发源地在元阳县马街乡乌湾禄蓬村，种植已延续了上千年。哈尼梯田红米属于糙米，米粒细小，体积仅为杂交水稻的2/3，具有涨性较大、口感好、饭味足的特点。其基因多样性指数是现代改良品种的3倍，具有适应性强、需肥少及抗虫害的优良特性。元阳梯田红米株高95厘米~105厘米，穗长21厘米~23厘米，穗粒数120粒~135粒，穗实粒95粒~115粒，结实率80%~85%，千粒重30克~32克，大粒黄色有顶芒，易脱粒，米饭香软，冷后不硬，茎秆粗壮，株型紧凑，抗倒伏，抗稻瘟病和白叶病，生育期150天左右，一般亩产300公斤~400公斤。元阳梯田红米营养丰富，富含人体所需的18种氨基酸，人体所不能合成的8种氨基酸中，哈尼梯田红米就含有7种。

近年来，依托元阳龙泰粮业有限公司、元阳县粮食购销有限公司，按照“公司+基地+农户”的种植生产经营模式，成立了元阳县哈尼梯田有机红米专业合作社，通过合作社与种植户签订产购合同，向种植户发放优质良种，对种植户进行培训等方式，积极鼓励和引导农户种植梯田红米。2013年，元阳县红米种植面积达到2.35万亩，主要种植品种有红优8号、红阳2号、红阳3号等，总产量达0.94万吨，其中精米商品粮0.57万吨，实现产值8640万元。2013年10月，元阳梯田红米荣获第九届中国昆明泛亚国际农业博览会优质产品金奖。

目前，元阳县已完成无公害农产品产地整体认定33.48万亩。境内空气质量好，水源无污染，土壤无毒残留，水质、空气质量均达到国家绿色A级标准，梯田红米生产基地又无工矿企业污染源，梯田红米产业化开发优势明显。

多元文化价值

梯田耕作是哈尼族文化的根本，梯田是哈尼族族群认同的根本，是哈尼文化的载体和灵魂。哈尼族的梯田文化被誉为“山区农业的最高典范”，是民族文化与自然生态巧妙结合的典范。历经 1300 多年传承至今的哈尼歌舞及节庆活动，以其独特的方式记载着该民族千年的历史。哈尼族历史上无文字，其先民积累了大量关于自然、动植物、生产生活的技能和经验，通过总结提炼，形成了一套完整的农业生产生活和民间文化知识体系，以通俗易懂的歌谣的形式传承至今，这就是哈尼族“四季生产调”，它流传于红河哈尼族彝族自治州红河、元阳、绿春、金平、建水等县的哈尼族聚居区。

现收集到的“四季生产调”歌谣约 1670 行，分为引子、冬季三月、春季三月、夏季三月、秋季三月五部分。引子部分强调了传承古歌、传授传统知识的重要性，其余四部分按季节顺序讲述梯田农耕的程序，包括泡田、打埂、育种、撒秧、插秧、拔秧、栽秧、薅秧、打谷子、背谷子、入仓等过程及相关的民俗活动。古歌用通俗易懂的语言描绘了与农耕活动相应的天文历法和自然物候变化规律，记录了哈尼族“祭寨神”、六月节“矻扎扎”、十月年等祈祷和庆祝丰收的重大节日，并对年轻人进行人生礼仪教育，完整地再现了哈尼族的劳动生产程序和生活风俗画面、哈尼族梯田农耕生产技术和独特的生活习俗。

歌谣所记载的历法以自然物候变化的轮回周期纪年，以月亮圆缺轮回周期纪月，以十二生肖命名年、月、日。其推算方法是以农历十月为岁首，日序是以鼠为首，13 日称为一轮，一年分 12 个月，每月 30 日，剩下的 5 日为过年日期。根据自然物候的

新街镇大鱼塘村村民马建昌在吹巴乌（陈欣波 摄）

变化，一年分为三段，即“窝巴拉”（干季，相当于农历二、三、四、五月）、“惹巴拉”（雨季，相当于农历六、七、八、九月）、“从巴热”（冷季，相当于农历十、十一、十二、一月）。由于哈尼族的农事历是以自然物候变化为基础，所以梯田农耕活动的程序和安排对植物季相的变化和动物候鸟的出没特别敏感，与国家公历相比，它更符合当地的农事活动安排，更有利于维系整个农业系统的运行，是哈尼族数千年来智慧的结晶。

哈尼族多声部民歌流传于红河县阿扎河乡东部以普春村为中心的几个哈尼族村落，歌曲内容与社会生产，尤其是与梯田稻作农耕劳动紧密联系，多歌颂劳动、赞美爱情、讴歌山野田园美景等，以《栽秧山歌》最具代表性。当地人认为，栽秧是耕作过程中重要的一环，为了谋求将来的好收成，需要娱神。他们将从种植到丰收的过程比喻成男女从结合到生育下一代的过程，故栽秧季节要唱情歌，借此呼唤秧苗的成长和结果。如《栽秧山歌》所唱：“哈尼人最忙的栽秧时间已经来到，忙得像汉族的赶马大哥一样停不了脚。为了稻谷的丰收，为了秧苗的成长，在栽秧季节里唱栽秧山歌，不怕三亲六友在身旁。”

四、现状与发展

在全球气候变化的背景下，哈尼梯田在百年尺度上遭遇的干旱强度和频率都有所增长，成灾的频率和规模也在增加；特别是 2000 年以后，冬季到春季连续长时间无降水或降水不足。例如，2005 年 3 月－5 月间元阳受百年一遇的大旱年影响，约 1200 公顷梯田受旱。同时，梯田景观核心区元阳县地处哀牢山南段，由于山高坡陡，加之降雨比较丰富，易引起水土流失、滑坡、梯田垮塌等。以元阳县全福庄小流域为例，区内共调查到滑坡 9 个，都为小型滑坡，滑坡最大宽度 50 米、长度 20 米、厚度 3 米 ~ 5 米。滑体组成以土体为主，少数为风化岩体滑坡，除 3 个为古滑坡外，其余为现代滑坡，稳定性差。滑坡形成原因主要是地形坡度大，开挖或冲沟侵蚀形成临空面，降水渗入岩土体中，岩土体在地下水的浸润下形成滑坡。

哈尼梯田系统的保护和发展还面临着一些来自社会和外界的干扰和影响。首先，受山地地形的限制，哈尼梯田面积和粮食产量都受到一定的限制，而且日益增长的人口数量和社会发展，使以农业生产为主的地方经济受到很大的制约。其次，现代文明渗透下的民族传统文化保护，存在着困难和压力。现代文明、外来文化和生活方式的影响，使传统生态知识及其维持体系受到威胁。掌握传统知识的老人相继离世；市场驱动和城市化发展，使年轻一代逐渐放弃传统的生活习俗、宗教信仰、礼仪等传统文化，迁移到其他地方谋求更好的收入；学校缺乏传统知识教育；耕种过程劳动强度大，田间管理复杂，多数现代青年人不能承受。这些都使传统民居建筑形式的保存、民风民俗的延续、民族文化和民族艺术的传承，以及传统梯田农耕文化的继承等面临困难。最后，遗产地外来旅游人口的迅速增长与脆弱的生态环境、落后的配套服务和基础设施状况，以及与遗产地传统生活方式之间的不协调，造成生态条件和社会发展难以实现良性循环。

哈尼稻作梯田系统是世界农耕文明的重要见证和宝贵财富。为了更好地传承和保护哈尼梯田农耕习俗和特色文化，可以考虑从以下几个方面着手：

第一，发展生态旅游。生态旅游强调保护自然资源和生物多样性、维持资源利用的可持续性，它是一种具有保护自然环境和维系当地人民生活双重责任的旅游活动。农业文化遗产作为一种活态遗产，动态的保护和传承至关重要。在遗产地开展生态旅游，不但可以有效地保护农业遗产，保护传统的耕作方式不因为机械化而消亡，而且可以提高当地人民的生活质量，提升他们的文化

哈尼梯田俯瞰（陈欣波 摄）

自信心和自豪感，进而使传统的民俗民风得到继承和发扬。哈尼梯田的景观及其少数民族文化都是很好的旅游资源，然而过度旅游开发可能会导致一系列生态环境问题，甚至对传统生态系统造成不可挽回的破坏。为了兼顾传统与未来，发展包括观光农业在内的生态旅游是一种两全其美的方式。开展生态旅游的收益可以用来保护生态环境，同时旅游能带动建筑、交通、餐饮、娱乐、通讯、商业的同步发展，当地居民可以从中获益，从而愿意参与农业遗产保护。

第二，利用世界文化遗产和全球重要农业文化遗产品牌，开发认证系列生态产品以提高当地居民的收入，并促进对梯田稻作景观的保护。比如，发掘或研究水稻的品种，提高水稻的产量、质量，以保证粮食安全；利用水稻品种多样性，混合间栽，控制稻瘟病，这样不仅提高了水稻的产量，同时也保护了当地农业生物的多样性；加强本地大米、野生菌、鱼、鸭、茶、香蕉、荔枝、橘子、水芋和水芹菜等产品的市场销售力度，进行生态大米、生态蔬菜、生态鱼、生态菌类等农产品认证，促进当地经济发展，保证梯田稻作农业文化系统的稳定性和持续性。哈尼梯田红米作为代表性特产，在品牌营销推广方面的实践已初见成效。近年来，元阳县大力推进梯田红米产业的保护与发展。在坚守梯田耕种面积的基础上，元阳县编制了《元阳县哈尼梯田红米产业发展三年行动计划》，2016 年至 2018 年，投资 2.6 亿元实施发展优质梯田红米产业 14 万亩。2017 年，元阳县红米种植面积达 9 万亩，其中，元阳县粮食购销有限公司种植基地 3.2 万亩，包含 500 亩梯田红米原种繁育基地、4000 亩无公害基地以及 2000 亩有机认证产地，辐射带动 8 万户农民种植红米，全县红米产业产值 2 亿多元。与此同时，政府主导、企业落地，合力形成的线上线下互动的网络销售平台逐渐形成。截至目前，全县建成“元阳商城”、元阳商城 APP、微信公众平台、分销代理等电商服务平台，建成乡镇电商服务站 14 个、村级电商服务点 83 个，并在天猫、淘宝、京东、阿里巴巴等电商服务平台有稳定的销售。

第三，制订遗产保护计划时参考哈尼梯田传统的管理方式，加入现代管理要素，采用传统－现代有机结合的发展方式，最大限度地保留哈尼梯田原有的农耕体系和乡村风貌，坚决反对一刀切改造式发展理念，以保持哈尼稻作梯田地区的生物多样性和文化多样性为终极目标。林业方面，主要以提高森林覆盖率为目标，如 2002－2012 年在遗产区植树造林 29 万亩。在农业方面，对梯田种粮农户实行良种补贴、农资综合补贴等，同时在遗产地推广沼气等新型能源，替代薪柴需求。县、乡、村逐级签订《基本农田保护目标责任书》，以保障耕田面积。在水利方面，近年来进行了小流域治理和水利设施建设，在保持“分水木刻”“分水石刻”等传统景观的基础之上，综合运用现代手段，积极保障生态机制的完整性。

总之，在哈尼稻作梯田文化系统的传承上，不应仅仅着眼于保护梯田，还应该保护以梯田为基础的农业，以农业为基础的农民和为稻作农业提供水源保障的森林和水系。对于哈尼梯田的发展，不仅要重视旅游业带来的经济效益，更应该重视梯田的农业本质属性，在推广民族特色旅游品牌的同时，不能忽视将民俗活动的灵魂根植于传统农业之中，而且必须以保护传统梯田农业作为发展的出发点和落脚点。

参考文献

[1] 闵庆文、田密主编：《云南红河哈尼稻作梯田系统》，中国农业出版社 2015 年版。

[2] 角媛梅：《哈尼梯田自然与文化景观生态研究》，中国环境科学出版社 2009 年版。

[3] 张菲：《基于移动互联网的哈尼梯田旅游营销研究》，云南大学硕士学位论文，2012 年。

[4] 角媛梅、程国栋、肖笃宁：《哈尼梯田文化景观及其保护研究》，《地理研究》2002 年第 6 期。

[5] 赵文礼：《黄河流域的梯田》，《中国水土保持》1983 年第 2 期。

[6] 陆祥宇：《稻作传统与哈尼梯田文化景观保护研究》，清华大学硕士学位论文，2012 年。

[7] 白艳莹、伦飞、曹智等：《哈尼梯田传统农业发展现状及其存在的问题——以红河县甲寅乡作夫村和咪田村为例》，《中国生态农业学报》2012 年第 6 期。

[8] 徐赣丽：《民俗旅游与民族文化变迁——桂北壮瑶三村考察》，民族出版社 2006 年版。

（撰文：尧捷）

贵州从江侗乡稻鱼鸭系统

从江县位于贵州省东南部，处于都柳江流域。东部为广西三江侗族自治县，南部为广西融水苗族自治县和环江毛南族自治县，西部和北部是荔波县、榕江县和黎平县。世居有苗族、侗族、汉族、壮族、水族、瑶族等民族，少数民族比例高达95%。当地侗族是古百越族中的一支，曾长期居住在东南沿海，因为战乱辗转迁徙至湘、黔、桂边区定居。虽然远离江河湖海，但该民族仍长期保留着“饭稻羹鱼”的生活传统，由此产生了从江侗乡稻鱼鸭系统。

从江侗乡稻鱼鸭系统距今已有上千年的历史。最早源于用溪水灌溉稻田时鱼苗进入田地生长，秋季时侗族人收获稻谷与鲜鱼，经过长期传承，演化成为稻鱼共生系统，后来又在田地中放入雏鸭，同年收获稻、鱼、鸭。稻田为鱼和鸭的生长提供了生存环境和食物资源，鱼和鸭在觅食的过程中，不仅为稻田清除了虫害和杂草，也间接性地减少了化肥农药和除草剂的使用。鱼和鸭

稻田养鸭（全国农业展览馆网）

在田地间来回游动也搅动了土壤，无形中帮助稻田松土，鱼和鸭的粪便又可以作为稻田的有机肥，具有保育地力的功效。由此，稻、鱼、鸭通过食物链的物质循环，形成了一个完整的可循环的生态体系。

从现代意义上来看，从江侗乡稻鱼鸭系统强调高效、无污染和健康，与现代有机农业、垂直农业、生态农业在可持续生产理念和技术上具有优势互补、齐头并进的特点。这一农业生态系统是人类文化与自然环境共同进化的结果，是水土资源可持续利用模式，是智慧与农业实践的结晶。

2011 年 6 月，从江侗乡稻鱼鸭系统被联合国粮农组织认定为全球重要农业文化遗产（GIAHS）。

一、历史发展

中国是世界上最早进行淡水养鱼的国家之一。《诗经·大雅·灵台》中，就有“王在灵沼，于牣鱼跃”的诗句。

西汉时期，随着养鱼技术的发展，湖泊养鱼开始出现。东汉时期，汉中、巴蜀等地流行稻田养鱼，当地农民在夏季种稻期间放养鱼类于水田中，或是利用冬季水田养鱼。1977 年考古发现的四川新津县宝子山水田模型中，就出现了田中游鱼。1978 考古发现的陕西勉县东汉陶稻田模型中，田面上塑有草鱼、鲫鱼等的造型。《魏武四时食制》载：“郫县子鱼，黄鳞赤尾，出稻田，可以为酱。”这一记载说明，至迟在东汉时期，中国已出现了稻田养鱼技术。唐朝时期，稻田养鱼技术得到进一步发展，《岭表录异》载：“新泷等州山田，拣荒平处，以锄锹开为町疃。伺春雨，丘中贮水，即先买鲩鱼子散于田内。一二年后，鱼儿长大，食草根并尽。既为熟田，又收鱼利。及种稻，且无稗草，乃齐民之上术也。”在种稻养鱼时兼顾防治杂草，开创了渔业生物防治的先河。

宋元时期稻田养鱼技术继续发展。到明朝时，一些地区已经开始实行大面积稻鱼轮作制度。明万历《顺德县志》（1573）载：“圃中凿池养鱼，春则涸之插秧。大则数十亩。”民国时期，一些科研单位开展了稻田养鱼技术的科学研究。广东、广西、云南、四川、江苏均有一定的稻田养鱼面积。

据《黎平府志》《古州厅志》《从江县志》等史志资料记载，黔东南侗族的稻鱼鸭系统的历史至少可追溯至明代。据《黎平府志》记载：清明节后，鲤生卵附水草上，取出，别盆浅水中，置于树下，漏阳曝之，三五日即出子谓之鱼花。在肥田者一年内可重四五两。从当地古歌、传说、口述史等资料推断，这些地区稻田养鱼可能已有近千年的历史。春秋时期，侗族先民生活在古越地区，属江河下游的河网地带，以“饭稻羹鱼”为主要生活方式。因历史变迁与战乱频繁，古越一支溯河而上，选择半山地区而聚居成为侗族先民，并且为了适应这种不同于平原河谷的自然环境，经过长期摸索，最终完成了对半山环境的改造。为了提高土地利用效率并获取更多的食物资源，侗族人将鱼、鸭引入稻田，形成了天然的立体循环生态农业模式，并延续至今。

二、系统构成

系统结构

农渔复合　从江侗乡稻鱼鸭系统是一种农业生产与渔业生产共存的复合系统。稻鱼鸭共存，和谐共生，稻田与鱼塘的复合型功能为这一系统增添了生态保障。鱼塘、稻田以及天然水域相连通，通过人工手段对水流方向、水温高低以及水质进行调控，从而保障了稻鱼鸭系统生产所需要的水资源，生物多样性并存发展，最大规模地生产出种植业与渔业产品。人工改造与自然生态相匹配，原有生态系统得以在此基础上扩大效用范围，拓展了原有湿地范围，维持了系统的稳定。

农林复合　稻鱼鸭系统与森林生态系统共存。由于这一地区多为山地，难以开垦大片农田，于是侗族人民便通过人工手段改变河道、挖掘鱼塘，并在山坡之上建构梯田，在稻田之中挖沟开塘，将鱼、鸭引入稻田系统。稻田与森林相互依存，在梯田的修建过程中，不仅要考虑稻田本身的稳固，还要考虑彼此之间的相互影响，以保持生态完整性。由于稻田建在山坡上，雨水冲刷极易发生水土流失，于是人工构建“浅草带”以降低水土流失的风险。“浅草带”还可以发挥多种生态功能，并可以增加稻田通光透气程度及防止大型食草动物破坏稻田。此外，稻田周围的人工防护林亦能够防止水土流失，减少泥石流灾害的发生。稻田湿地生态系统与森林生态系统的紧密结合，提高了水源涵养能力，形成了多层次的森林湿地生态系统，对保持水土具有重要作用。

景观特征　从江侗乡稻鱼鸭系统呈现复合景观的特征。坝田、丘陵田、梯田是山区常见的农业用地。田地与树林之间有“浅草带”。在浅草带之上，分布有大面积的茂密森林。在海拔较高的山区，山脊连绵，呈现出森林与草地交错复合的景观。浅草带植被种类丰富，可用来放牧牛、马和羊。农民在不同大小的田地里，饲养一定数量的鲤鱼、草鱼和鸭。此外，田地周围还多有林草分布，可以起到遮蔽作用。不同的空间景观类型构成了“稻－鱼－鸭”复合农林景观。

相关知识体系和适应技术

水土资源管理 在水土管理上，从江侗乡有着一套独特的体系。侗乡稻田以深水水田为主，在同样大小的水田中可以养殖更多的鱼。稻田田埂高0.5米~0.8米，厚0.3米~0.5米，用石头砌成，使其结构牢固，不塌陷，不漏水。给水排水系统由渠道与天然溪流相连接而成，田间用水可通过地下渠道或直接排放到天然河流中，水田水位受人工池和河道控制。稻鱼鸭农业生态系统是当地农民在有限的自然条件下，经过长期的探索，创造出来的独特的生产和土地利用方式。该方法有效地节约了土地资源，缓解了人与自然的矛盾，实现了立体农业，为其他同类地区水土利用提供了参考。

糯稻种植技术 糯稻的种植技术十分复杂。在病害防治方面，稻谷收获后需要单独存放，病株需要及时去除，以防止进一步感染。提高地膜覆盖温度，杀灭土壤中的病菌。种植密度合理，促进空气流通与阳光直射。施用有机肥，如粪肥、草肥、堆肥、沼渣、绿肥等。采用轮作模式，如香禾糯稻－油菜、香禾糯稻－豆科牧草等。糯稻收获时，需要用独特的收割刀收割，把数百根收割下来的稻穗捆成一捆，挂在禾晾架上晾晒一个月，然后存放在仓库里。新糯稻在晒干之前不易脱粒，因此，打谷必须在经过一

从江稻鱼鸭农林复合结构一隅(百度图库)

个月的风干且谷物的水分降低到15%时进行。禾仓用于糯稻储存。它是一种干栏式建筑，建在地上或水面上，建筑保持干燥通风，防火防潮，能够有效控制鼠患。

生物防治　生物防治功能主要体现在病害防治与虫害防治上，稻瘟病在稻鱼鸭系统中能够得到有效的防控，鱼与鸭在稻田中觅食、排泄，形成了与之相关的食物链，该食物链会抑制其他生物的蔓延，对水稻生长起到保护作用。水田里养鱼养鸭，因鱼、鸭的游动撞击稻秆，导致害虫震落水中被鱼、鸭捕食，使害虫减少，虫害发生率降低。鱼可以帮助减少杂草。稻花可以作为鱼的饲料，同时稻谷可为鱼和鸭提供庇护，避免鱼、鸭完全暴露在强烈的阳光下。整个过程避免了农药和化肥的使用，不需要人工干预，并对稳定生态系统起到了重要作用。此外，侗乡人还自制生物农药，如通过喷施苦楝水和烟梗水，可以有效地控制螟、稻壳虫和跳虫，水中混入桐油用于防治茎蛀虫和叶虫。

放鸭技术　稻田放鸭有着严格的时间控制。播种后7天～10天，每亩地放入12只～15只雏鸭。根据自然地理条件，以10亩为单位饲养鸭子。在稻谷抽穗之前，每天早晚喂鸭子碎米或碎麦，并每日加餐一顿。选山间低洼处做鱼窝，在场地周围挖一条沟，加固堤岸，留下入口和出口，用竹子或树枝做成栅栏。播种后7天～10天，或春季第一次灌溉后，开始准备田鱼。在浓度为3%~5%的盐水中对鱼进行5分钟～10分钟的消毒，然后放入田地。一般而言，每亩放养60条～70条4厘米～5厘米长的鲤鱼苗，或放养40条～50条10厘米长的鲤鱼苗。

收获田鱼（搜狐网）

鱼苗需长4厘米～5厘米后才能放养，以避免被鸭吞食。同样，鸭子在体长超过8厘米之后才可放养。在收割的时候，要先将鸭子移出田地。等糯稻与田鱼收获完成，再重新放回。

系统特征

稻鱼鸭系统是从江侗族人根据当地充沛的降水条件，利用生物多样化和它们的互生关系，将种、养结合起来的农业综合生产模式。侗族源于古百越的西瓯、骆越，早年生活在江河中下游的河网地带，后溯河而上，进入半山区定居，但依旧保留了“饭稻羹鱼”的饮食习惯。从江侗乡属半山地区，气候湿润、地表起伏较大。侗族人将鱼、鸭引入稻田，形成共生系统，是一种观察自然山地后形成的适应性农业。侗乡稻田与自然生态背景差异小，具有很高的稳定性及永续性。稻鱼鸭系统的生产模式属于独特的复合农业生产模式，这种农耕方式在“九山半水半分田”的侗家，既可有效节省土地，实现天然的立体农业生产模式，有效缓解人地矛盾，又可一田多用，在相同的土地面积上既提供水稻产品又提供鱼类和鸭类产品。

在长期的历史发展过程中，侗族人形成了其特有的适合于所处生态环境的稻鱼鸭系统与森林生态系统耦合的模式，这种传统的模式既是对自然资源和环境的一种适应，也是利用自然、改造自然的结果，具有可持续发展的特性。鱼和鸭来回游动搅动了土壤，无形中帮助稻田松土，鱼和鸭的粪便是水稻上好的有机肥，保养和育肥了地力。稻鱼鸭系统是人类社会共有的重要农业文化遗产，为可持续农业提供了有力的借鉴。

稻鱼鸭系统具有生物性适应与社会性适应。生物性适应能推动高效利用当地的生物资源，并使社会存在与所处自然生态系统相兼容，确保获得最大的生态安全。社会性适应则有助于在特定的背景中获得更大的生存空间。稻鱼鸭系统不仅具有调节土壤肥力和自我抵抗有害生物入侵的能力，又具有蓄洪和储养水源的双重功效。该系统可以减轻自然灾害，阻碍病虫害的传播，既可减少化肥农药污染，又能促进食品安全，为当地人民提供了优质农产品，在生态保护、经济发展、文化传承上都有积极作用。

从江稻鱼鸭系统有着明显的复合经营的特点，渔业与林业都参与到稻鱼鸭的生产过程中。从江少数民族村寨普遍保有因地制宜利用稻田及坑塘养鱼的传统，饲养的鱼类包括鲤鱼（乌鲤、荷包鲤、大腿鲤、火鲤）及鲫鱼、草鱼等。渔业与稻作共生，极具地方特色。此外，侗族人还兼顾林业生产，并长期保持着稳定的森林资源。稻田与森林共存是侗族地区普遍的景象。依照稻鱼鸭系统与“林粮间作”的模式，有效地实现了稻田生态系统与森林生态系统的和谐共存。

三、价值与特点

全球重要性

从江侗乡稻鱼鸭系统作为一个整体，在生产、生态、社会、文化等十多个领域具有重要价值。糯稻等自然物种的多样性及其维持机制，对全球农田生物多样性保护具有重要示范意义。此外，该系统也是优良的农林生态系统，具有土地可持续利用等特点。作为生态循环农业和低碳农业的典型代表，该系统对其他类似地区农业的可持续发展具有重要借鉴意义。

从江侗乡稻鱼鸭生态系统属于一种复合型生态系统。其系统内部通过稻、鱼、鸭之间的相互作用，维持了能量流动与物质循

从江加榜梯田（新华社记者杨文斌 摄）

环，保证了系统内部的稳定。同时，稻鱼鸭系统与鱼塘系统、森林系统的协同作用，为其自身解决了水源与病虫害防治的问题，也维持了整个生态系统的和谐和稳定。该系统中生物多样性得以保证，温室气体排放减少，并能够涵养水源保持水土，对当代农业发展有着借鉴意义。这种生产方式有效地节省了土地，实现了天然的立体农业，有效地缓解了人地矛盾；而且，农民与自然和谐共处，实现了真正意义上的天、地、人和谐共处，对其他同类地区合理利用土地，发展适应本地条件的生产方式有着借鉴意义。

从江侗乡稻鱼鸭系统还具备农业景观价值。农作物所处的自然环境，同样也是农业生态景观不可或缺的构成部分。农业景观的构成与其所处的自然环境有着天然的联系，是一个天然的整体。这与农业本身的性质有关，农业本身的性质决定了农业景观审美构成的客观性。从江最具代表性的农业生态景观是位于加榜乡东北面的加榜梯田，总面积近 1 万亩。随四季变换，梯田展现出不同的风貌，极具景观欣赏价值。此外，侗乡民居建筑、风雨桥、禾仓、禾晾等也具备景观价值，展现了侗族农业生活场景。

从江侗乡稻鱼鸭系统的经济价值为当地农民带来了财富。从江因盛产优质糯稻并远销他乡，有“糯米之乡”之称。糯稻中的香禾是从江县一大特产，素有“一块稻禾十里香，一家蒸饭全寨香”之美誉。糯稻饭手捏不粘，冷后不硬，不仅是侗乡日常主食，而且可作为糍粑、甜酒、侗果、汤圆、粽粑等传统糕点的原料。香禾糯稻酿成的酒，清香醇正，甜若蜜糖，也是从江一大特产。糯稻作为高品质食品的加工原料具有较高的经济价值。此外，从江县还大力发展果树行业。从江的土壤和气候条件非常适于果树生长，并且当地少数民族素有栽种柑橘等果树的传统。从江县从20世纪80年代中期开始开发椪柑产业，通过引进和培育新品种，开发出了以椪柑为主的若干特色经济作物。椪柑质量优异，“从江椪柑”先后获农业部“部优”和曼谷“93中国优质农产品及科技成果展览会”金奖，2004年获贵州省农业厅颁发的无公害农产品产地认定证书，畅销国内外。

占里禾晾（全国农业展览馆网）

生物多样性与生态价值

黔西南地区在地理特征、土壤、植被、气候等方面存在明显的区域差异，形成了多种多样的生态环境，为各种生物的生长提供了条件。从江侗乡稻鱼鸭系统的生态价值，从生物多样性保护、水土保持与修复、气候调节等方面体现出来。

生物多样性保护 侗族的生物物种绝大多数是本地繁殖的，即使没有人工栽培，也能在野外生存。糯稻品种具有耐阴、耐低温的特性，无论在平原还是山地丛林中都能生存。侗族人在稻田里同时饲养鸭子和鱼。鱼、鸭在稻田水中穿梭，不仅不会伤害到水稻幼苗，而且还形成了相对独立的食物链网络，共同维持水生生物的生态平衡。稻田、森林生态系统、草地生态系统之间实现了物质和能量的交换。

从江县森林中的生物多样性极为丰富，特别是植物的多样性。据统计，该县共有植物 92 科，其中常见木本植物有 76 科 224 属 521 种。按用途可划分为药用植物 122 种，食用植物 105 种，饲料植物 23 种，建材植物 17 种，染料植物 9 种，造纸植物 7 种，编织材料 6 种。珍稀濒危保护植物有 24 种，其中渐危种 7 种，稀有种 10 种；国家一级保护植物 2 种。从江县主要濒危植物有翠柏、福建柏、柔毛油杉、伯乐树、十齿花、闽楠、樟树、格木、厚朴、马尾松、香果树、伞花木、木瓜红、华南五针松、南方红豆杉、大叶榉树、水青树、鹅掌楸、杜仲、多花猕猴桃、七叶一枝花。

水土保持与修复　从江侗乡稻鱼鸭系统属农林复合系统。耕地与林地之间存在草地过渡带，范围在 5 米 ~ 7 米之间。这一地带将减缓地表径流的速度，从而最大限度地减少泥石流和洪水对稻田的危害。在降雨季节，稻田可作为储水量 45 厘米深的蓄洪水库，既能蓄水，又能防止水土流失。稻鱼鸭复合体系能显著改善稻田土壤条件，提高土壤的氮、磷、钾等养分含量。

气候调节　稻田生态系统通过吸收大气中的有害气体来净化空气；村庄周围的河流与稻田的互动，还可以调节小气候。相关研究表明，稻鱼农业模式较普通稻田可减少 34.6% 的甲烷排放；稻鸭农业模式能使稻田减少产甲烷菌的数量，从而减少甲烷的排放。鱼、鸭的活动增加了稻田水体和土层的溶解氧，改善了土壤的氧化还原状况，加快了甲烷的再氧化，从而降低了甲烷的排放通量和排放总量，尤其是在稻田甲烷排放高峰期最为明显。此外，稻田周围的森林在气候调节方面也起到了巨大作用。从江县森林覆盖率达68.76%，属农林复合型结构。森林稳固了稻田水源，对保持水土有重要意义。

生计与经济价值

种植业产品 侗族是我国南方少数民族之一，具有悠久的稻作历史和丰富的稻作文化。当地农民按侗族传统生态农业技术种植出来的香禾糯，是禾品种群中品质最优的一类，其所含的蛋白质和人体必需赖氨酸含量都超过一般优质稻米，并具有气味香醇、糯而不腻、营养丰富、口感极好等特点，被称为“糯中之王”。香禾糯属高秆圆粒水稻品种，特性介于籼、粳之间，以偏粳者居多，株型分散，易倒伏，但抗逆性强，茎长而细，成穗率高，茎长140厘米~190厘米，穗长20厘米~30厘米，谷粒圆短，每穗粒数约150粒，脱水后每穗平均重量约28克。香禾糯的生长期超过180天，一般亩产200公斤~250公斤，栽培良好可达350公斤。香禾糯有长芒、穗大、种子饱满的特点，谷物和芒有黄色、白色、黑色或红色，因品种不同而颜色不一。香禾米呈白色，不透明，有光泽，煮后口感清爽，香味浓郁。据调查，香禾糯的品种不少于40种。

香禾糯大多具有茎高、芒长、成熟期晚等特点，且一直具有优良的品质，如抗病虫、抗杂草生长、抗鼠害、防鸟害、耐低温等。作为世界上最优质的大米，香禾糯既可以生长在平原地区，也可以生长在丛林中，最适宜海拔高度为700米，可栽种海拔范围240米到900米。除了品种本身的品质，气候和土壤性质也是影响香禾糯品质的两个重要因素。从江县昼夜温差较大，无霜期长，水稻籽粒灌浆期可达328天。此外，与其他地区相比，从江地区的土壤和地下水中含有相当丰富的矿物质和微量元素，如锌、锰、镧、钛、钒、钴等。

渔业产品 除了农业产品，系统内还生产多种渔业产品。田鱼以放养鲤鱼为主，其次是鲫鱼、草鱼；此外还有螺、蚌、虾、鳖、蟹、泥鳅、黄鳝等野生水生动物。田鱼肉质细嫩，可蒸煮、烧烤、烘干、腌制酸鱼或制作鱼生等食品。

畜（牧）业产品 从江稻鱼鸭共生系统中所放养的鸭子为本地品种，有水鸭和三穗麻鸭，其中三穗麻鸭为特有品种。此外，从江县还有从江香猪等畜产品。

林业产品 从江县森林覆盖率超过68%，有着丰富的林业产品。侗族、苗族、瑶族药用植物基本来自森林生态系统。常见的药用植物有爵床、盐肤木、五加、南天竹、铜锤玉带草等。可食用的蕨类、笋类与菌类资源丰富。干鲜野果主要有草莓、杨梅、核桃、李等。调味植物有小茴香、薄荷等。

多元文化价值

稻鱼鸭共生系统不仅是一种生产方式，更是从江各民族文化形成的经济基础之一。从江侗乡除了传统的稻鱼鸭共生技术之外，世代居住在这里的苗、侗、壮、瑶等民族，创造了绚丽多彩的民族文化，形成了各具特色的风土人情，体现在饮食文化、服饰文化及建筑文化等方面，无论是建筑布局、民俗民风还是社会组织制度，都与这种传统农业模式息息相关。

从糯稻选种培育到收割晾晒，侗族人形成了一套完整的耕作体系。每年谷雨前后秧苗高约3厘米时，移栽在稻田里“寄秧”；一个月之后再分到其他的稻田栽培，同时放入鱼苗；等鱼苗长到两三寸长，再放入雏鸭。整个栽培过程严格按照时间变化进行。秋收时，从稻子的产量、米质、米粒色泽、味道、油分、作物习性等方面进行品种选择，预留稻种单独存放。糯稻收割后，需要在禾晾上晾晒近一个月，再收入禾仓保存或进行脱粒。在放养鱼苗的步骤上，首先需进行种鱼的选择，然后再打鱼窝、搭配种鱼、交尾、孵化。在病虫害防治上，从江侗乡采取生物防治方法，运用稻鱼鸭生态系统的循环体系进行自愈，或是采用生物农药进行预防。在农田肥料的选择上，使用有机肥如动物粪便等。这些传统的农业生产技术，对发展现代生态农业有着启示意义与示范作用，对丰富人类传统农业技术有着积极意义。

最后，从江稻鱼鸭共生系统在少数民族文化传承上有着重要意义。从江侗乡世居有苗、侗、壮、水、瑶等族。当地少数民族有着丰富的民族传统与习俗，例如岜沙苗族成人礼、斗牛、芦笙节、尝新节等都极具民族特色。在民族歌舞方面，侗族大歌、“多耶舞”

侗族大歌（人民政协网）

都具有丰富的文化内涵。在工艺技术方面，侗族织染、鼓楼与花桥、禾仓与禾晾的建造技术都是突出代表。从原始的捕鱼方法到稻田池塘养鱼，侗族在稻作生产、养鱼食鱼方面有着悠久的历史和文化传统。从侗族的传统食品来看，酸食与稻、鱼、鸭共生系统的关系最为密切，最具代表性的是“侗家腌鱼”、酸鸭、糍粑、油茶、侗果等。少数民族文化为从江侗乡稻鱼鸭系统增添了文化魅力与色彩，丰富了其在文化领域的意义与价值。

四、现状与发展

发展现状

在成为全球重要农业文化遗产试点地之后，从江侗乡稻鱼鸭的品牌农业效应显著，经济增长迅速。从江县发挥“稻鱼鸭系统”品牌效应，促进了农业文化瑰宝的传承、保护和发展。2006 年，侗族大歌被列入第一批国家级非物质文化遗产名录。2007 年 5 月，侗族鼓楼花桥建造技艺被列入贵州省省级非物质文化遗产名录。2008 年 7 月，侗族木构建筑营造技艺被列入国家级非物质文化遗产名录。2009 年，国家质量监督检验检疫总局授予黎平香禾糯稻“国家地理标志保护产品”荣誉称号。2009 年 9 月，从江县侗族鼓楼习俗被列入贵州省省级非物质文化遗产名录。2009 年，侗族大歌被列入联合国教科文组织《保护非物质文化遗产公约》人类非物质文化遗产代表作名录。2010 年 4 月，侗族大歌入选上海世博会开幕盛典仪式表演。2014 年从江县加榜梯田入选“2014 年中国美丽田园名单”。2015 年 5 月，从江侗乡稻鱼鸭系统作为中国农业文化遗产经典代表亮相意大利米兰世博会。6 月 6 日至 13 日，参加在罗马举行的由联合国粮农组织（FAO）举办的第 39 届大会。国际合作与品牌建立为从江侗乡稻鱼鸭系统增添了社会影响力，既保护了传统文化，又促进了农业增效和农民增收。

通过品牌推广和示范点的模式，从江县在稻鱼鸭养殖上取得了一定成绩。2014 年，从江县利用“遗产地”品牌效应在各乡镇划定重点区域，建立了 4 个示范点共 1000 亩稻鱼鸭生产基地，通过项目资金，扶持农民发展养鱼、养鸭。2015 年，从江在全县的 5 万亩稻田中对稻鱼鸭系统进行了示范点推广，实现每亩增产稻谷 5%～15%，平均亩产稻谷 669.5 公斤，生产鲜活田鱼 24.3 公斤、鸭 44.7 公斤，平均亩产值在 6000 元以上。

在对农业文化遗产地的保护上，从江县政府颁布了一系列制度、规划，形成了横向三级保护体系：重点保护核心区、中度开发缓冲区、重点开发辐射区。制订重点发展生态农业的详细规划，在核心区建立示范基地。2008 年，从江县畜牧局发布《稻鱼鸭农业生态系统推广示范规划》，划定稻鱼鸭围场和鱼苗养殖基地为核心保护区；定期邀请专家进行技术培训，让农民掌握提高稻鱼鸭养殖产量的技能；加强对鱼市的宏观调控，最大限度地减少稻鱼鸭养殖户的损失；为了减少疫情的影响，从江县畜牧局大力宣传普及消毒防疫知识和措施。

此外，政府部门还重视对当地传统农业知识传承和传统物种的保护，采取一切可能的措施增加农产品的价值，完善整体保护和可持续利用计划，吸引企业投资。2018 年，从江县政府对“从江侗乡稻鱼鸭生态农业产业示范园区”建设进行规划，通过“三区一廊”进行功能布局。规划面积 2 万亩，即“稻鱼鸭复合系统传承保护区”“生态稻鱼鸭规模生产示范区”“苗侗瑶民俗文化体验长廊”及“特色农产品加工物流贸易区”。其中，“稻鱼鸭复合系统传承保护区”覆盖高增乡、丙妹镇、加榜乡；“苗侗瑶民俗文化体验长廊”沿高增乡、翠里乡、丙妹镇、雍里乡、刚边乡、加榜乡布局；“生态稻鱼鸭规模生产示范区”分布在高增乡、往洞镇、谷坪乡、雍里乡、刚边乡；“特色农产品加工物流贸易区”，则位于贵州洛贯经济开发区。

威胁与挑战

传统文化传承与现代社会发展存在矛盾。传统农耕方式不是以单纯的技术形式存在的，而是依存于一个复杂的文化整体，其中包括服饰、民俗、信仰、制度等。保护农业文化遗产需传承传统文化。侗族等少数民族的传统农耕文化是稻鱼鸭系统的重要组成部分：包括稻鱼鸭共生技术、糯稻的选种育种与收获、鱼苗的繁殖、人工营林传统、林粮间作的相关知识以及侗族的服饰文化、饮食文化、建筑文化、医药文化、宗教信仰、文化习俗等。现代文化对传统文化的不断冲击，掌握传统选种、育种和耕作知识，熟知传统生活习俗、宗教信仰和民俗礼仪的老人相继离世，农村人口向城市流入导致劳动力减少，对传统种植生产方式失去兴趣，都使得侗乡稻鱼鸭传统农业的传承面临威胁。

同时，现代化农业的发展与传统农业种植之间的矛盾依旧存在。农业产业结构调整和农业现代化机械化的应用，在一定程度上削弱了侗乡稻鱼鸭传统技术存在和发展的必要性。随着社会生活的不断丰富，食物来源日益宽泛，降低了侗族人对通过稻田养鱼养鸭来获得动物类食用资源的依赖。历史上多次杂交稻推广种植、高效省力的化肥和农药的使用，都使得传统耕作方式受到挑战。社会经济发展、农业技术进步和农业政策变迁，都不同程度地影响了侗乡稻鱼鸭共生系统的发展和延续。

饮食习惯发生改变，稻种传承面临危机。历史上，从江侗乡曾经历过“糯改籼，籼改杂”的政策干预。导致许多传统稻作品种流失，糯稻种植面积不断萎缩。并且，年轻人已经习惯食用籼稻，对糯稻并无饮食上的偏爱与需求，糯稻种植面临危机。种植籼稻，不仅会造成糯稻品种的流失，更对鱼、鸭的生长不利。籼稻与杂交稻茎秆较糯稻低矮，不利于田间蓄水，且稻穗出水高度变低，鸭群伤害稻穗概率增加。改种籼稻与杂交稻并不能完整地保存稻鱼鸭系统。此外，籼稻与杂交稻所需的化肥、农药会破坏其原有的生态平衡，不利于有机农业的发展。

市场规模有待扩大，产品深加工有待发展。从江的传统稻田养鱼养鸭地区，普遍存在稻鱼产品市场化和深加工程度薄弱的问题。生产规模小、品种虽多但规格不齐、没有标准化规范化，都是亟待解决的问题。面对生态农业发展，及市场对高质量农产品的需求，从江县虽然采取了一系列发展措施，但对于农产品深加工与高品质农产品的推广仍需进一步努力。高质量农产品的品牌效应未实现市场化，影响范围有限。初级农产品经济效益低，发展农产品深加工十分迫切。

未来展望

目前，稻鱼鸭生态产业示范园已纳入了贵州省级农业产业园和黔东南州绿色生态现代生态农业工程。以高增、加榜、刚边、往洞、斗里、丙妹、谷坪、贯洞 8 个乡镇为主，辐射带动全县 21 个乡镇发展稻鱼鸭生态种植养殖。以种稻为主体，种养结合，稳粮增效，提升水稻的品质，建立“稻鱼鸭共生、稻鱼藕连作”的标准化生产模式。到 2020 年，全县水稻种植面积 17.8 万亩，其中香禾糯 5 万亩，推广稻鱼鸭面积 11.56 万亩；建立稻鱼鸭示范基地 1.6 万亩，补助鱼苗 7 万斤，“稻鱼鸭”产业覆盖全县 19 个乡镇，带动贫困人口 1.37 万人。

以“国际组织－政府－公司－技术－社区”为主体的多方参与体系，将在稻－鱼－鸭体系中得到进一步完善。在国际组织、政府部门、科研单位的指导下，企业也应积极配合，积极推行稻鱼鸭动态保护和可持续发展模式。同时，加强公职人员和社区公共教育、培训和指导，提高公众对稻鱼鸭系统价值的保护意识，吸引当地居民参与农田开发建设。

参考文献

[1] 侯玉婷：《基于 SWOT 分析的贵州从江稻鱼鸭共生系统保护发展对策》，《农业考古》2018 年第 6 期。

[2] 石敏：《从“稻鱼鸭共生”看侗族的原生饮食——以贵州省从江县稻鱼鸭共生系统为例》，《中国农业大学学报（社会科学版）》，2016 年第 3 期。

[3] 詹全友、龙初凡：《贵州从江侗乡稻鱼鸭系统的生态模式研究》，《贵州民族研究》2014 年第 3 期。

[4] 张丹、刘某承、闵庆文等：《稻鱼共生系统生态服务功能价值比较——以浙江省青田县和贵州省从江县为例》，《中国人口资源与环境》2009 年第 6 期。

[5] 顾永忠：《从江县稻鱼鸭共生系统保护与传统农业发展

对策》,《耕作与栽培》2009 年第 5 期。

［6］张丹、闵庆文主编:《贵州从江侗乡稻—鱼—鸭系统》,中国农业出版社 2015 年版。

［7］夏如冰、王思明:《中国传统稻鱼共生系统的历史分析——以全球重要农业文化遗产“青田稻鱼共生系统”为例》,《中国农学通报》2009 年第 5 期。

（撰文：段彦）

云南普洱古茶园与茶文化系统

普洱古茶园与茶文化系统以普洱茶及茶文化为核心构成，包括古茶树资源与古茶园生态系统，相关传统知识及其应用和普洱茶文化等。该系统位于普洱市澜沧县境内，面积20多万公顷，核心保护区景迈芒景古茶园分布在惠民乡景迈、芒景两个村，茶园面积1000多公顷。

普洱市是世界茶树的原产地之一，也是野生茶树群落和古茶园保存面积最大、古茶树和野生茶树保存数量最多的地区之一，拥有完整的古木兰化石和茶树的垂直演化系统。野生型古茶树群、过渡型和栽培型古茶园，以及应用与借鉴传统森林茶园栽培管理方式进行改造的生态茶园，共同形成了完整的发展体系。普洱古茶园与茶文化系统具有多样农业物种，农业生物多样性及相关生物多样性丰富；涵盖了布朗族、傣族、哈尼族等少数民族的茶树栽培利用方式和传统技艺，具有良好的文化多样性与传承性；是茶马古道的起点，也是茶文化传播的中心节点。

普洱古茶园与茶文化系统于2012年8月被联合国粮农组织认定为全球重要农业文化遗产。其申报工作由中国科学院地理科学与资源研究所自然与文化遗产研究中心具体负责，并获得农业农村部、云南省农业农村厅、普洱市农业农村局、普洱市茶业局和云南大学等单位支持。

一、历史发展

普洱市位于云南省西南部，东临红河、玉溪，南接西双版纳，西北连临沧，北靠大理、楚雄，东南与越南、老挝接壤，西南与缅甸毗邻。全区面积4.5万平方公里，境内群山起伏，山地面积占98.3%，海拔高度在376米至3306米之间，垂直气候特点显著。受亚热带季风气候的影响，大部分地区常年无霜，冬无严寒，夏无酷暑，年均气温19.5℃，年无霜期在315天以上，年降雨量1100毫米~2780毫米。普洱市生态环境优越，森林覆盖率达74.59%，空气中负氧离子含量高于世界卫生组织“清新空气”标准14倍多，享有“绿海明珠”“天然氧吧”之美誉，被联合国环境署称为“世界的天堂，天堂的世界”。同时，普洱市拥有丰富多样的生物资源,有高等植物5600种、动物1496种,被誉为“云南动植物王国的王宫”。

适宜的自然生态环境为茶树起源与分化提供了优越的条件。山茶植物是一种趋湿植物，是在木兰植物的基础上进化而来的早期被子植物的代表，在山坝交界的热湿气候条件下才能出现。在晚侏罗纪至晚白垩纪，唯有滇西盆地金沙江、澜沧江两江一带才具有这样的条件，因此地处澜沧江中下游的普洱市，拥有完整的古木兰化石和茶树的垂直演化系统。第三纪喜马拉雅山运动初期，原始山茶植物随着海拔升高而进行分化，同时进行自然传播。生态环境日趋多样复杂，历经分化，近湿热区的边缘和山下形成了原始茶种——普洱茶种的原始种，即通常所说的大叶种。普洱古茶树资源丰富，分布着世界上树龄最长的千年古茶树，这些茶树多为野生植株，也有一些属于人工种植。其中，镇沅千家寨野生型古茶树的树龄高达2700年，被认为是世界上已

千年茶王（全国农业展览馆网）

知年龄最大的古茶树。

普洱地区有文献记载的饮茶历史可追溯至唐代。唐代樊绰《蛮书》卷七《云南管内物产》载，“茶出银生城界诸山，散收无采造法。蒙舍蛮以椒、姜、桂和烹而饮之”。银生城位于今普洱市北端的景东，是唐代南诏国六诏以外的六节度之一，辖今普洱市和西双版纳州。当时南诏贵族命人收集当地诸山所出之茶后，并不进行加工处理，即所谓“散收无采造法”，而是直接用花椒、姜、肉桂共同烹煮以供饮用。这与内地流行的将茶与葱、姜、枣、橘皮、薄荷等佐料共同煮饮的习俗相同，表明当时南诏上层已有饮茶的习惯，饮茶方法与内地大体相同。这一情况延续至宋代，李石在《续博物志》卷七仍有“茶出银生诸山，采无时，杂椒姜烹而饮之”的记载。明代万历年间，谢肇淛在《滇略》中记述：“士庶所用，皆普茶也，蒸而成团，瀹作草气，差胜饮水耳。”这是“普茶”（即普洱茶）一词最早的文字记载。

康熙四年（1665），清廷在北胜州（今云南省永胜县）开辟茶马互市。滇东南所产之茶逐渐取代四川茶，大量生产并销往西藏，逐渐创出名气。时人以其主要产地普洱府有普洱山，普洱山所产之茶性温味香，“名曰普洱茶”。

对普洱茶的生产与销售，清朝采取积极支持的措施。思茅接壤诸处茶山，鄂尔泰于雍正五年（1727）奏准，将普洱原设的通判移驻思茅，以加强对思茅与六大茶山地方事务的管理。其时六大茶山（攸乐、革登、倚邦、莽枝、蛮砖、漫撒）所产茶叶，每年约有六七千驮。雍正七年（1729），鄂尔泰又奏准在思茅设总茶店，由通判亲自主持，管理当地的茶叶交易。朝廷还就普洱茶的包装与税银作出规定：七个圆饼为一筒，重 49 两，征收税银一分；每 32 筒颁发一茶引，每引收税银三钱二分。从雍正十三年（1735）开始，朝廷颁给云南 3000 份茶引，下发各茶商行销办课。清廷规定每年进贡普洱茶，贡茶所需的银两，由布政司库铜息项下开支。思茅府每年领银 1000 两，办理贡茶的采收转运。

随着普洱茶产业迅速发展，普洱地区也成为普洱茶购销的集散地。当地百姓多靠经营茶业谋生，如《云南通志》所载：普洱地寡蓄藏，“衣食仰给茶山”。至采茶盛季，普洱府所属六大茶山方圆 600 余里，“入山作茶者数十万人。茶客收买，运于各处，每盈路，可谓大钱粮矣”。

茶马贸易规模的扩大刺激了普洱茶的种植与销售，云南茶产业因此迅猛发展，成为与江苏、安徽、江西等传统茶区并列的全国知名茶区。普洱茶的兴盛还促进了产茶地区如普洱、思茅等地社会经济的发展，普洱粗茶的产地以及运销普洱茶道路沿途的重要城镇也因此趋于繁荣。

普洱茶的采购和运输路线，据《大清一统志》引《滇程记》，大致是自景东府行百里至者乐甸，又行一日至镇沅州，复行二日至车里宣慰司，再行二日至普洱山。六大茶山所产粗茶多集中在普洱府，在当地进行初加工后，再运至大理下关或昆明等地做精加工，进而运销省外。每年，运茶马帮由今下关北上，经鹤庆、丽江、金沙江等地进入藏区，将滇西南辗转运来的普洱茶与来自草原各地的商人交易马匹。这条连接云南与西藏的道路，即为“茶马道”。从道光元年至光绪初年，思茅城商旅云集，“年有千余藏族商人到此，印度商旅驮运茶、胶（紫胶）者络绎于途”，亦有印度、缅甸、暹罗（今泰国）、越南、老挝、柬埔寨等国商旅往来西双版纳和思茅、普洱之间，茶马古道极为繁荣，直至民国时期茶马贸易仍有较大规模。

普洱茶的采制工艺在清代也获得了进一步发展，据《思茅志稿》记载：二月间所采茶芽谓之“毛尖”，加工后即充贡茶，“贡后方许民间贩卖”；采于三四月者称“小满茶”；采于六七月者名“谷花茶”。可见普洱茶以嫩芽为贵，而且凡当年所生嫩叶在其他月份亦可采摘制茶，甚至树龄较长的茶树，其隔年生之嫩叶亦可采摘制为茶。茶叶采摘后，经过简单的揉捻和晒青处理，便可运至大理下关、昆明等地加工为紧压茶。用晒青毛茶直接压制的普洱茶称为“生普”，经人工发酵后制成的普洱茶称为“熟普”。制作“熟普”需要加入“渥堆”程序，即在湿度及温度适宜的环境下，将经过日晒处理的晒青毛茶堆积保温数日，使茶叶中的刺激性物质加以熟化。经渥堆发酵熟化后，将茶叶摊开自然风干，制成普洱散茶。再根据茶叶的质量分级和筛分，最后蒸压为团、饼、砖等形状的紧压茶。毛尖细嫩，通常为散茶；芽茶、女儿茶较毛尖稍壮，通常作团茶；最粗壮者熬膏制饼。毛尖、芽茶、女儿茶等均为普洱茶之珍品，每年作岁贡献于朝廷，稍次者散卖滇中，以原料最粗者制成的砖茶则运销藏区。

普洱茶滋味浓郁、醇厚，性质温和，还具有明显的保健作用。清代阮福《普洱茶记》谓：“普洱茶名遍天下，味最酽，京师尤重之。”吴大勋在《滇南闻见录》中也说：“（普洱茶）煎熬饮之，味极浓厚，较他茶为独胜。”《大清一统志·云南志》亦言：普洱茶“性温味香，异于他产”。乾隆五十八年（1793），乾隆帝接见马戛尔尼率领的英国使团，三次见面回赠英使的礼物中均有普洱团茶与普洱茶膏。民国罗养儒在《云南掌故》中记述：

用普洱茶制作的茶膏，较他省为佳，若遇喉症，噙半块于口，不到半日病即消除，因此北京之人，视云南茶膏为珍稀之物。

至民国年间，普洱茶在民间已经享有很高的声誉，甚至到了与“龙井”齐名的地步。如柴萼在《梵天庐丛录》中写道：“普洱茶产云南普洱山，性温味厚……产易武、倚邦者尤佳，价等兼金。品茶者谓：普洱之比龙井，犹少陵之比渊明，识者韪之。”徐珂在《梦湘呓语》中也写道：“珂生平不喜龙井茶，而嗜云南普洱之普洱茶。”

20 世纪 70 年代以后，普洱茶的加工工艺进入新的发展期，研制出了潮水渥堆人工发酵后的普洱茶，使其具有甘、滑、醇、厚、陈香的特点。《地理标志产品普洱茶》对普洱茶的分类也进行了明确定义，按其加工工艺及品质特征，普洱茶分为普洱茶（生茶）和普洱茶（熟茶）两种类型。普洱茶（生茶）由晒青茶蒸压而成，其品质特点为外形色泽墨绿，香气清纯持久，滋味浓厚回甘，汤色绿黄清亮，叶底肥厚黄绿；普洱茶（熟茶）由晒青茶经过特殊的渥堆发酵工艺，形成了色泽红褐，汤色红浓明亮，具有独特陈香、滋味醇厚回甘、叶底红褐的品质特征。普洱茶的降压、降脂、减肥、养胃等功效，也使其被越来越多的人所熟知和喜爱。

历经千年的发展，澜沧江中下游地区已经成为中国历史最悠久的茶叶种植区，普洱茶也已经成为独特的中国文化名片。2012 年普洱古茶园与茶文化系统入选全球重要农业文化遗产，再一次将古茶园带入全球视野。目前，以普洱茶为代表的云南茶叶产品市场逐年拓展，茶叶已出口至 30 多个国家和地区。同时，古茶树与茶园保护、普洱茶文化与茶马古道文化的挖掘与保护工作都在稳步推进中，普洱古茶园与茶文化系统的重要价值受到广泛关注。

二、系统构成

普洱古茶园与茶文化系统由古茶树资源与古茶园生态系统、相关知识体系和适应技术以及普洱茶文化三部分构成。

古茶树资源与古茶园生态系统

《云南省古茶树保护条例》指出：古茶树是指分布于天然林中的野生古茶树及其群落，半驯化的人工栽培型野生茶树和人工栽培的百年以上的古茶园中的茶树。古茶树资源包括野生古茶树、野生古茶树群落、过渡型古茶树、栽培型古茶树及古茶园。云南省古茶树资源类型丰富，主要集中在无量山、哀牢山和澜沧江中下游。在澜沧江中下游的茶区中，普洱市的古茶树资源面积最大，有 9 万多公顷，海拔在 1450 米～2600 米之间。

普洱市的古茶树资源类型以野生茶树和栽培型古茶园为主，其中野生型古茶树及野生型古茶树群落主要分布在海拔 1830 米以上。据统计，普洱市野生型古茶树群落共约 5000 公顷，分布在 9 个县区共 40 余处，大部分为天然林。其中比较著名的野生型古茶树群落有镇沅千家寨古茶树群落、景东花山古茶树群落、景谷大尖山野生古茶树群落、宁洱困鹿山古茶树群落、澜沧帕令黑山野生古茶树群落、孟连腊福黑山野生古茶树群落、墨江苍蒲塘野生古茶树群落、江城瑶人大山野生古茶树群落和西盟佛殿山野生古茶树群落等。其中最为著名的古茶树是镇沅千家寨野生茶树王，树龄约 2700 年，是世界上现存最古老的野生古茶树。

栽培型古茶树与古茶园是经过长期的自然选择和人工栽培而逐渐形成的。普洱市现存仍在利用的古茶园多以栽培型茶树为主。

此类茶树为直立乔木，树高 5.5 米 ~ 9.8 米，树龄 181 年 ~ 800 年，其中澜沧景迈芒景古茶园已经有 1300 多年的历史。栽培型古茶园的生态系统通常为三层，包括茶树以外的树木层、茶树和灌木以及草本层。茶树以外的树木层由高大的天然林组成，茶树和灌木层主要由经济作物组成，草本层则包括天然草本植物以及栽培谷类作物和蔬菜等。不同层次上随机分布有各种寄生植物和真菌，茶园中还有自然放养的牲畜。目前，普洱市正在根据茶林的生态系统结构重建高山茶园。

相关知识体系和适应技术

普洱古茶园历史悠久，当地各族人民在长期的生产生活中创造并积累了丰富的传统技术和经验，这些技术经验以文字和口口相传的方式代代相传，形成了古茶园管理、利用和保护的传统知识体系。

在古茶园管理过程中，当地人会选择和保护具有经济或文化价值的树木为古茶园遮阴。为防止和控制虫害，改善茶叶的风味，茶农在种植园种植某些树木、花卉、果树和蔬菜，在提高茶叶品质的同时，还提高了土地利用效率。如布朗族以栽培和养护野生茶树为主，在森林茶园中保留大量野生果树和木本蔬菜，所出茶叶品质优良，香味极佳。佤族采用多种林间混作模式，如茶树与旱稻、旱稻与桉树、咖啡与瓜类等，不仅能够有效阻止坡地农田病虫害的发生与暴发，同时能够对物种多样性和遗传多样性起到保护作用。当地各民族还创造了大叶种茶树与云南樟、旱冬瓜的间作系统，以此获得优质茶叶，同时保护水土资源和生态环境。

在与自然环境的相互适应过程中，为了能够可持续利用自然资源，当地居民积累了大量与生物多样性保护相关的传统知识。例如傣族在采集竹笋时，每间隔一定距离会有意识留下一棵健壮的竹笋作母笋，以确保种群可持续。天然林下种植茶树本身就是一种特殊而古老的茶树栽培方式，森林中的古茶树主要依靠自然肥力生长，不需要人工翻耕、施肥、灌溉和化学干预，这本身就是对生态系统健康、稳定的维系。

普洱茶文化

茶文化是指与茶有关的物质文化与精神文化的总和，包括信仰与禁忌、制度文化、风俗习惯、行为方式和历史记忆等。普洱茶产区是中国民族最为丰富的地区之一，居住着汉族、哈尼族、布朗族等 51 个民族，其中世居民族 14 个，具有丰富的少数民族文化多样性。以普洱市为中心的澜沧江中下游少数民族的悠久种茶、制茶历史，孕育了风格各异的民族茶道、茶艺、茶俗等内涵丰富的茶文化和饮茶习俗。不同民族对茶的加工和饮用方式更是各具特色，如布朗族的“青竹茶”“酸茶”、拉祜族的“烤茶”、傣族的“竹筒茶”、哈尼族的“土锅茶”、基诺族的“凉拌茶”、佤族的“烧茶”、彝族的“土罐茶”等，均为传统的饮茶习俗，代代相传。在传统婚礼、葬礼、庆典和宗教仪式等活动中,大都用到茶，如婚礼中的“谢恩茶”，丧葬中以茶祭祀、以茶陪葬，宗教仪式中以茶敬奉神灵等。这些由各民族在长期劳作与生活中，创造并积累的独特而丰富的普洱茶文化，在特有的环境中得到了较好的留存，成为中华茶文化的重要组成部分。

茶马古道是普洱茶文化的另一个重要组成部分。这条古商道是中国西南地区以马帮为主要交通工具的民间国际商贸通道，它不仅连接川滇藏，还将通路一直延伸至印度，是中国西南民族经济文化交流的走廊，也是亚洲大陆最为庞大复杂的商贸通道。明清时期，普洱已成为普洱茶生产和贸易的集散地，是茶马古道的起点，也是茶文化的中心地带，并形成了“普洱昆明官马大道”“普洱大理西藏茶马大道”等6条茶马古道，被称为“世界上地势最高的文明文化传播古道”。茶马古道见证了澜沧江中下游茶业的繁荣，也见证了普洱茶与茶文化走向世界。普洱境内至今还保存着古道、古镇、古茶树、古桥、古驿站等丰富的茶马古道文化遗迹，是普洱茶文化系统的重要资源。

茶马驿站那柯里（中国青年报·中青在线网）

三、价值与特点

全球重要性

普洱古茶园与茶文化系统包含完整的古木兰化石和茶树的垂直演化过程。古木兰是被子植物之源，是山茶目、山茶科茶属及茶种垂直演化的始祖，距今约3540万年。而景谷是中国乃至世界上唯一出土第三纪宽叶木兰（新种）和中华木兰化石的区域。同时，该区域也是拥有野生茶树群落和古老茶园面积最大、数量最多的地区。据统计，全球已发现的茶组植物有4个茶系、49个种、3个变种，而云南就有35个种、3个变种，其中26个种、2个变种为云南特有种。这些茶种围绕着宽叶木兰化石的发现地，在澜沧江中下游地区连片集中分布，呈现出茶树垂直演化的脉络。古木兰与茶树垂直演化过程证明了以普洱为中心的澜沧江中下游地区，是茶树的起源地之一。

普洱古茶园与茶文化系统具有丰富的野生古茶树、野生古茶树群落、过渡型古茶树、栽培型古茶树及古茶园等资源，以及少数民族传统知识体系，不仅为中国作为茶树原产地、茶树驯化和规模化种植发源地提供了有力证据，还是未来茶叶产业发展的重要种质资源库。

生物多样性与生态价值

澜沧江中下游地区的自然条件优越，拥有丰富的物种资源，生物多样性和农业多样性显著。据不完全统计，该地区有高等植物 352 科 1688 属，约 5600 种。其中，国家级珍稀植物有 58 种，包括国家一级保护植物桫椤、水杉、望天树，国家二级保护植物云南山茶、野茶树（包括野生型和栽培型茶树）、云南石梓等。作为林业用主要树种有思茅松、云南松等针叶林，栎木类、桤木类、桦木类、木荷类等常绿阔叶林。该地区还拥有 1596 种动物，包括 470 多种鸟类和哺乳动物，980 种昆虫和 46 种两栖动物，其中 16 种哺乳动物、16 种鸟类和 4 种两栖动物是国家珍稀濒危动物。

农业多样性包括种植水稻、旱稻、玉米、小麦、荞麦、豆类以及块茎作物和油料作物，其中大部分作物都具有悠久的栽培历史。据调查（1982 年），该区域有 186 个水稻品种，124 个旱稻品种，其中大部分为地方品种；22 个玉米品种，其中 4 个是地方品种；90 个小麦品种；有苦荞麦和甜荞麦；白薯、红薯、山药以及其他块茎作物；蚕豆、大豆和其他豆类品种；花生、油菜籽、芝麻、葵花籽、紫苏等油料作物。经济作物包括茶叶、咖啡、甘蔗、棉花、烟草、桐树、蓖麻、橡胶、药材、水果、蔬菜、栗子、核桃、山茶、棕榈等。种植的绿色饲料包括甘薯藤、美人蕉、水葫芦和饲料用玉米等。此外，该区域还饲养多种牲畜，如牛、水牛、小耳猪、山羊、兔子、鸡、鸭、鹅等。

古茶园内也具有丰富的生物多样性。据中国科学院西双版纳植物园针对景迈芒景古茶园的研究表明，该茶园中野生生物资源包括兰科 13 属 51 种，蝶形花科 22 属 44 种，大戟科 13 属 36 种，菊科 26 属 36 种，唇形科 31 属 19 种，茜草科 15 属 29 种，樟科 9 属 29 种，爵床科 17 属 26 种，桑科 4 属 23 种，禾本科 16 属 22 种，蔷薇科 11 属 19 种，天南星科 10 属 16 种，马鞭草科 5 属 16 种，百合科 7 属 14 种，桃金娘科 3 属 13 种，薯蓣科 1 属 12 种，荨麻科 8 属 12 种，壳斗科 2 属 11 种，紫金牛科 4 属 11 种，芸香科 6 属 10 种，含羞草科 4 属 10 种等。

此外，古茶园还具有调节气候、涵养水源、保持水土等生态调节功能。茶树冠层反射并吸收大量的光，可以实现微气候的有效调节。在蓄水方面，茶树冠将降雨进行重新分布，灌木和草地将降雨截留，森林凋落物和土壤则可以保水。茶树的生长和新陈代谢能够不断改变土壤的物理和化学特征，并参与森林的内部物质循环和能量流动，对水土保持起到积极作用。

生计与经济价值

随着消费水平的提高和消费观念的改变，无公害茶和有机茶已成为消费者的偏好。生长在森林中的古茶树不使用任何化学肥料和杀虫剂，所产出的茶叶完全无污染，生产阶段的食品安全得到保障，同时成本也更为低廉，经济价值更高；而且有赖于优越的自然环境和健康的生态系统，古树茶的茶多酚、儿茶素、微量元素等含量较高，因此具有更好的滋味和更高的营养价值。

普洱茶按采摘季节分为春茶、夏茶和秋茶。采摘后的茶叶可以分为三类：一芽一叶或一芽两叶用于制作高级茶叶，挑选一芽两叶或三叶用于大规模生产，而一芽三叶或四叶的原料则用于制造粗茶。茶厂向茶农收购粗茶，再将其加工成各种产品并在全球范围内销售。

2010 年，普洱市开始推广生态茶园，并升级传统茶园，把原有的台地茶园进行稀疏留养改造，移除或砍掉 70% 的茶树以增加株距，种植园禁用化肥和农药并种植各种遮阴树，恢复茶园自身生态系统。目前普洱市已经建成生态茶园 11 万公顷，其中 2 万公顷茶园通过有机认证或进入转换期。同时，当地还通过成立茶叶合作社、注册商标等形式，规范和推广茶叶产销。2016 年 6 月，澜沧古茶公司、澜沧县芒景古茶农民合作社等 5 家企业，成立了普洱景迈山古茶林普洱茶诚信联盟。在国家普洱茶产品质量监督检验中心的支持下，制订了《普洱景迈山古茶林普洱茶（生茶）紧压茶》产品标准。实施生态茶园建设，不仅对生态保护和修复具有重大意义，茶叶的质量和价格也获得了提升，同时还大幅度提升了当地茶农的收入水平，茶农们年收入少则十几万元，多则上百万元。

手工筛茶（顾濛 摄）

除了茶叶，山地农业也是当地人的主要生计来源。野生或栽培的菌类、谷类作物、蔬菜、水果、油料作物、药用作物和其他经济作物，不仅是当地人的食物来源，也是他们的生计基础。

多元文化价值

普洱是一个多民族融合发展的地区，作为该地区的民族文化基础，古茶园系统承载着与茶叶有关的文化特征，包括信仰与禁忌、制度文化、风俗习惯、行为方式和历史记忆等。在普洱，茶已经融入社会的方方面面，与人们生活息息相关。澜沧江一带的少数民族一直把古茶树视作茶神，认为古茶树可以保护茶园并带来丰收，因此会通过举行盛大仪式对其表达崇拜之意。如布朗族的山康茶祖节；佤族祭茶祖与献牛头、行木鼓舞礼相结合；拉祜族在每年春茶开采前都要在最大的古茶树下举行祭茶仪式，供奉米饭、酒、茶等祭品，并对古茶树行跪拜礼，以祈求茶神保佑茶叶丰收。佤族的《新谷颂词》、布朗族的《祖先颂》、拉祜族的《种茶歌》中，也都记录着关于茶的神话传说。

不同民族的饮茶方式也极具多元色彩，如傣族的“竹筒茶”，哈尼族的“土锅茶”“蒸茶”“烤茶”，布朗族的“青竹茶”“酸茶”“烤茶”，拉祜族的“烤茶”“烧茶”“糟茶”，基诺族的“凉拌茶”“煮茶”，佤族的“烧茶”“擂茶”，白族的“三道茶”，傈僳族的“油盐茶”，藏族、纳西族的“酥油茶”等。不同饮茶方式体现了不同民族的

祭茶神（全国农业展览馆网）

生产生活方式和思想道德观念，是普洱茶多元文化价值的生动呈现。

四、现状与发展

普洱茶农业系统在过去的50年中一直面临着由经济发展和人口增长等因素造成的威胁，特别是古茶园的有机茶引起国内外市场广泛关注后，商家过度炒作古树茶，当地部分茶农由于缺乏保护传统知识的意识及长远发展眼光，在利益驱动下，一方面毁茶种粮、砍伐野生古茶树并毁灭性地采摘古茶园茶叶，另一方面利用单一化茶园替代古茶园，致使系统内古茶园面积大幅减少，导致云南省古茶园面积由20世纪50年代的3.3万公顷降至21世纪初的2万公顷，古茶园生态系统持续退化。普洱茶农业系统是在当地传统知识维持下的森林、茶树和村落和谐共生的复合生态系统，系统中的生物资源和传统知识相互依存，传统知识服务于生物资源，若生物资源丧失，其传统知识也将随之逐渐消失。

为了有效保护普洱茶农业系统，云南省各级政府制定了一系列区域性的法规和措施。2005年，国家工商行政管理总局商标局核准了云南普洱茶协会申请注册的“普洱茶”商标和“普洱茶”地理标志证明商标。同年，启动普洱市古茶树资源普查。2007年颁布实施《澜沧拉祜族自治县景迈芒景古茶园风景名胜区管理暂行规定》，2010年颁布实施《云南省孟连傣族拉祜族佤族自治县林业发展条例》，2011年颁布实施《云南省西双版纳傣族自治州古茶树保护条例》，明确界定了古茶树保护范围和对象、职责、保护方式和要求等内容，为依法保护古茶树及古茶树遗传基因的完整性，合理开发利用古茶树资源，促进自治州茶叶产业的可持续发展，提供了法律依据。2012 年颁布实施《云南省澜沧拉祜族自治县民族民间传统文化保护条例》，明确提出对景迈芒景千年万亩古茶园、邦崴千年古茶树王、茶马古道糯扎渡等民族民间传统文化资源进行保护。

2012 年 9 月和 2013 年 5 月，普洱古茶园与茶文化系统相继被列入“全球重要农业文化遗产”和首批“中国重要农业文化遗产”。此后，普洱市政府对于该系统的保护与发展工作日益重视。2014 年 6 月，普洱市提出“天赐普洱，世界茶源”的城市品牌。2016 年 12 月正式实施《临沧市古茶树保护条例》，对古茶树的保护和管理、古茶树的利用以及相关法律责任等提出了明确要求。2018 年 7 月，《普洱市古茶树资源保护条例》正式实施，《条例》中对古茶树资源的界定、保护与管理、开发与利用、服务与监督、法律责任等都做出了具体规定，从源头对古茶树资源进行科学管控与保护，其颁布实施将在全社会范围内对古茶树资源保护进行规范的引导和全面的监管。

此外，为保护茶园的生物多样性，保障茶叶的食品安全，近年来普洱市大力发展生态茶园，制订《普洱市生态茶园规划建设实施方案》和《生态茶园建设技术规程》，并在茶产业“十二五”规划中将生态茶园列为重点。在加强普洱茶原产地保护方面，严格执行《地理标志产品普洱茶》（GB/T22111-2008）、《普洱茶加工技术与管理规范》以及国家标准和普洱茶地方标准，严格种植、生产、加工和流通环节的管理规范，树立普洱茶品牌，不断提高质量、优化品质，提供更好的生态、绿色、安全的产品。

为加快促进云南茶产业转型升级、提质增效、做大做强，实现“千亿云茶”发展目标，推动云南由茶产业大省向茶产业强省的跨越发展，云南省人民政府办公厅于 2017 年印发了《云南省茶产业发展行动方案》，提出十个方面的内容，包括提出明确的发展思路和目标任务；打造全国最大的有机茶生产基地；精确实施培育壮大龙头企业；加强普洱茶原产地保护；实施云茶大品牌战略；加快标准体系建设；建设创新营销平台；加大市场整治力度；开展“百千万”茶业专业人才培养行动；云茶产业三产融合发展战略。

在多方引导和促进下，云南茶产业得到迅猛发展，茶叶生产、茶农收入一直攀升。目前云南已经形成成熟的茶叶营销网络，以普洱茶为代表的茶产品正在从中国南方和西北的传统市场蔓延到东部、中部、北部和东北等地区，并销往俄罗斯、东欧、西欧、北美、日本、韩国和马来西亚等30多个国家和地区。同时，其品牌优势愈发凸显：2017年，“普洱茶”被农业部评为中国十大茶叶区域公用品牌，“凤庆滇红茶”被评为中国优秀茶叶区域公用品牌；2018年，“普洱茶”公用品牌价值达64.1亿元，连续两年居“中国茶叶公用品牌价值”榜首。

参考文献

［1］曹茂、蔡晓琳：《普洱古茶园历史变迁与保护研究——以云南普洱古茶园与茶文化系统为例》，《农业考古》2018年第5期。

[2] 方铁、方悦萌:《普洱茶与滇藏间茶马古道的兴盛》,《中国历史地理论丛》2018 年第 1 期。

[3] 方铁:《清代云南普洱茶考》,《清史研究》2010 年第 4 期。

[4] 罗悦萌、伍旭东:《普洱茶产业发展调查报告》,《云南科技管理》2017 年第 6 期。

[5] 马楠、闵庆文、袁正:《农业文化遗产中传统知识的概念与保护——以普洱古茶园与茶文化系统为例》,《中国生态农业学报》2018 年第 5 期。

[6] 史晓红:《试析普洱茶文化的特征》,《边疆经济与文化》2018 年第 7 期。

[7] 王平盛、刘本英、成浩:《论云南普洱茶文化的历史地位》,《西南农业学报》2008 年第 2 期。

[8] 袁正、闵庆文主编:《云南普洱古茶园与茶文化系统》,中国农业出版社 2015 年版。

（撰文：刘馨秋）

内蒙古敖汉旱作农业系统

敖汉旗隶属内蒙古自治区赤峰市，位于中国古代农耕文明与草原文明的交会处，也是重要旱作农业区。位于敖汉旗境内的兴隆洼遗址被称为“华夏第一村”。敖汉的黍粟栽培距今已有 8000 年的历史，比中欧地区发现的谷子早 2700 年，被证明是当今世界上所知的最早的人工栽培的黍和粟。由此推断，西辽河上游地区是这两种谷物的起源地和中国古代北方旱作农业的起源地。敖汉旗以旱作杂粮种植为主的生产和生活方式，是对半干旱气候和水资源短缺条件长期适应的结果，它所形成的一系列相关的历史记忆、民俗文化、农业景观、生产技术和独特产品，构成了敖汉旱作农业系统。在长期的杂粮生产实践中，原始的民间文化经过数千年的积淀，逐步形成了歌谣、节令、习俗等丰富多彩的，具有地方特

独特的农林复合景观（全国农业展览馆网）

色的文化表现形式，并世代传承。敖汉旗的农作物品种丰富多样，多种农作物间作套种或换茬种植，形成了敖汉旱作农业系统独特的靓丽农业景观。时至今日，敖汉旱作农业保持了连续的传承，仍然采用人工除草、施农家肥等传统耕作方式，而这种生产方式是敖汉旗人民与所处环境长期协同进化和动态适应的结果。千百年来，敖汉农业支撑着敖汉社会经济的发展和百姓的需要。

敖汉旱作农业系统，具有丰富的生物多样性，黍和粟为最具代表性的农作物。黍和粟在长期的演化过程中形成了抗旱、早熟、耐瘠薄等特点，是干旱半干旱地区发展旱作节水农业的重要作物，在适应气候变化、促进农业可持续发展中发挥了重要作用。同时，独特的地理环境，为旱作农业的发展提供了环境基础，形成了独特的旱作农业生态系统景观。先民们在长期的农耕实践中创造并积累了丰富的经验，形成了系统的旱作农业技术知识体系。从远古的祭祀活动到近代的祈福习俗，无不和农耕文化有着密切的联系，形成了具有浓郁地方特色的民族传统文化。敖汉旱作农业系统于2012年被联合国粮农组织认定为全球重要农业文化遗产，并于2013年被农业部列入第一批中国重要农业文化遗产。

一、历史发展

敖汉旗历史悠久，山清水秀，物华天宝，人杰地灵，农耕文明和草原文明在这里交汇，平原、丘陵、沙漠等自然地理环境，孕育了古老的农业文明。2012年，敖汉旱作农业系统被评为全球重要农业文化遗产，成为世界上第一个以杂粮生产为特色的全球重要农业文化遗产。

世界粟黍之源

敖汉旗有着近万年的农耕文明，有龙祖圣地之美誉，特殊的地理环境，孕育了这里古老的历史文化。敖汉旗一系列的考古研究震惊中外，发现了 1 万年以来不同时期的 4000 余处古文化遗址和墓葬，挖掘了小河西文化，距今约 8500 年；兴隆洼文化，距今约 8200 年至 7400 年；赵宝沟文化,距今约 7300 年至 6400 年；红山文化，距今约 6700 年至 5000 年；小河沿文化，距今约 5000 年至 4500 年。其中以当地地名命名的有小河西文化、兴隆洼文化、赵宝沟文化和小河沿文化，它们的发现和命名填补了我国东北地区考古编年的空白，并将我国北方地区新石器时代的历史向前推进了 3000 年。

2002 年至 2003 年，中国社会科学院考古研究所内蒙古第一工作队与赤峰学院、敖汉旗博物馆联合发掘了兴隆沟遗址。发掘过程中，考古工作者从三个地点先后采集土样，在对采集土样进行浮选分析时，获得了 1500 余粒高度碳化的植物籽粒。经过植物考古工作者与相关专家的辨别和鉴定，认定这些籽粒是炭化黍和粟，其中黍约占 90%，粟仅占 10%。它们都已经具备了人工栽培的

敖汉谷子（全国农业展览馆网）

基本形态。同时，经北京大学中国考古学研究中心、日本国立民俗历史博物馆、加拿大多伦多大学等权威部门进行碳 14 年代测定，证实出土的炭化籽粒已有 8000 年历史。这个年代比欧美出土的谷子籽粒早了 2700 年。兴隆沟遗址出土的黍和粟，是很多地方同类谷物的先祖。同时，兴隆沟遗址出土的黍粟年代，比我国河北武安磁山遗址出土的粟，早了 500 年 ~ 1000 年。由此推断西辽河上游地区是粟和黍的起源地和中国北方旱作农业的起源地之一，也是横跨欧亚大陆旱作农业的发源地。

农耕文明的奠基和进步

敖汉旗的农耕文化起步很早，在许多古文化遗址，都发现了与旱作农业相关的生产工具。兴隆沟遗址发掘出大量的石磨盘、石耜、石斧、石刀、锄形器、铲形器、斧形器及陶器碎片等，这些工具器物见证了敖汉旗的农业起源和农业发展历程。

在小河西文化遗址出土的石器有双肩锄形器、磨制细柄石斧、环刃器、磨盘、磨棒等新石器时代的农具器具，由此推断出狩猎、捕捞、采集是该时期此地的主要经济活动，原始农业可能尚处于萌芽状态。

兴隆洼文化遗址出土了大量作为掘土工具的石铲、石锄，谷物类加工工具石磨盘、石磨棒等，这些石器大多数为当时的农耕工具，是用来砍伐树木、清理耕地、掘土松土、翻耕播种、去除杂草、加工谷物等作业环节的配套齐全的常用工具组合；此外还出土了用来蒸煮食物的炊用陶器，以及用来盛放食物和取水贮水的日用陶器，等等。由此推断，到了兴隆洼文化阶段，生活在敖汉旗土地上的先民已经到了锄耕农业阶段。同时，兴隆洼遗址上出土的较多同时代的捕捞工具和果核，又反映出在农业经济为主体的阶段中，当地依然存在捕捞、采集生产方式，它们作为农业经济的副业，可能在一个相当长的时期内，与农业生产互为补充。

赵宝沟遗址呈现出了全新的面貌和特点，尤其需要注意的是，几乎每座被发掘的房子遗址内都出土了石斧和石耜，成套出土的磨棒和磨盘也较多，还有数量较多的石刀和复合石刀。这些都与农业生产直接相关，而在兴隆洼文化遗址中所常见的采集、渔猎遗物在赵宝沟遗址则明显减少。这表明此时的农业生产已经有了较大的发展，农业经济在赵宝沟已经成为经济主体。

红山文化遗址出土的农业生产工具比赵宝沟文化又有了较大的改进，其显著标志是用于深翻土地的大型掘土工具和收获谷物的刀具普遍出现，新型掘土工具的增多和改进，极大地提高了农业生产效率，反映了西辽河流域的农业进入了土地大开垦时期。红山文化时期，农业又有了长足进步。

小河沿文化遗址发掘的房子内，除出土有陶瓮、罐、尊、钵、豆、盘等生活用具及石斧、石铲等常见工具外，还第一次出现了纺纱用的陶纺轮等。小河沿文化中出土了石、骨、蚌、陶等不同材质和不同用途的生产工具，表明当时的社会经济形态呈现出了多样化。此外，在陶器的造型上，出现了猪形器和狗形器，说明家畜饲养以及手工业等多种经济构成了复合经济形态，形成社会分工的雏形。

敖汉旗农民犁地播种（全国农业展览馆网）

旱作农业的先驱

敖汉作为典型的旱作农业的代表，农业生产历史悠久。从兴隆沟遗址浮选出碳化粟颗粒，研究表明是最早人工种植的谷物；从大甸子墓群出土的麦粒、谷壳可以证明，早在商代这里就有了一定规模的农耕活动。

在长期的农业传承发展中，敖汉先民保持了完善的传统农耕技术体系，在生产生活过程中积累了大量的知识、技能和经验。以敖汉谷子种植为代表的旱作农业系统，始终保持了连续的传承。时至今日，这里还保存着古老的传统生产方式，支撑着敖汉经济社会的发展和老百姓的生存需要。

敖汉旗在世界公认的最适宜优质小米生长的黄金纬度线上，其所处地域属燕山山地向辽河平原过渡地带，地形呈不规则的缓坡形，由东南向西北逐渐倾斜。地貌由南向北依次为：南部的努鲁尔虎山石质低山丘陵区、中部的黄土丘陵区和北部的沙质坨甸区。敖汉南部山区和中部丘陵区各占总面积的34%，北部沙质坨甸区占32%。优越的自然环境，使这里成为粟和黍等旱作作物种植的理想区域。

二、系统构成

自然生态系统

“敖汉”系蒙古语，汉语为“老大”“大王”之意。敖汉旗位于内蒙古赤峰市东南部。地处燕山山脉东段努鲁尔虎山北麓、科尔沁沙地南缘，是燕山山脉与松辽平原的过渡带。敖汉旗地处中温带，属大陆性季风气候类型，四季分明，太阳辐射强烈，日照丰富，温差较大，雨热同季，积温有效性高，无霜期 130 天 ~ 150 天，年降水量在 310 毫米 ~ 460 毫米之间，是典型的旱作雨养农业区；属于以农为主、农牧林结合的经济类型区。敖汉旗处于典型的农牧交错带，其地形复杂，地貌多种多样，包括水体、沟谷、黄土台地、丘陵、低山、冲积平原、洪积平原、沙地等。敖汉旗地形地貌多样，生物、气候条件各异，土壤类型较多，有棕壤、栗钙土、褐土、草甸土、潮土、沼泽土及风沙土等土类。境内主要河流有 5 条：属于西辽河水系的有老哈河、叫来河、孟克河；属于大凌河水系的有牤牛河、老虎山河。敖汉的河流特点是，夏季降水增多，河水充沛，冬春季降水量下降，河水相应减少。水土流失比较严重，各河流的含沙量都比较高。叫来河和孟克河的中下游及老哈河一、二级台地，形成了较大的沿河平川区，地势平坦、土质肥沃、水源丰富，是全旗的主要产粮区。

敖汉旗境内的大黑山自然保护区，以保护草原、森林、湿地等多样生态系统及珍稀野生动物栖息地为主要保护对象，其包含的生态系统主要有山地森林生态系统、草原生态系统、湿地生态系统、农田生态系统、人工林生态系统。

田园景观系统

多样的地貌造就了敖汉旗优美的农林牧复合景观。敖汉旗处于农、林、牧三大产业的耦合地带，南部为低山丘陵区，中部为黄土丘陵区，北部为沙漠平原区，这样的地貌类型为农、林、牧三大产业的发展提供了有利条件，形成了敖汉旗独特的农、林、牧复合景观。

敖汉旗旱作梯田与其耕作技术有密切关系，当地的特殊农耕方式是垄作和梯田。这是对战国以来的“上田弃亩，下田弃甽”

敖汉旱作农业系统局部图(全国农业展览馆网)

的继承利用，可以应对当地干旱、风沙严重的自然环境。

敖汉旗地处欧亚草原区、亚洲中部农业区，地带性植被以草原为主，由于地形、气候和人类经济活动的影响，从南到北植被类型有明显差异，依次为低山丘陵、森林、草原、黄土丘陵、干旱草原和沙地等。通常在敖汉旗的旱作农业系统中，黍类、粟类、豆类、高粱、玉米等间作套种或者换茬种植，具有较强的水旱适应能力；多种农作物类型间作，提高了粮食的安全性，同时也增加了景观的色彩。

相关知识体系和适应技术

敖汉旗有着8000多年旱作农业种植历史，先民们在生产生活过程中积累了大量的技能和经验。由于粟和黍等小杂粮多生长在旱坡地上，株型较小，不便于机械化作业，敖汉人民保持着千百年来牛耕人锄的传统耕作方式。粟和黍种植的田间管理比较复杂，从春播前的耙压保墒到开犁播种，再到出苗后的耙压抗旱，人工间苗，除草追肥，成苗后的铲耘灌耥及灭虫等，直到收割入场，要经历一系列的生产过程，从中可以看到传承几千年的原始农业的影子。在敖汉旗旱作农业体系中，经过漫长的历史积淀，从播前准备、播种、田间管理到收获，形成了一个完整的体系，体现了敖汉农民在长期生产实践中产生的智慧。

在传统农业时期，主要施用农家肥，有人粪尿、畜禽粪便、秸秆肥、杂肥、牧草绿肥等。农民利用雨天和农闲时间，挖坑、拉土垫圈、清理场院进行积肥，有制肥、起粪、倒粪、送肥、培堆等工序环节。

选种在传统农业中也是非常重要的一个环节。敖汉旗先民总结有一套“选种留种”的方法，以谷子为例，每年到收获的季节，他们都会到田间观察，在生长最好的田块中，把籽粒最饱满穗子最大的植株挑出来做成谷扎子，挂在房子通风的地方，以备来年使用。这样年年重复地选，就选出了好的品种。播种前三四天就要进行晒种，以便杀死病菌、虫卵。播种前还要经过风选，把籽粒不饱满的秕粒去掉，以保证出苗整齐健壮。

田间管理主要有间苗、中耕、除草、追肥、防虫等多个工作环节。其中最重要的首先是间苗，通过人工把苗间开，用小锄头把杂草除去，起到松土作用；等到禾苗长到7片~8片叶子的时候要进行清垄；中耕除草三遍以上，要做到“头遍浅，二遍深，三遍四遍不伤根”；拔节以后，耥地培土浇水一次，用锄头松土称之为耪地。通过锄头松土，可以起到抗旱保墒的作用，有利于禾苗生长；耥地是用犁把土翻起，可起到抗倒伏的作用。

这里特别要提到敖汉地区的传统防病虫害技术，即轮作间作套种的传统技术，当地俗称“插花地”。这对于防治病虫害有好处，各种杂粮错落有序种植，形成了生物的多样性和物种间相互依存、彼此制约，不仅抑制了病虫害的爆发，还能使土壤肥力达到自然平衡，是敖汉传统农业中最具智慧的实用技术。

敖汉旱作农业使用的传统工具，包括种地用的木梁弯弯犁、簸梭、石磙，除草用的锄头和小手锄，收割用的镰刀，脱粒用的碌碡、木杈、木锹、木刮板、扫帚、簸箕、翻车，以及加工米面用的石碾和石磨等。

三、价值与特点

全球重要性

敖汉旱作农业系统的全球重要性主要有三点：

一是敖汉黍、粟是史前亚欧大陆传播的主要粮食作物，对世界早期农业文明的形成和发展起到了非常重要的作用。考古资料表明，7000 多年前，黍、粟出现在沿黄土高原东缘的一系列新石器早期遗址中。黍、粟的分布范围西到渭河流域，东至泰沂山系，北达西辽河流域。距今约 5000 年，黍通过远古敖汉的草原通道，传播到今天的俄罗斯远东地区；距今大约 4500 年，黍传入哈萨克斯坦的西天山地区，后又传入阿富汗、土库曼斯坦、土耳其等地区。距今大约 4000 年，黍出现在希腊西北部，并继续向欧洲腹地传播。

二是敖汉旗建立了世界上最全的黍、粟传统品种保护基地。基地分传统农家品种种植区和新品种引进试验示范区。保护基地分为谷子、黍子、黍谷、黑豆等传统品种试验种植区。同时引进了藜麦、鹰嘴豆等农作物新品种 200 余个，也在基地进行了试验种植。目前，基地共搜集种植 360 个农作物品种，包括引进的藜麦、鹰嘴豆、谷子品种 277 个，搜集到的传统谷子、黍子、黍谷、黑豆、高粱品种60个,扩繁谷子、大豆品种12个,育种的谷子品种10个,对照谷子品种1个。

三是敖汉旗是旱作雨养的典范，具有世界性的旱作农业成功经验。敖汉旗以及特有的粟、黍传统品种，对人类的生存和社会发展做出了重要贡献，也以其特有的旱作农业为人类生产了大量的农畜产品。世界干旱半干旱地区总面积约占地球陆地总面积的35%，遍及世界50多个国家和地区，在全世界14亿公顷耕地中，有6亿公顷耕地位于干旱半干旱地区。敖汉旗的干旱半干旱地区农作经验，为世界提供了一个很好的典范。敖汉旱作农业系统形成了由多耕到少耕、免耕的技术模式，有效地解决了土壤风蚀、土壤培肥与增产问题，同时采取休耕和轮作制，既遏制了旱地退化、沙化的态势，又确保了土壤基础地力的可持续改进与农作物产量的稳步提高。

生物多样性

敖汉旗位于西辽河上游南部黄土台地，黄土丘陵区是由沙地向丘陵过渡的农牧交错区，从自然地理的角度来分析，这一地区地貌类型多样、环境复杂，具有较高的生物多样性；区内丰富的动植物资源，既可以满足人们的生活需要，又为植物、动物的驯化提供了种类丰富的生物基因库。

农业生物多样性

敖汉旗是典型的旱作农业区，农作物品种丰富多样，以粟和黍为代表的旱作农业生态系统，在生物多样性方面有着独特性和不可替代性，其中敖汉旗境内栽培的粟和黍，属于兴隆沟黍和粟的古老品种。此外还有荞麦,敖汉旗双井乡有“荞麦之乡”

敖汉高粱（全国农业展览馆网）

的美称，这里种植荞麦有得天独厚的自然地理条件，昼夜温差大、光照充足，比较适宜荞麦生长。敖汉旗高粱的品种也很多，主栽品种为敖杂 1 号和敖杂 2 号，此外还有一些当地农家品种，如大青米、关东青、白高粱、小青米、大红粱以及黏高粱等。当地种植的作物还有玉米、大麦、小麦等粮食作物，黄豆、黑豆、青豆、豌豆、蚕豆、红小豆、绿豆、芸豆等豆类作物，花生、油菜籽、芝麻、向日葵、蓖麻、胡麻、烟草等经济作物，萝卜、白菜等蔬菜，以及苹果、梨等水果。

环境生物多样性

敖汉旗的野生植物由被子植物类、蕨类、裸子植物类、苔藓类、地衣类、菌类和藻类组成，形成了庞大繁杂的自然生态系统。其中裸子植物主要有油松、侧柏、麻黄等。被子植物有 88 科 713 种，主要有山杨、旱柳、胡桃楸、榛、蒙古栎、北五味子、山杏、山楂、秋子梨、小叶锦鸡儿、甘草、远志、沙棘、罗布麻、黄芩、党参、北苍术、苣荬菜、黄花菜、山丹等。

牧草主要有虎榛子、糙隐子草、达乌里胡枝子、大针茅等。近年来，人工种草发展很快，小叶锦鸡儿、沙打旺、草木樨、敖汉苜蓿等均有大面积种植。

野兽主要有狼、狍子、沙鼠、刺猬等。鸟类有环颈雉、鹌鹑、大鸨、石鸡、百灵鸟、雉鸡、绿头鸭等。鱼类有鲤鱼、鲫鱼、雅罗鱼等。

生态适应多样性

作物的生态适应性是在长期自然选择和人工诱导双重作用下形成的不同作物种类，同一作物的不同品种，甚至同一品种不同生育期，在不同的生态环境下，经过长期的适应演化，形成了各自的生态特性。敖汉旗传统农作物品种的生态适应性有：

一是适应当地的温热环境。夏播早熟品种要求积温较少，春播晚熟品种要求积温较多，谷子在不同生育阶段所需温度也有差异。

二是耐旱。谷子是比较耐旱的作物。苗期耐旱性极强，能忍受暂时的严重干旱，需水量仅占全生育期需水量的 1.5%；拔苗至抽穗需水量最多，占全生育期需水量的 50%～70%，此期是获得大穗多花的关键时期，缺水会造成“胎里旱”，减少小花小穗数目，产生大量秕谷；开花灌浆期要求天气晴朗，土壤含水量占田间保水量的 70%～80% 为宜，干旱或阴雨会影响灌浆。

三是适应短日照地域环境。当地的作物，日照缩短促进发育，提早抽穗，一般出苗后 5 天～7 天进入光照阶段，在 8 小时～10 小时的短日照条件下，经过 10 天即可完成光照阶段，不同品种不同日照反应不同，一般春播品种比夏播品种反应敏感。

四是耐盐碱、耐贫瘠。谷子适应性广，耐瘠薄，对土壤要求不甚严格，对土壤的适应性很强，除低洼易涝地外，从沙土到黏土均可种植，但以土层深厚、结构良好、有机质含量丰富的砂质壤土或黏质壤土最为适宜；喜高温干燥，怕涝，常被作为开荒的先锋作物，在土壤干旱瘠薄的条件下，也可以获得一定的产量。

生计与经济价值

开展敖汉旱作农业文化遗产的保护与传承，是推动敖汉地区农业可持续发展的基本要求，主要是通过优化当地的自然环境、提升资源短板，提升遗产地相关产品的附加值，加大科技投入，提高传统旱作农业品种商品价值，从而提高当地居民的生活水平和加快当地经济发展。

防风固沙价值

敖汉旗位于科尔沁沙地南缘，燕山山地向松辽平原过渡地带，属于典型的半干旱大陆性季风气候，是京津地区和环渤海经济圈的重要生态屏障。中华人民共和国建立初期，大自然给敖汉人的是“遍地黄沙随风滚，满目荒凉草木稀”的不毛之地，从南到北依次呈现三种地貌：南部山区山体破碎，“十年九旱，一年不旱，洪水泛滥”；中部丘陵流水切割严重；北部沙地常常风沙肆虐，出现“人眯眼，马失蹄，白天点灯不稀奇”的沙尘天气。敖汉人民长期坚持植树造林，以抵御漫天黄沙，他们以艰苦卓绝的毅力创造了一个又一个绿色奇迹，初步建立了乔、灌、草等相结合的防护林体系，土壤荒漠化和水土流失得到了有效的遏制。

水土保持价值

敖汉旗的地貌，大部分山区为土石山，少部分为黄土丘陵，区域地貌由于地形的南北差异，形成两种土壤侵蚀类型分区。敖汉旗南部降雨量大于北部，是较典型的水蚀区，中部为洪积平原，北部为风蚀区。敖汉先民敬仰天地，敬畏自然，世代保护自然环境，爱惜草木，控制了水土流失，尤其是近年以来，大力开展了以植树造林和整修梯田为主要内容的生态建设，极大地改善了农业生产条件，为优质农产品的生产提供了环境支持。

肥力保持价值

为了保持土壤肥力，敖汉旱作农业系统长期以来全面利用农作物植株，有效缓解了区域农田土壤的贫瘠化。采取的办法主要有：一是种植谷子。谷子是粮草兼用的高效作物，谷草饲料价值接近豆科牧草，谷糠是畜禽的精饲料，在提高食物多样化与缓解种植业和畜牧业争地的矛盾中，谷子有其他作物不可替代的重要地位。二是作物收获后，农民将秸秆直接还田；秸秆铡碎后与水土混合，发酵腐熟，均匀地施于土壤中。三是秸秆过腹还田，即二次转化。是将秸秆作为饲料，经过动物利用后，将其排出粪便用于还田；过腹还田不仅提高了秸秆还田的利用效率，而且避免了秸秆直接还田的一些弊病，尤其是调整了施入农田有机质的碳铵比例，有利于有机质在土壤中转化和作物对土壤有效态氮的吸收。

多元文化价值

敖汉旗拥有丰富多彩的农耕文化，从远古时期的祭祀活动到近现代的祈福习俗，无不和农耕文化有着密切的联系。流传在敖汉旗境内的庙会、祭天、祭火、祭敖包、祭星、祈雨、撒灯，以及民间的扭秧歌、踩高跷、唱大戏、呼图格沁、跑黄河等活动，大都是为了祈求一年风调雨顺、五谷丰登和庆祝丰收。

独特的蒙古民俗

青城寺祭星 青城寺位于内蒙古赤峰市敖汉旗四家子镇的牛夕河村，建于1761年。相传，寺庙存放的陨石是乾隆皇帝亲赐的，由此，寓宗教与民风为一体的祭星活动开始兴旺发达起来。后经世事变迁，青城寺祭星活动却从未中断过，迄今已经延续了250多年。每年正月初八晚上，以蒙古族为主的群众自发来到青城寺，祭祀星宿，以求来年风调雨顺、五谷丰登。“祭星”也叫顺星。据说，在赤峰民间家庭中也有“祭星”的习俗，正月初八晚上星斗出齐后，各家都要举行一个顺星的祭祀仪式。

撒灯 敖汉旗中南部地区至今还保留着在元宵节期间撒灯的习俗。撒灯有撒黑灯和撒官灯两种。撒黑灯，即用草纸包上拌了煤油的谷糠或锯末，做成若干个“灯捻儿”，或用玉米瓤、松塔浸油，在夜幕降临时撒落在路边、街道或者院子内，以祈一年风调雨顺、人畜平安。撒官灯则除了上述的撒灯方式，还有各种表演。

敖汉撒灯（中国农业博物馆网）

跑黄河 在元宵节期间还有“跑黄河”或者“转九曲”的习俗。跑黄河实际上是一种用草绳作隔离的“迷宫阵”。通常是在平坦的地方用秸秆、麻绳、木桩等，布置成“黄河阵”。参与“跑黄河”的人须沿着跑道一气跑出，不许后退或者穿“墙”而出，

敖汉黄河灯会（中国农业博物馆网）

否则认为不吉利，并被戏称为“钻狗洞”。

呼图格沁 呼图格沁是一种集蒙古族歌舞、戏曲等形式为一体的综合艺术表演形式，产生于清代，至今已有300多年历史。呼图格沁在每年的正月十三至正月十六进行表演，内容包括供奉、复活、上路、入院、进屋、驱邪、祝福、求子、送神等多个部分。跳起吉祥的舞蹈，唱着自编的地方歌曲，语言滑稽幽默，表演生动活泼。呼图格沁是研究蒙古族民间歌舞戏曲的重要素材和优秀文化遗产。

祈雨和庆丰收习俗

祈雨 敖汉地区过去“十年九旱，靠天吃饭”，人们只好祈求老天的恩泽，祈雨便成了每年的仪式。祈雨时要唱大戏，有时是唱皮影戏，有时是唱评剧。

地秧歌庆丰收 自清代以来，汉族人进入敖汉旗开垦荒地，同时带来了地秧歌这样的民间艺术形式，有时还添加舞狮子、闹龙灯、舞旱船等，群众称之为“出会”或者“办热闹”。地秧歌的主要形式：一人鸣锣开道，左右各有一面狼牙大旗引路，旗上写着“会”字。后面是正副领队，正领队为伞头，头戴礼帽，身着长衫，手持一把扎了绒布带子的雨伞。副领队被称为伞公子，也称傻公子，身穿道袍，手持彩扇。接着是若干个一男一女的伴舞者。伴舞者的角色有渔、樵、耕、读和传统的戏曲人物，如《白蛇传》《小借年》《小放牛》等剧中的人物。在表演形式上地秧歌以慢步、快步和碎步为主，并按照人物的身份，讲究手、眼、身、法、步的配合。

民族融合的节庆习俗

敖汉旗人口以汉族为主，其次为满族和回族，还有少量的朝鲜族、壮族、苗族、达斡尔族、锡伯族、彝族、土家族、藏族、鄂伦春族等。

添仓节　农历正月二十五是添仓节，又叫龙凤日。黎明时分，农家在院子里用草木灰描一到多个大圆圈，将少许五谷撒在圆圈中，称之为“搭囤”，并焚香祈祷一年五谷满仓。

龙头节　农历二月二是龙头节，时值初春，大地复苏，呼为龙抬头，故称龙头节或青龙节。农家黎明焚香，用草木灰自室内水缸下，撒至井边，再用糠自井边撒至水缸下，希望“青龙去黄龙来”，谓之“引龙”，祈祷一年风调雨顺。小孩多于此日“剃头”，谓“剃龙头”，家家俱食腊月留下的猪头，鸣鞭炮庆祝。

飨神树　这是古代蒙古族对自然神崇拜的延续，与祭天、祭地、祭敖包一脉相承。相传，最初的“神树”生长在牛力皋川的南山阴坡上。神树的来历是：乾隆年间，开发牛力皋川的始祖温都尔夫初到牛力皋川下庙村定点放牧。有一年的农历六月十三日，温都尔夫发现家中水缸显现一株大伞形榆树，他顿悟这是吉祥福祉来临的瑞兆。当晚他在梦中获得“内卜达克神”指点，南山阴坡有一棵神榆树，若年年抚育，年年祭祀，此后可受荫庇，子孙繁衍，家业兴旺。第二天醒来，温都尔夫即循神灵指点，找到这棵榆树。于是自此，年年农历六月十三日，都要宰畜献酒，隆重

跳查玛舞（中国农业博物馆网）

祭祀，乡民随之，相沿成习。

祭敖包 祭敖包是蒙古民族的传统习俗，已被列入中国首批国家非物质文化遗产名录。敖包是蒙古语，意为堆子。祭祀时非常隆重，人们从四面八方携带着哈达、整羊肉、奶酒等祭品来到敖包处。祭祀开始时，首先在敖包上高竖起印有天马图和经文的大旗，再把祭品——一只全羊摆上，主祭人便焚香诵咒符经文，向天地弹指洒酒后，又在敖包顶端摆上石块，口念“长生天保佑，敖包你每岁要增高，六畜每岁要增数，五谷每岁要丰收，人人每岁要健康”等吉祥话。然后，与会者由僧人引导，顺时针绕敖包转三圈，寓意一年大顺大吉，再向敖包跪拜叩头，祭祀结束。祭祀活动期间还会有查玛舞表演。

四、现状与发展

敖汉小米和敖汉荞麦均被列入国家“地理标志保护产品”

清朝时期，敖汉小米就已经成为宫廷贡米，敖汉旗也成为清朝贡米的主要供应地。20 世纪 90 年代，敖汉本地种植户中就开始有人也以敖汉小米的商品名称对外销售，同时敖汉旗农业技术推广中心经过试验，引进并推广了适应在敖汉旗种植的大金苗等品种，并按照标准进行种植和加工，使敖汉小米的产量和品质都有了进一步的提升，市场范围进一步扩大。敖汉旗现有小米加工企业22家，年产小米5万吨，创值8亿元，因此敖汉小米已成为敖汉旗杂粮种植业中的优势品种和地方特色产品。2013年国家质量监督检验检疫总局发布了2013年第73号公告，批准敖汉小米实施地理标志产品保护，产地范围为内蒙古自治区敖汉旗现辖行政区域。

敖汉旗双井乡有荞麦之乡的美称，这里种植荞麦有得天独厚的自然地理条件，昼夜温差大，光照充足，适宜荞麦的生长，因此荞麦在该地区种植面积大、产量高；该地区种植的荞麦因无农药、无化肥污染，又被誉为绿色食品。牛力皋川位于敖汉旗双井乡境内，因种植荞麦历史悠久、品质优良而闻名，特别是在日本、韩国的客商中有一定的知名度；牛力皋川荞麦面更是味道纯正、色香味俱佳，是荞麦面中的上品。目前全区的荞麦种植面积达到15万亩，产量2万吨。2008年农业部发布第1119号公告，批准敖汉旗荞麦为中华人民共和国农产品地理标志产品，依法受到保护。在敖汉旗境内，下洼镇、大甸子乡、林家地乡、玛尼罕乡的53个村，被划定为农产品“敖汉旗荞麦”地理标志区域保护范围。

农业文化遗产保护取得重大进展，成绩斐然

政府高度重视　近年来敖汉旗政府对农业文化遗产保护十分重视，多次组织研讨会和学术交流会，并派专员到相关地区进行学习考察，同时成立了敖汉旗农业文化遗产保护与开发管理局（后更名为敖汉旗农业遗产保护中心），全力保护这一珍贵古老的文

化遗产；制订了敖汉旗旱作农业系统保护与发展规划，全力实施好农业文化遗产保护与发展工作；大力发展优质谷子产业，加快推进品牌优化向经济优化转化，走出一条保护传承与经济发展和谐共赢的绿色崛起之路。

社会广泛关注　在国际和国内，农业文化遗产的保护与发展都越来越引起广泛关注。2002 年，联合国粮农组织开始组织对农业文化遗产这一新的世界遗产类型进行研究，包括对其动态保护思路和适应性管理的路径。截至 2022 年 5 月底，已经在世界范围内 22 个国家评选出 67 项全球重要农业文化遗产地，我国有 18 项 21 处全球重要农业文化遗产地入选。敖汉旱作农业系统 2012 年正式被联合国粮农组织列为全球重要农业文化遗产，成为世界上第一个旱作农业文化遗产。

旱作农业技术社会效益和生态效益突出　旱作农业技术模式的应用，是中国农业尤其是北方地区克服水资源短缺，实现农业可持续发展的必然选择。旱作农业技术的发展，实现了水资源的高效利用与较高的农作物产量的同时，还实现了农业生态环境的逐步改善。其经济效益主要包括两个方面，以节水为代表的资源节约产生的资源效益和以高产为代表的生产效益；其生态效益主要表现在水土保持和生态保护两个方面，旱作农业可以通过合理的农作制度、节水措施和旱作农业技术有效地减少水资源浪费，涵养水源，预防水土流失和保护生态环境，因此旱作农业生产方式对于促进当地生态环境建设具有重要作用。

未来发展

建立农业文化遗产保护区　从农业物种多样性保护、传统农耕文化保护到农业发展、生态旅游开发等各个方面，开展敖汉旱作农业系统的保护与发展工作，调整保护区结构，形成核心区、缓冲区、辐射区三级保护体系。在核心区重点发展有机农业，建立生态农业示范基地并逐步辐射到全区。在保护区内实行集中种植，形成规模，统一生产标准，确保基地建设高起点、高标准、高收益，并按照国际市场的要求实行产业规模化、规范化、标准化，加强质量检测，做到安全生产。组建一批实力雄厚的专业性和综合性龙头企业，发展相关的科研、种植、加工、贸易等，形成新型产业集团，走产供销相结合的路子。推动杂粮产业的开发创新，在主产区逐步建立和扩大优质杂粮生产基地，建成杂粮的生产加工和销售产业链、流通链。

发展旅游休闲观光农业 开发兴隆洼、赵宝沟等以农业文化遗址为主题的旅游区，建设现代谷子产业观光园区，建设生态农业观光景观，建设世界农业文化遗产展览馆，打造生态农业文化庄园，全面开发遗产地旅游产品与农业文化旅游项目，促进区域经济发展，让敖汉小米享誉国内外、走向全世界。

发展全域有机农业产品 敖汉旗的黍和粟是天然有机产品，生产过程不使用化肥农药，继承了传统农业的绿色生产理念。目前敖汉旗已经认证无公害小米品种 8 个，绿色小米品种 10 个，有机小米品种 8 个，认证面积 30 万亩。敖汉旗丰富多样的旱作农产品，具有很大的开发潜力，敖汉的粟不仅是抗旱救灾的重要作物，更是发展潜力巨大的有机营养食品。

参考文献

［1］农业部国际交流服务中心编:《全球重要农业文化遗产（GIAHS）实践与创新》，中国农业出版社 2018 年版。

［2］白艳莹、闵庆文主编:《内蒙古敖汉旱作农业系统》，中国农业出版社 2015 年版。

［3］王巍、于宝君等:《农耕文化源远流长 中华智慧惠及世界——敖汉旱作农业系统的历史作用与现实意义》,《中国社会科学报》2019 年 9 月 15 日。

［4］敖汉旗农业遗产保护中心:《全球重要农业文化遗产：内蒙古敖汉旱作农业系统》,《中国农业大学学报（社会科学版）》2017 年第 2 期。

［5］张英伟:《赤峰市敖汉旗农业文化遗产地保护研究》,《赤峰学院学报（哲学社会科学版）》2018 年第 12 期。

［6］何红中、白艳莹:《历史长河中的农业文化遗产挖掘与保护利用探索——基于内蒙古敖汉旗的调查研究》,《农业考古》2019 年第 3 期。

［7］中国农业博物馆编:《中国重要农业文化遗产大观》，中国农业出版社 2018 年版。

（撰文：朱冠楠）

浙江绍兴会稽山古香榧群

会稽山古香榧群位于浙江省北部绍兴市域中南部，总面积402平方千米，有结实香榧大树约10.5万株。其中，有7.2万株树龄超过100年，有数千株树龄超过1000年。古香榧群及其周围的传统村落、众多的河流和山丘，共同构筑了壮丽景观。

中华香榧经过长期精细的人工选择，是品质上乘的嫁接栽培树种。不同于其他品种的香榧树，它具有坚果、医药、林木、油料、装饰、环境保护等多项经济价值。会稽山是中华香榧的发源地，拥有保存完好的古香榧群，超过80%的中华香榧保存在该地区。会稽山古香榧群拥有超过2000年的历史，发展了中国传统的树木嫁接工艺，是古代嫁接与人工选择技术的“活化石”。经科学判断，现存最老的古香榧树为1431岁，这可能是中国现存最古老的人工嫁接树木。此外，会稽山古香榧群是一个由绍兴人民长久以来缔造的和谐生态系统，在提供多种经济价值的同时，还能有效防止土壤侵蚀。

总之，会稽山古香榧群不仅具有历史、艺术、科学、生态和经济价值，而且是人与自然和谐共处的反映，展现了人类合理利用自然资源的可持续发展方式。然而，由于自然老化、自然灾害、土地利用竞争、人口老龄化和农业劳动力资源缺乏等原因，古香榧群正面临诸多挑战与威胁，发掘其社会、经济和生态价值，加以动态保护，迫在眉睫。

该系统由浙江省绍兴市申报全球重要农业文化遗产，批准时间为2013年3月。

一、遗产历史传承

古香榧树（农业农村部国际交流服务中心网“走进中国全球重要农业文化遗产影集”）

会稽山古香榧群是我国重要的世界农业文化遗产之一，其发展已有一千多年的历史，其中汇聚着我国先民的林木嫁接与繁殖技术、人与香榧和谐共生以及山地合理利用与生态系统可持续发展等多重智慧。

起源 会稽山一带的广大榧农一代又一代口耳相传，创作出和传播着种种关于香榧树和香榧子来源的优美传说，其中以绍兴市的诸暨赵家、绍兴稽东、嵊州谷来、东阳等地为核心传说圈。

在绍兴稽东镇，传说香榧是天女从天庭偷到凡间来的：偷香榧的天女下凡，因而受到了天帝的惩罚，她的双眼被挖出，扔到了香榧树苗上，故而每一个香榧果上都有一对小眼睛，那就是天女的眼睛。

在诸暨枫桥镇，传说香榧是玉帝赐予嫦娥来到凡间的嫁妆：嫦娥欲下凡人间，与凡人结为夫妻，玉皇大帝成全了她的心愿，给她香榧树和佛手树作为嫁妆，于是人间才有了香榧树。香榧被广大民众赋予了神圣性和灵异性。

在嵊州市通源乡松明培村，传说香榧最初的两粒种子，是七仙女带给人间的，因此，七仙女受到当地榧农的供奉，风俗保持至今，表明了人们不忘给他们带来香榧种子的七仙女。因此，通源七仙女的故事与全国其他地方的七仙女故事迥然不同。

此外，还有香榧与舜和他的两位妃子的传说在流传：舜为了躲避朱丹的迫害而与娥皇、女英遁入会稽山腹地，靠采摘野果度日。舜下会稽山会见百官，两位妃子饥饿难耐，突然闻到远处飘来的异香，她们循着香味走去，只见一位老妪正在用石锅炒干果，并告之其为“三代果”。原来这位老妪正是舜的母亲，当她得知娥皇、女英身陷困苦时，便下凡来以“三代果”搭救她们。于是，两妃子把“三代果”种子种植在当地。舜死后，两位妃子投湘江而死，后人以“湘妃”称之，于是会稽山一带的榧农便移花接木，把她们种下的“三代果”也称作“湘妃”，久而久之，“湘妃”衍化成了“香榧”。

先秦两汉南北朝时期 虽然古籍中没有人们最早栽种香榧的记载，但根据现代科学方法测定的现存中国古香榧树的嫁接和培植年代，应不晚于南北朝时期，而零星发生的榧树栽植应早于此。

隋唐宋元时期 唐代时有关于香榧树果实的最早可信记载。北宋时期，香榧被士人和官僚阶层视为珍贵的干果。苏轼《送郑户曹赋席上果得榧子》诗中，有“彼美玉山果，粲为金盘实……祝君如此果，德膏以自泽……愿君如此木，凛凛傲霜雪”等句，他将榧树描述为美丽与幸运的象征。此后，不少农书、谱录记载了香榧的外形特征。这些记载说明，经过长期的人工培植与选育，当时的会稽山地区已经发展出了高品质的香榧树品种。北宋末期，北方战火不断，大量人口南迁，会稽山地区人口大幅度增长。当地农民不仅在平原地区耕种，也在会稽山山区中垦殖。植被砍伐带来了生态环境的破坏，而千年过去后，唯有香榧树林存活至今，这得益于它对环境的顺应能力和极大的生态价值，并最终形成了一种独特的山区土地利用系统。

北宋以后，对香榧树的栽培和利用进入了一个快速发展的时期。南宋时，嵊州和诸暨已成为高品质香榧树的主产区。在南宋初期的古沉船“南海一号”遗存中，考古学家发现了香榧子，可见当时香榧子作为一种美味而富有营养的干果，已经成为中国与南亚、东南亚交流的重要食品之一。

明清时期 明代李时珍《本草纲目》中，介绍了榧实的药用价值。万历时期，《嵊州县志》记载了两种榧树，嵊州也是当时榧树果子产量最高的州县，这意味着至少在400年前，嵊州地区已有榧树，且其中一种很有可能就是今天我们所见的香榧。

清代乾隆年间，“香榧”已成为官方指定的名称，并出现在文书中。乾隆《诸暨县志》记载，有两种榧树，一种较瘦长的，其品质更佳，名为香榧。晚清时期，《浙江省志》载，枫桥东部的一个小村庄，是香榧树的起源地，而这里的“枫桥”，便是今天诸暨市的枫桥镇。

中华人民共和国成立后 以枫桥的香榧树为主题的大量文学作品、新闻、学术研究和论文等不断出现，反映了香榧产业越来越受到重视。

现存最古老的香榧林，可追溯到一千多年前的唐朝。在唐朝，为了追求高产量而对香榧树进行嫁接，嫁接已成为普遍使用的园林技术。今天，会稽山地区大部分树龄超过一千年的古香榧树，均有嫁接的痕迹存在。时至今日，绍兴以外地区的香榧嫁接与繁殖技术，仍旧以会稽山区的方法为典范。

会稽山独特的自然环境、丰厚的历史文化资源，为古香榧树及其文化的形成与传承，提供了良好的生态基础和社会环境。会稽山古香榧群作为一个独立的山地利用系统，由会稽山地区的人们于一千多年前在严峻的生存压力下所创造，并成为一项重要农业文化遗产。

一千多年前，在没有人工施肥的情况下，会稽山古香榧群通过自身的循环系统，建立了正常的森林功能体系，还能为人们提供多种多样的物产，如果实、草药、油料等。香榧群是人类生产、生活与大自然之间动态平衡的代表。此外，它还为人类与环境的协调发展提供借鉴。最重要的是香榧文化中蕴含着可持续发展的思想，这也是香榧文化可以代代相传的原因。

二、遗产价值与特点

会稽山古香榧群的农业文化遗产价值，主要体现在它保障了当地人的食物与生计安全，构建了当地的生物多样性和生态系统。其使用的嫁接、收获与加工等农业技术，综合管理、传统施肥及病虫害防治等知识体系，香榧文化等人文价值，独特的生态景观与综合水土整治范例等，是该农业文化遗产的价值与特点所在。

会稽山拥有悠久的农业历史，形成了多样化的谷物生产体系。经济作物在当地的农业生产中占据很大比重，为会稽的发展提供了重要支撑。会稽山古香榧群生态系统主要生产香榧、樱桃、竹笋、栗子、葡萄、甘薯和云雾茶等经济作物。香榧是当地重要的经济作物，也是当地农民的主要收入来源。因此，香榧是他们生计

香榧果(农业农村部网)

安全的保障。过去几年，市场贸易体系的完整建立，促进了榧农们收入的增长。绍兴市的香榧种植面积为2万多公顷，其中诸暨大约9667公顷，嵊州大约7467公顷，绍兴城区大约2533公顷。香榧有多种功用，其子不仅可以用来制成干果，还是价值不菲的中药材，其核仁可压榨成油，其种皮可做香料，香榧木是优质木材。

食用价值 香榧子的口感似花生，而口味更独特。其核仁可制成香榧蛋糕、松饼、糖果，煎炸后可做酥饼。这些制法已经传播到香港、澳门等地，颇受人们欢迎和喜爱。香榧有丰富的营养价值，每100克香榧子中，含有6.4克水分、10克蛋白质、44.1克脂肪、29.8克碳水化合物和6.8克食用纤维，以及71毫克钙、275毫克磷、3.6毫克铁等。香榧子还含有棕榈酸、硬脂酸、油酸、亚麻油酸、草酸、糖及多种维生素和矿物质，如钙、钾、镁、铁、锰、铬、锌、铜、镍、氟和硒。

药用价值 在我国古代医学典籍如《本草纲目》中，多有对香榧药用价值的记载。香榧油可选择性地降低血清总胆固醇和甘油三酯，提高血清高密度脂蛋白胆固醇。香榧子中的四种脂类生物碱可抑制淋巴细胞性白血病，有利于多发性骨骺发育不良的预防和治疗。香榧子中富含维生素E和脂肪酸，经常食用，可延缓衰老。与其他品种的红豆杉植物一样，香榧含有抗癌的活化剂——紫杉醇。香榧子壳（即其种皮）含有五种防癌物质。香榧还富含维生素A，能有效防治和改善干眼症及夜盲症。传统中医认为，香榧子由于具有较高的脂肪含量，可治疗咳嗽并有润肺功能。它还可用于治疗便秘、痔疮、消化不良、疝气等病症，可用于控制各种肠道寄生虫，以及治疗小儿遗尿症。

原料供给　香榧子壳含有大约1.4%的柠檬醛和1.7%的乙酸芳樟酯，是制作芳香油的绝佳原料。每公斤香榧子壳可以制成200克～300克蒸馏油。香榧木材质地硬而平滑，结构致密，无断裂或变形，是制造家具、船只和木雕的好材料。自西晋时起，会稽山居民就将香榧木材用作船、棺材和房梁的原料。东晋时，会稽山出产的书架和桌子深受当时士人如王羲之的喜爱。唐朝时，会稽山的香榧木材便已名扬全国。

生态价值　香榧树群的生态价值，体现在其对生物多样性的保存及其对生态系统的服务上。

榧树多样性。世界上一共有6种榧属植物、2个变种。2种在美洲，为佛罗里达榧和加州榧；1种在日本，称为日本榧树；还有3种在中国，即香榧、巴山榧和长叶榧；另外还有2个榧树的变种，即云南榧和九龙山榧。会稽山地区的榧树为香榧和长叶榧。香榧是从榧树嫁接而来的，会稽山正是香榧的起源地和核心产区，拥有完整的香榧树种质资源。研究表明，会稽山地区有超过10种香榧，包括细榧、尖榧、大圆榧、中圆榧、小圆榧、羊角榧、芝麻榧、花生榧和木榧等。

农业生物多样性。会稽山地区有种类丰富的农作物品种，有粮食作物如水稻、玉米、小麦、大麦、马铃薯和大豆，有油料作物如花生、油菜籽、芝麻，有经济作物如茶、栗子、香榧、蘑菇，还有中草药和著名的桑蚕养殖。此外，还有种类丰富的水果和蔬菜作物。有数据表明，该地区有22种水稻、13种玉米（其中1种为原生品种）、4种小麦（其中2种为原生品种）和6种马铃薯。当地还饲养多种畜禽，如猪、牛、羊、兔、鸡、鸭、鹅等。近年来，会稽山地区集生态保护、农业、林业和畜牧业于一体，发展生态型农业循环系统和独具特色的食品加工产业，形成了以香榧为核心的复合农业文化。

相对生物多样性。会稽山地区有复杂的地理形态、保存完好的生态系统和多种多样的动植物品种资源。数据表明，其生态系统中，共有766种植物，包括25科42种蕨类植物、7科18种裸子植物、98科606种双子叶植物和11科100种单子叶植物。该系统共有260多种动物，包括24科199种鸟类、18科48种哺乳动物和5科17种爬行动物。会稽山地区古老的生态系统中，还存在着一些珍稀和濒危的野生动植物，有4种植物被列为国家重点保护植物，其中1种为一级保护植物（水杉），3种为二级保护植物（香榧、银杏、杜仲）；有11种动物被列为国家重点保护动物，其中2种为濒危动物，1种为一级保护动物，8种为二级保护动物。

会稽山古香榧群在保持生物多样性、生态平衡和环境保护方面起着不可替代的作用，其主要生态系统服务功能反映在以下几点：

维持生物多样性。会稽山地区主要覆盖着榧林、松柏林和毛竹林以及一些常绿落叶林。该地区广泛分布着国家级保护植物。松柏类植物中，有松树、柏树、杉木、柳杉等。阔叶植物有山毛榉科、樟科和山茶科等。这些植物共同构成了良好的森林植被覆盖和相关性完整的森林生态系统及生物多样性。会稽山古香榧群的一个重要功能，是保护传统的本地种榧树及其生长环境，尤其是保存植物的基因多样性。这些传统地方性植物品种是维持农业多样性的基础。

水土保持。会稽山位于中国东南海岸，台风带来的频繁降水导致该地区土壤侵蚀严重。香榧生长在海拔200米~800米的山上，作为一种常绿植物，它更有利于水土保持。研究显示，油桐、板栗等其他经济树种林地水土流失量高于香榧林 2～3 倍。榧林的栽植并不破坏原初的植被环境，还可防止土壤侵蚀。经过长期的人工选育和从野生榧树中嫁接，我们的祖先培植了香榧，并在其周围筑造鱼鳞坑和梯田以种植茶树、粮食作物、蔬菜和牧草，形成了独特的农业生态生产系统。这个特殊的系统在很久以前由绍兴先民创造，它在防治土壤侵蚀的同时，还可获得高额的经济回报。

水资源涵养。香榧枝叶的覆盖面积大，其浓密的树冠、厚厚的落叶层和腐殖质，对水资源的涵养有重要价值。香榧所植之地，其土壤中的有机质可超过半米厚，这使其土壤肥沃，通风性好。其涵养水资源的作用主要反映在顶层拦截、落叶层的水分聚留和水土保持三方面。研究表明，每年古香榧群可涵养水分 1026.3 吨 / 公顷，远高于杉木林。

气候调节。会稽山古香榧群庞大的树冠能调节大气与地球表面之间的温度和湿度，在森林中形成可改善周围环境的小气候。树冠可吸收并反射太阳光，减弱太阳辐射，因而可降低年温差和日温差。低温高湿的环境和香榧群枝叶总面积较大，造成夜间强烈辐射冷却，使雾、露、霜、凇更容易形成，从而增加了降水量和湿度。研究显示，香榧林的温度比周围地区低 4.4℃，而湿度则高 17.4%。可见，香榧林有助于调节气候。

知识体系和技术应用 通过数千年来的生活实践，会稽山地区的人们获得了从栽种到嫁接香榧的一整套知识与技术，主要体现在以下方面：

嫁接。嫁接是一项重要的种植技术，可提高香榧的质量和产量。据研究显示，现存最老的古嫁接香榧树，其年龄已有 1400 多岁。

也就是说，会稽山嫁接香榧的历史可追溯到1400年以前。会稽山人通常用树龄10年以上的树干作嫁接砧木，传统的嫁接时间一般是在2月底至4月初，这个时候气温开始回升，植物的根系更为活跃，可提高嫁接成活率。高位嫁接在传统嫁接实践中最为常见，数据显示，会稽山有超过10万棵50年以上的香榧树使用该技术进行嫁接。

收获。香榧子的生长期为17~19个月。它通常第一年出絮，第二年开花结果，第三年成熟。香榧子种皮在每年的9月初至9月中旬从青绿色逐渐变为深绿色，当种皮出现裂痕的时候，就说明果实成熟了，这正是榧农们收获的季节。他们用一种特制的竹篮去采摘香榧子，或者直接用手摘。香榧树通常长得很高，这个采摘的过程需要极其高超的技巧和熟练度。为了保证安全，人们使用普通的梯子或者当地特有的工具——蜈蚣梯来爬树。他们把一个或多个树枝绑在一起，以分散和平衡梯子所承受的人的重量。同时，使用一种特制的竹篮，方便把采摘好的香榧子递到地面上。

榧农登蜈蚣梯采集香榧子（农业农村部国际交流服务中心网“走进中国全球重要农业文化遗产影集”）

加工。传统的香榧加工技术包含11个步骤：堆叠、去皮、清洗、干燥、快炒、散热、浸泡、排水、烘烤、冷却和挑拣，所有的程序都由人工完成。现代加工技术基于传统步骤，并用机械代替人力。现代加工步骤主要包括两种方法：双重快炒和双重加热。香榧子炒制过程中，热量控制和炒制技术非常重要，当地农民炒的香榧子，要比其他地区炒得更好，因为当地人懂得把握温度和时间。由于像“正确的时间”“香榧子的香气出来了”这样的描述太过于含糊，要使其技术臻于完美，需要经过很长时间的磨练。所以，只有香榧产区的人们，才能炒出最好的香榧子。传统的香榧子加工技术已被列入浙江省第四批非物质文化遗产名录。

综合管理。香榧生长在湿热地区，幼龄树需要搭架子保护，生长期的树需要充足的阳光和开阔的空间，以促进其授粉。在会稽山地区，香榧常与蔬菜（如土豆等）、谷物（如小麦、玉米等）、果树（如李树、杨梅、樱桃等）、茶树或中药混种，当地人甚至在香榧群中饲养家禽。农民们考虑不同植物的高度和根系深度，以及它们对土壤肥力和光照的需求，将这些植物与香榧搭配种植，以此实现对空间的充分利用，获取更好的经济回报，并同时达到涵养水土的目的。

传统施肥技术。当地农民在每年的9、10月份给香榧树施农家肥。农家肥被放在一个距离香榧树根30厘米、深20厘米的洞里，以此来保证对香榧树的营养供给。

榧农在整理采集下来的香榧子（农业农村部国际交流服务中心网“走进中国全球重要农业文化遗产影集”）

传统的控制病

虫鸟害的方法。当地农民在种植香榧林时，应用了一系列的技术，如水土保持，耕地、肥力管理，修枝，密度控制等，以创造一个利于香榧树生长的环境，这些技术同样有助于控制病虫害。此外，他们还用传统的方法，如悬挂彩色衣服、设置镜子和陶质盖子等惊吓鸟类，以防止鸟类啄吃香榧果实。

文化价值和社会组织 会稽山古香榧群承载了上千年的历史，当地榧农通过组织村落的民俗活动、祭祀和节日庆典等，发扬了香榧文化。香榧非物质文化将社会历史和文化记忆结合并统一在了一起，有利于形成社会身份和文化自觉。香榧文化不仅基于农业生产，更是相关的森林文化的结合体；由于香榧的特性，如生长期长、雌雄异株和在同一棵树上能同时并存三代果实等特性，被人们赋予了“长寿、幸运和团结”等文化内涵，并深入到当地社会文化的方方面面。

作为一种富含营养价值的干果，香榧子常被人们作为节日里的珍贵礼物。在传统的“四时八节”中，它被视为一种高质量的干果。香榧还是会稽山人生活礼仪的重要组成部分。在绍兴城区、诸暨和嵊州等地的乡间，婚礼上一定要有香榧子。两颗香榧子，寓意“成双成对”。孩子们吃了这些果子，便大喊“shengjie”（拼音，江浙方言“生的”），寓意这对新人早生贵子。在婚礼之后，婚礼上的香榧子将被赠送给亲戚朋友。由于香榧子从成形到成熟需要历经三年的时间，故而香榧树上通常同时悬挂着一年果、二年果和三年果，因为这种特性，当地人将香榧称为“三代果”，即同时可见“三代”的果实。人们利用这一自然现象，赋予了香榧子以“三代同堂”的文化意义。

正是因为香榧蕴含着许多美好的文化意义，会稽山地区流传着不少关于香榧的美丽故事和传说。在这些故事中，香榧被称为

“圣果”。人们用丰富的想象力去解释香榧的来源，例如香榧是两个小仙女从天上偷下来的、嫦娥带来的、七仙女带来的、湘妃栽种的等多个传说。香榧子上的两个“眼睛”，被称为“西施眼”，即美丽之眼的意思。

以会稽山为中心，在江南地区产生了大量与香榧有关的诗歌、小说、对联、绘画、格言、书法、戏剧和歌谣等。历史上，不少高官、文人和学者生活、游历于江浙一带，留下了许多赞扬香榧的诗歌、小说等文学作品。例如，宋人苏轼、梅尧臣和叶适，都有写香榧的诗作。《西游记》中也提到过香榧。人们还通过绘画和戏剧等艺术形式，来记录和表现香榧的魅力。当地人还以香榧为题材，创作了民歌民谣，并在婚礼上咏唱。

我国古代文学作品中，有不少歌咏香榧的诗词。如北宋苏轼《送郑户曹赋席上果得榧子》诗：“彼美玉山果，粲为金盘实。瘴雾脱蛮溪，清樽奉佳客。客行何以赠，一语当加璧。祝君如此果，德膏以自泽。驱攘三彭仇，已我心腹疾。愿君如此木，凛凛傲霜雪。斫为君倚几，滑净不容削。物微兴不浅，此赠毋轻掷。”南宋叶适《蜂儿榧歌》：“平林常榧啖俚蛮，玉山之产升金盘。其中一树断崖立，石乳荫根多岁寒。形嫌蜂儿尚粗率，味嫌蜂儿少标律。昔人取急欲高比，今我细论翻下匹。世间异物难并兼，百年不许赢栽添。余甘何为满地涩，荔子正复漫天甜。浮云变化嗟俯仰，灵芝醴泉成独往。后来空向玉山求，坐对蜂儿还想象。”宋代诗人何坦《乞蜂儿榧于郭德谊（二首）》：“味甘宣郡蜂雏蜜，韵胜雍城骆乳酥。一点生春流齿颊，十年飞梦绕江湖。”“银甲弹开香粉坠，金盘堆起乳花圆。乞君东阁长生供，寿我北堂难老仙。”清周显岱《玉山竹枝词》：“蹬道金蒙历道场，杜家岭外已斜阳。秋风落叶黄连路，一带蜂儿榧子香。”

此外，香榧还被视为一种农业文化符号。香榧是会稽山农民重要的生活资源。在香榧林周围，生长着竹子、果树和茶树，丰富了当地人的食物种类。竹子能制成各种各样的工具，如长钩、蜈蚣梯和篮子等。

香榧的产量和采摘时的安全，是榧农最关心的问题。为此，人们举办了不少祈福和祭祀活动。在嵊州和诸暨的山区，当地农民在每年农历的一月份举行祈愿香榧高产的庆祝活动。嵊州长乐村，农民们在每年的正月十四日，聚集到家族最大的香榧树下，祈祷当年产量更高。收获季里，人们聚在一起祈福，祈祷采摘香榧的亲人平安。根据信仰的不同，人们通常祭祀自己的祖先、土地神和山神等。

香榧树群落同时还与当地的社会组织形态有着密切的关联。会稽山地区主要居住着汉族，当地社会的基本单元是家庭，而亲属关系则是其社会结构的基础，随着社会的发展，基于家庭的社会结构逐渐转型。如今，只有从文化遗产保护部门维护着的少量老房子、宗祠、学堂和明清时期建立的村庄中依稀可见会稽山数百年历史中的社会形态。

吕岙村古宗祠是该地区最有代表性的宗祠，大部分建于清代。在重要的日子里，这个家族的成员聚集在宗祠里，举行仪式。吕岙村古宗祠最大的特色是整个宗祠全部用上千年的古香榧木建成，非常稳固坚实。

有许多家庭聚集在这些历史悠久的村庄里，传承着传统文化和社会组织的记忆。崇仁村是该地区最具代表性的传统村落，已有将近一千年的历史。北宋神宗熙宁年间，邱姓家族信仰正义和仁道，故将村名由兴化改为崇仁。该村至今保留着大面积完好的古建筑，包括寺庙、祠堂、戏台、家屋、纪念牌坊、中药铺、商店、桥梁、池塘和水井等，都保留着明清时代古建筑风格。

香榧树塑造着该地区的社会准则、道德和文化，而这些社会准则又影响着年轻一代道德观念的形成。年轻人会从父辈那里批判地继承传统观念，在保留旧文化的同时，形成新的社会文化。现在国家的法律和政策是乡村地方管理的基本准则，在这些准则的框架内，村落中形成了独特的乡规民约。当地居民依此对香榧树进行保护和管理，并对盗窃等破坏香榧树的行为进行惩罚。

三、遗产现状与发展

保护与发展现状 在 2014 年 10 月 28 日召开的绍兴市七届人大常委会第十九次会议上，香榧树以占有效票数的 56.2% 当选，正式被确定为“绍兴市树”。

自 2013 年 5 月绍兴会稽山古香榧群被评为全球重要农业文化遗产以来，浙江省绍兴市各部门积极采取行动，对该遗产进行保护与管理：成立了绍兴市会稽山古香榧群保护联席会，定期研究古香榧群保护工作；2015 年 8 月设立绍兴市会稽山古香榧群保护管理局；成立了绍兴市香榧协会，吸纳从事香榧生产、加工、经营、园林景观、教学科研、行业管理和古香榧群保护、香榧市树宣传等方面的人员共 110 余人；编制《绍兴会稽山古香榧群动态保护纲要》，明确工作举措、资金保障、组织机构、制度建设等多方面内容；出台《绍兴会稽山古香榧群保护管理办法》，确定保护管理应遵循的工作方针、保护工作的基本内容、各相关部门的职责分工等；2016 年印发《会稽山古香榧群全球重要农业文化遗产标识管理使用办法》，规范香榧标识的使用管理；绍兴市委、市政府印发《关于做好市花市树推广工作的意见》，香榧作为绍兴市树得到宣传与推广；2016年，制定《关于推进香榧产业传承发展的意见》，把“加强会稽山古香榧群保护”列为工作举措的第一条，完善相关制度，实行严格的生态环境保护，提出加快香榧科技研发、苗木培育、产品营销等领域的发展；绍兴市每年从“森林绍兴”资金中安排专项资金，用于香榧的保护与推广工作；2017年8月，《绍兴会稽山古香榧群保护规定》列入《绍兴市人大常委会立法调研项目库（2017－2021年）》，2017年12月印发《绍兴市树香榧推广实施方案》，在全市实施三大行动，即香榧文化弘扬行动，香榧产业发展行动，古香榧群保护行动。《绍兴会稽山古香榧群保护规定》获浙江省十三届人大常委会第七次会议审议通过，于2019年3月1日起正式实施。

截至2016年底，绍兴全市香榧种植面积达30.1万亩，有香榧加工企业85家，年总加工能力3000吨以上，注册香榧商标50余个。

面临的困难与挑战 会稽山古香榧树群在遗产传承与保护中面临严峻的困难与挑战，其主要原因是自然老化、自然灾害、土地利用竞争、人口老龄化以及农村劳动力资源的缺失等。

地方层面。第一，中青年劳动力向外部转移。传统的香榧果实收获环节需要大量劳动力，且这一劳动属于高风险作业。在收获的季节里，劳动力短缺成了榧农家庭的最大忧虑之一。一些村庄订立了乡规民约，要求榧农家庭的中青年劳动力在香榧收获季节里必须回乡参与劳动，但效果并不理想。现在，大部分年轻人已经离开山村，到现代化都市从事他们喜欢的工作；只有少数35岁以下的人参与香榧的栽植和管理，其中具备采摘香榧子能力的人就更少了。大部分会采香榧子的人，年龄都超过了 50 岁，集中在 55 岁 ~ 65 岁。第二，自然灾害和虫害入侵增加。一些香榧树生长在土地贫瘠的山坡、斜地、悬崖上，时常面对土地被侵蚀的严重威胁。随着树木的生长，贫瘠的土地提供的营养逐渐无法满足生长所需，树木严重营养不足甚至死亡。随着绍兴市香榧业的发展，种类繁多的虫害侵袭日渐频繁，不仅使香榧子产量严重缩减，而且导致其品质和经济效益下降，给榧农带来经济损失。如今最大的困难是如何辨别香榧树害虫的种类，并找到对付它们的方法。第三，高品质种质资源的丧失。20 世纪 80 年代，会稽山地区极度贫穷。当时，雄性香榧树被视为高品质木材，可作为高档木制品和棋盘的原料，村民们于是砍伐雄性香榧树售卖，以增加经济收入。由于香榧是雌雄异株的植物，这样一来便导致雌雄香榧树数量严重失衡，持续多年难以产果。如嵊州市谷来镇袁家岭村拥有 1400 株香榧树，其中雄性香榧树却不到 40 株。高品质香榧种质资源面临严重威胁，且由于会稽山的这些古香榧树都超过了 100 年树龄，在自然选择的作用下，其高质种子在逐渐消失，因此建立起相关的保护机制，迫在眉睫。第四，农业遗产保护观念薄弱。由于对古香榧遗产价值认知的缺失，现今对于香榧的保护工作仍然停留在生态保护的层面上，且还未有对会稽山古香榧树群保护的综合评估。除了经济价值，也忽视了香榧相关的生态文化遗产价值，这就意味着丧失了相关的传统文化记忆，阻碍了地方文化自信的建设。同时，快速的社会经济发展和城市化，使农业遗产面临着人文和自然的双重考验。许多年轻人正在寻求现代化的生活方式，不愿意从事和学习与农业相关的工作，尤其是香榧树的管理和生产技术，他们对民俗文化也不感兴趣。由于后继无人，这一农业文化遗产或将淡出历史舞台。

国家层面。第一，现代农业观念与技术的影响。在经济利益的驱动下，现代技术持续影响着传统农业的生产模式。举个例子，农民们如今大量使用化肥、农药和除草剂以提高香榧的产量。尽管香榧的产出提高了，但整个森林土壤的质量遭到严重损坏，同时化学肥料带来水体污染，对生态环境造成威胁。第二，投资回报周期长。长期看来，香榧是一种经济回报不错的植物，但在产出之前，它通常需要巨额的投入，这一时期可能要超过 15 年。在这个较长投入孵化期，大量的商业资本必定被其他行业所占据，换句话说，对于香榧业的持续资金支持，往往难以为继。早期人们对香榧的管理主要关注在人力资源上，但由于大部分香榧树种植的地方交通不便，香榧业还面临劳动力短缺的问题。目前，尽管一些企业成功开发了一系列的香榧产品，包括香榧饼干、香榧精油胶囊、香榧厨油、香榧酒等香榧深加工产品，但难以开拓市场，一些深加工产品性价比不高。如今，香榧子干果的产量还不足以满足市场需求，更别说拿去做深加工产品了。

环境层面。环境层面上对古香榧生产的威胁，主要来自全球气候变化。极端天气如雷电、台风、暴风雪等，会对会稽山古香榧群带来破坏性影响。如果被雷电击中，香榧树的生长会停滞；如果台风过后没有采取合理的抢救措施，倒下的树很容易死去；而暴风雪会吹断、压断树枝，毁坏树林。此外，随着香榧的知名度越来越高，香榧子出口到国外，世界上的其他同类农产品对香榧的竞争和挑战将越来越大。

参考文献

［1］郑仁木编著：《香榧栽培法》，上海科学技术出版社1959年版。

［2］王斌、闵庆文主编：《浙江绍兴会稽山古香榧群》，中国农业出版社2015年版。

［3］韩柏昌：《关于绍兴会稽山古香榧群立法保护的探索》，《浙江国土资源》2019年第2期。

［4］金海霞、马腾：《浅谈绍兴香榧产业发展的现状及对策》，《国土绿化》2018年第1期。

［5］高樟贵、张敏、厉锋等：《香榧病虫害研究进展》，《浙江林业科技》2018年第5期。

（撰文：林雅斯）

河北宣化城市传统葡萄园

宣化城市传统葡萄园是以庭院漏斗架式及多株穴植栽培为特色的传统葡萄种植系统，是典型的“城市农业文化遗产”。遗产地位于河北省张家口市宣化古城，保护范围包括春光乡的观后、盆窑和大北三个村。宣化城市传统葡萄引种始于唐代，经当地果农世代精心栽种繁衍至今，有1300多年的历史。宣化葡萄种质资源丰富，以牛奶葡萄最为著名，鲜果以皮薄、肉脆、多汁、皮可剥离而闻名，素有“刀切牛奶不流汁”之美誉，获得国家地理标志产品保护。宣化牛奶葡萄的优良品质，主要得益于当地独特的自然条件和种植技术。宣化地区土壤多为轻质洪冲积物淡栗钙土和沙质洪冲积物淡栗钙土，富含钙、钾，能促进葡萄根系发育和提高叶片的同化率，使葡萄含糖量明显增加；阳光和稀少的降雨使宣化葡萄糖分高、着色好、病害少，安全性高。宣化葡萄架采用漏斗架

河北宣化城市传统葡萄园（全国农业展览馆网）

式，葡萄主藤蔓从主根出发以锥形向四周均匀分布，架身向上倾斜30°～35°，呈放射状。整架葡萄形如一个大漏斗，故此得名。这种架式具有聚肥、聚水、聚光以及抗风、抗寒等优点。宣化葡萄多为庭院式种植，在葡萄架下辅以种植瓜果蔬菜，保持了生物多样性；同时采用空心埋土防寒法，帮助葡萄过冬，方法独特。宣化葡萄产业兼具经济、生态、文化等价值，对当地的发展有着重要意义。

2013 年 5 月 29 日，在日本石川县召开的“全球重要农业文化遗产国际论坛”上，“宣化城市传统葡萄园”被正式列入全球重要农业文化遗产，同年 6 月 5 日在北京的人民大会堂举行了授牌仪式。

一、历史发展

《宣化葡萄史话》记载，宣化葡萄最早引进栽培时间为唐代，距今已有 1300 多年的历史。据农业农村部中国重要农业文化遗产专家委员会副主任曹辛穗考证，宣化可能在 1800 年前的东汉时就引入了葡萄，是我国最早开始种植葡萄的地方之一。宣化地区自古以来就以其重要的军事地理位置而成为兵家必争之地，又因其盛产葡萄而有“葡萄城”之美誉。著名剧作家曹禺先生曾赋诗赞美宣化葡萄：“尝

“京西第一老藤”古葡萄架（全国农业展览馆网）

遍宣化葡萄鲜，嫩香似乳滴翠甘。凉秋塞外悲角远，梦尽风霜八十年。”秦时宣化地区属于上谷郡，明清时宣化城葡萄的美名就已传遍天下。现在宣化古城的观后村里，有一株600多岁的古葡萄树，依然枝繁叶茂，硕果累累，见证着宣化葡萄的发展历程。

晚唐宣化始有葡萄种植

唐代，宣化先属河北道管辖，后属河东道管辖，而河东道的代州、平城都是葡萄种植广泛的地区。唐僖宗光启元年（885），设置武州城（今宣化）统领雄武军。为满足军需民用，雄武军使刘怦采取了“垦农田、造庄园”的做法，还从中原地区引进葡萄等农作物试种于军营和寺庙中。自此以后，葡萄开始在宣化地区生根发芽，晚唐时寺院已有种植葡萄的传统。李克用率军北上占领武州等地后，在刘怦的基础上，继续推进武州农牧业的发展，实施“自负林果、经营天下”的政策，为宣化地区的农业发展做出了重要贡献，宣化葡萄种植也得以初步发展。适合庭院种植、便于观赏的漏斗架种植方式在这一时期逐步形成，并传承至今。

辽元时期宣化葡萄种植向外扩展

辽代，宣化葡萄种植有了进一步发展。辽太祖神册元年（916），废武州改为归化。据《辽史》记载，辽圣宗在归化州建有行宫，并将政治中心南移至此。此后宣化葡萄开始逐步向外扩展，在观后街等地大量种植，葡萄成为当时专供社会上层人士享用的果中珍品。1993年，十余座辽代墓葬在宣化区下八里村被发现。据考察，其为辽代晚期世族张氏墓群，其中张文藻墓中出土的整串保存完好但已干瘪的葡萄，是目前为止国内发现的唯一一例古代葡萄实例；据此判断，宣化葡萄至少在辽代就已被当地世家大族当作祭品使用。同时还出土了盛放在鸡腿瓶中整瓶的液体，经国家文物鉴定中心鉴定，瓶中盛放的粉红色液体为葡萄酒。这次考古发现是宣化葡萄以及葡萄酒酿造史上的重大发现。

金朝改归化州为宣化州，后又改为宣德州。1995 年，宣化区文保所在水泉乡石峰村发现一座金代古墓，墓壁上画有许多祭祀图案，其中彩色葡萄枝叶尤为引人注目。这证明早在金朝时期宣化就已广泛种植葡萄，并已初具规模。元朝初期，改宣德州为宣宁府，后又改为宣德州，这时宣化葡萄在品种和产量上有了新的提高。

明清时期宣化葡萄名扬四海

明代，明太祖朱元璋为巩固北部边防，修长城设九边建宣府镇。宣化成为长城九边之首的军事重镇——宣府镇，驻军多达五六万人。城内布满兵营，葡萄种植多在城北柳川河两岸。后明太祖封其子朱橞为谷王，就藩宣府。朱橞就藩后，扩展宣化城的建筑规模，同时开辟葡萄园，扩大葡萄种植面积，使得宣化葡萄进入快速发展的黄金阶段。清代，驻军锐减，城内北部、西部土地空置，大批葡萄农在空置土地上种植葡萄，使葡萄种植达到了空前的规模。清圣祖康熙设宣化府，立宣化为府城。后来宣化逐渐成为北方地区重要的商品集散地之一，农、工、商业皆迅速发展，宣化葡萄更是产量大增、名扬四海，不仅成为朝廷贡品，更是通过“张库大道”大量输出，远销蒙俄地区。1905 年，京张铁路开工修建，1909 年建成通车。宣化自此直达京津地区，宣化葡萄也因此销量大增。1922 年编印的《宣化县新志》记述：“关内人来贩葡萄者甚多，价格愈昂，销路愈广。城内园地有增无减，而北街葡萄尤为发达。”

中华人民共和国成立后宣化葡萄发展迅速

中华人民共和国成立前，因为连年战乱，宣化的葡萄产业受到沉重打击，沉寂一时。中华人民共和国成立后，当地政府着力发展工农业生产，宣化葡萄重新焕发生机，种植规模逐步扩大，大量果品销往京津以及南方地区，甚至还畅销英美等国家。据1951年出版的《察哈尔土产》一书介绍，宣化葡萄每年销售“东至北京、天津，西达张家口、大同、集宁、绥远、包头，并远及香港地区、南洋与国外”。据《宣化区志》《宣化区志 1994－2003》记载，20世纪60年代，宣化葡萄的种植面积为1500余亩；到80年代，增至2000多亩；到21世纪初期，已达到3000亩左右。由上述可知，宣化葡萄的种植规模一直在逐步扩大而且扩大速度越来越快。

改革开放以后，在当地政府优惠政策的激励下，果农种植葡萄的积极性普遍提高，宣化葡萄的种植面积和产量出现大幅度增长。1975年，张家口市委决定成立“张家口市宣化葡萄研究所”，专门从事葡萄优良品种的培育以及先进农业技术的引进等工作。从1988年到1994年，宣化地区接连七年举办“宣化葡萄节”，以葡萄为媒介，带动经济发展。1996年，宣化牛奶葡萄以“春光牌”为商标在工商局登记注册，1997年在河北省举办的首次农业展览会上被评为“名牌产品”，1999年斩获昆明世界博览会铜牌。

进入21世纪后宣化葡萄世界瞩目

宣化葡萄品质优良、品种众多，其中知名度最高、种植面积最大的当属牛奶葡萄。此葡萄属于传统品种，粒大皮薄，酸甜可口，还可剥皮取肉，故有“刀切牛奶不流汁”的美誉，曾代表宣

宣化牛奶葡萄（微博用户lunapink）

化葡萄在国内外参赛获奖无数，堪称宣化葡萄中的“状元”。2001年，宣化区政府为恢复宣化牛奶葡萄原有的高品质特征，对其进行了全面彻底的提纯复壮；后又与国内外的农业专家积极合作，进一步优化传统漏斗型葡萄种植方法和修剪方法，使得传统葡萄园的产量和质量都有了明显提高。

2007年，宣化牛奶葡萄进入“国家地理标志保护产品名单”，后获得国家商标局颁发的“地理标志证明商标”，成为“双地标农产品”。从2009年到2013年，宣化牛奶葡萄连续五年蝉联“中国农产品区域公用品牌价值百强”和“最具竞争力地理标志”商标奖项。2013年5月，宣化城市传统葡萄园被我国农业部评选为“中国重要农业文化遗产”，同年6月被联合国粮农组织评选为“全球重要农业文化遗产保护试点”，更是因其在城市中发展农业的特色而成为目前世界上唯一的“城市农业文化遗产”。

二、价值与特点

遗产价值

葡萄产业在宣化农业生产中占有非常重要的地位，主要分布在春光乡、河子西乡和侯家庙乡等城市近郊地区。宣化城市传统葡萄园以庭院式为主要栽培方式，以漏斗架式为主要种植方法，房前屋后以种植葡萄为主，葡萄架下种植瓜果蔬菜，将葡萄的种植采摘与农户的日常生活完美融为一体，既增加了生物多样性，又增加了观赏多样性，突出了多层次的立体景观特征；同时兼具食药、经济、生态、文化等多重价值，形成了极具地域特色的葡萄产业。

食药价值

宣化葡萄的营养价值很高，葡萄汁被科学家誉为“植物奶”。葡萄中含有钙、磷、铁、钾、葡萄糖、果糖、蛋白质以及维生素 B1、维生素 B2、维生素 B6、维生素 C 等，还含有多种人体所需的氨基酸。葡萄含糖量高达 21%，把葡萄制成葡萄干后，糖和铁的含量会相对增高，是妇女、儿童和体弱贫血者的滋补佳品。葡萄不仅味美可口，而且药用价值很高。中医认为，葡萄性平味甘，能滋肝肾、生津液、强筋骨，有补益气血、通利小便的作用，可用于脾虚气弱、气短乏力、水肿、小便不利等病症的辅助治疗。葡萄籽中含有独一无二的前花青素，这种物质具有超强的抗酸化和抗氧化的功用，能在自由基伤害细胞前将其除去，从而达到紧致肌肤、延缓衰老的效果。科学家研究发现，葡萄能比阿司匹林更好地阻止血栓形成，并能降低人体血清胆固醇水平，对预防心脑血管病有一定作用。

葡萄的用途很广，除生食外，还可以制干、酿酒、制汁、酿醋、制罐头与果酱等。作为烹饪原料使用的葡萄要求粒大、肉脆、无核、风味好；葡萄干常作为点心的辅料。葡萄最广泛的用途是酿造葡萄酒。葡萄酒是用新鲜的葡萄或葡萄汁经发酵酿成的酒精饮料，通常分红葡萄酒和白葡萄酒两种。葡萄酒中含有多种氨基酸、矿物质和维生素等，能直接被人体吸收，具有调节人体生理机能的功效。长城葡萄酒公司用宣化龙眼葡萄酿制的干白葡萄酒，是国际宴会上常饮用的高档饮料，在全国第三次评酒会上赢得了金牌。用龙眼葡萄酿制的“大香槟”“葡萄汽酒”等，都深受人们欢迎。

经济价值

宣化葡萄品质优良，风味独特，其品种有牛奶、龙眼、肉丁香、白香蕉、马奶子等多个品种。每个品种在色泽、形状及风味等方面都有自己的特色。宣化葡萄果粒大、皮薄、肉厚、味甜、品质好、酸甜比适中，具有广泛的市场和巨大的经济价值，在宣化的农业生产中一直扮演着非常重要的角色，是当地农民的主要收入来源。每公顷葡萄架数量可以达到 52.5 架，产量可达 2.65 万公斤，经济收入可达 18.38 万元，每个葡萄架约产葡萄 500 公斤，可收益 1.5 万元左右。除葡萄外，宣化以葡萄为原材料加工制作出葡萄干、葡萄酒等产品，都具有经济价值。此外，加工工厂还带动了当地居民的就业。葡萄种植对于带动当地经济发展具有重要意义。

“宣化城市传统葡萄园”是全球唯一的“城市农业文化遗产”，其独特的漏斗形架构与城市或乡郊景观相融合，与民居浑然一体、相得益彰，形成独树一帜的景观造型，“清远楼下两天地，半城瓦舍半城绿”是宣化这座河北历史文化名城的独特景致。漏斗架葡萄文化源远流

宣化葡萄丰收（全国农业展览馆网）

长，造型独特优美，具有很强的观赏性。同时，漏斗形葡萄架具有遮阴效果，其营造出的舒适小气候为人们提供了一个适合休闲的地方。游客们纷纷前往，采摘葡萄，架下乘凉，欣赏景观，使漏斗架葡萄栽培模式成为一种独特的旅游资源。葡萄的大量生产还带动了葡萄加工、包装、物流、销售等一系列的产业发展，逐渐形成了较为完备的葡萄产业链。此外，当地逐渐建立起现代葡萄产业园区，打造"万亩园林"，通过成规模种植传统漏斗架葡萄，配合宣化林业科技实验示范基地栽种的绿植，形成可观光可采摘可游玩的现代旅游观光农业，通过发展休闲旅游、休闲农业、康养产业等途径，带动村民脱贫致富，促进地方经济发展。

生态价值

宣化区规划通过打造"万柳公园、万亩园林、万亩湿地"三大亮点，将宣化区建成绿色城市、园林城市、公园城市，以提升城市品位。

在保护生物多样性方面，宣化拥有丰富的葡萄种质资源，目前葡萄品种 40 余种，包括白牛奶、龙眼、玫瑰香、血灌子等传统品种，以及红牛奶、无核白、里扎马特、扎纳、皇后、青香蕉、无核紫、凤凰 14 等其他葡萄品种。20 世纪 80 年代，又先后引进巨峰、先锋、井川、红香蕉、新玫瑰、红鸡心、凤凰 11、凤凰 12、汤姆森 1 号等国内外优良品种，其中尤以白牛奶葡萄最具特色，享誉中外。宣化牛奶葡萄种植面积广，占宣化葡萄种植总面积的 80% 以上。宣化葡萄园属于典型的庭院农业，漏斗架葡萄的栽植方式在庭院中创造了丰富的生态位，当地农民在自家庭院的葡萄架周围种植大量蔬菜、水果、部分农作物以及花卉等。据统计，庭院植物物种总数多达 80 余种，不仅增加了地区的农业生物多样性，同时也呈现出多样化、多层次的立体景观特征。

在水土保持方面，漏斗葡萄架有一定的水土保持功能。葡萄架能削弱雨水对地表的直接冲刷，减少地表径流，使土壤具有较高的渗透性和持水能力。葡萄根系固定土壤，防止氮、磷、钾等养分流失，具有一定的水土保持、养分保持功能。土壤孔隙率决定了其持水能力，漏斗状葡萄架的土壤是主要的储水场所。另外，漏斗架葡萄生态系统农药用量少，农家肥（人、畜粪便）传统上用于葡萄种植，可以化废为肥，减少化肥用量，提高葡萄产品的安全性。

在小气候调节方面，漏斗葡萄架形庞大的树冠覆盖整个庭院，形成独特的小气候环境。葡萄冠层对太阳辐射具有明显的吸收和反射作用，使庭院内的太阳辐射强度及大气温度明显降低。有漏斗葡萄架的庭院的大气温度也明显偏低，在气温最高的下午 1∶30 左右，温度与普通庭院相差 2℃以上；同时，由于漏斗架形葡萄具有明显的蒸腾作用，有漏斗葡萄架的庭院内的空气湿度明显高于普通庭院，在 8 月晴朗的上午，有漏斗葡萄架的庭院相对湿度比普通庭院高 5% 左右，下午则高出 10% 以上。而且前者的湿度变化幅度较小，后者的湿度变化更为剧烈。漏斗葡萄架在炎热夏季形成的这种低辐射、低气温、高湿度的庭院气候环境，使人觉得神清气爽，惬意无比。

在养分循环方面，漏斗架葡萄一直延续了传统的栽植方式，使用的肥料以人、畜粪便等有机肥为主，在庭院中形成从土壤－葡萄－人（畜）－土壤的养分元素循环。漏斗葡萄架以有机肥为主的生产方式具有诸多优点；首先，大量有机肥的使用维持了土壤肥力，使葡萄园的生产力得以长期维持，能够使 600 年以上的葡萄树维持高产量；其次，有机肥的使用也保证了牛奶葡萄的优良品质；最后，有机肥的大量使用也使得农村的人、畜粪便得到恰当处理，有利于保持农村庭院环境卫生。

在碳储存功能方面，该生态系统能够起到调控大气中的二氧化碳的作用。首先，由于漏斗架葡萄园实行集约化管理，葡萄生长旺盛，生产力高，通过强烈的光合作用吸收大量二氧化碳，在当地种植葡萄将起到明显的碳汇作用。其次，由于葡萄寿命较长，葡萄植物体内存储的碳能够保留更长的时间，使其作为碳库的功能更为明显。另外，葡萄生长过程中需要进行大量修剪，大量的修剪物和凋落物被返还土壤，补充了土壤中有机碳的损失，使葡萄园的土壤成为明显的碳库。据估算，每公顷漏斗架葡萄仅是地上部分储存的碳就达到 5.5 吨 / 公顷，因此漏斗状葡萄园是一个巨大的碳库。

文化价值

漏斗葡萄架为人们提供了一个休闲娱乐的场所。它的造型是一种独特的艺术创作，承载着古老的文明，丰富了民族文化，增添了世界文化的多样性。宣化悠久的葡萄栽培历史孕育了丰富多彩的“葡萄”文化，衍生出独具特色的民间传说、节庆习俗等，打挎鼓庆丰收是当地流传已久的民俗活动。2009 年，王河湾挎鼓入选河北省非物质文化遗产名录。

庭院栽培的漏斗式葡萄架俯瞰（全国农业展览馆网）

关于葡萄，宣化地区流传着很多传说。唐代宣化葡

萄最初引种于寺庙中，与佛教文化有较深渊源。相传葡萄的引进与菩提树有关，北方气候寒冷，无法种植菩提树，但很多僧人向往在菩提树下参禅悟道的情景，于是有个和尚将葡萄种植于寺中，便有了“弥陀寺的葡萄莲花架，是老和尚亲手栽下，禅定一生安天下，修行宣化”的说法。另有传说，明末李自成率领农民起义军攻打北京路过宣化时，当地百姓特意用储藏了近半年的十几种葡萄给闯王做了一桌酒席，称“八大盘”，其中四大热菜是糖溜葡萄、羊肉炒葡萄、豆腐烩葡萄、葡萄片炒鸡丝，四大凉菜中也都有葡萄配菜，饮着葡萄酒，品着葡萄菜，李自成和将士们连声说好。此外，许多历史名人、作家以及当地民众还创作出很多优美的诗词歌赋，以表达对宣化葡萄的赞美。

宣化人民在长期栽培和食用葡萄的历史过程中，形成了众多与葡萄相关的饮食、节庆等方面的习俗。饮食上，宣化人民以葡萄为原料，创造出多样的菜肴，比如拔丝葡萄就是宣化宴席上的一道名菜，其外焦里嫩，脆甜可口，深受人们喜爱。炎炎夏日，人们喜欢在葡萄架下乘凉。在葡萄成熟的季节，宣化便热闹起来，天南地北的客商纷至沓来，当地流传有一句民谣，“宣化有四宝，狗皮褥子羊皮袄，牛奶葡萄芨芨草”，可见葡萄是当地重要特产之一。葡萄也是每逢节日相互宴请、馈赠亲友、祭祀祖先、敬奉神灵的珍品。为了庆祝葡萄丰收，果农们还

王河湾挎鼓（全国农业展览馆网）

会以唱庙会、扭秧歌、打挎鼓等方式来庆贺。1988 年，宣化区人民政府举办了第一届“中国宣化葡萄节”，开创了“葡萄文化节”的先河。节日期间，以葡萄为媒介，文化搭台、经济唱戏，邀请各界知名人士，品尝葡萄美味，感受古城文化，为葡萄产业赋予了浓郁的文化内涵。

遗产特点

漏斗形架式

宣化传统葡萄园的漏斗架是棚架的一种，因其架式像漏斗而得名。漏斗架架材为粗细不等的木材，有的架材要求有一定的弧度，架的中心为直径3米~5米、深0.2米~0.4米的圆形定植坑，坑的中心有一个直径1米~2米的圆台，架面倾斜度为30°~35°，呈圆弧形，向各个方向伸展，架根高约30厘米，架梢高2.5米~3米。整架看起来好像一个大漏斗，或者像一个平底大碗放在地上。架的直径约达10米~15米，也有个别架直径20米左右；一般每公顷种植45架~75架。葡萄种植于中心定植坑内，向四周分出许多主蔓，各级枝蔓呈扇形分布在圆形架上。这种“内方外圆”的漏斗架体现了“天圆地方”的文化内涵，葡萄根部堆肥的地方叫“凤凰台”，表达了古人对美好生活的憧憬。这种架式特色鲜明，且占地面积小，具有聚水、聚光、聚肥、防风、抗寒的特点。近几年，意大

漏斗架下仰视情景（微博用户lunapink）

利、法国、亚美尼亚等国的葡萄专家来宣化葡萄研究所交流访问，称从未见过这样的漏斗架，我国专家认为漏斗架是起源于我国的一种古老的架式，曾经在我国有较广泛的应用，但现在这种架式已是非常少见，只有宣化在大面积应用。

漏斗架式不仅形态优美，适于庭中乘凉欣赏，而且具有以下优点：第一，需土量少。据宣化葡萄研究所研究表明，发展 1 公顷的漏斗架葡萄所需土壤，只有发展 1 公顷其他架式葡萄所需土壤的 50% 左右。第二，省水。据宣化葡萄研究所试验表明，浇灌漏斗架葡萄比浇灌同面积的倾斜式棚篱架葡萄省水 40% 以上。第三，产量高且稳产性好。漏斗架式牛奶葡萄的产量高于倾斜式棚篱架的产量，且大小年现象相对较轻。第四，架形美观。漏斗架的缺点主要有费工、架材用量大、前期产量低、不利于机械化作业等。但在土地资源越来越宝贵的背景下，上山下滩，不与粮棉争地，已是我国葡萄产业发展的一个方向。漏斗架方式种植葡萄具有省土、省水的优点，因此比较适合在荒山、荒滩种植，有利于土地资源的充分利用。

庭院式种植方式

宣化传统葡萄种植方式是庭院式种植，居民生活于院内，使葡萄文化与农户的日常生活融合到一起。居民往往充分利用葡萄架下的空间和土地，在葡萄架周围种植蔬菜、水果、部分农作物、花卉等，例如宣化家家户户种植马兰花，既能充分利用庭院的空间，又能提供理想的捆绑葡萄的材料。其他作物的种植不仅满足了农民家庭需要，也增加了庭院生物多样性和景观多样性，呈现出多样化、多层次的立体景观特征，具有多种现实价值和潜在价值。据专家调查，宣化葡萄园内植物物种有 80 余种，分属 18 科

30 属。在快速发展的城市化进程中，漏斗架式葡萄依然保持着独特的葡萄园景观，加上园内的植物多样性，给人以多层次、全方位的美感，具有很高的观赏价值，特别是漏斗架，全世界独一无二，架形美观，十分适合发展观光农业。

空心埋土防寒法

宣化传统葡萄种植，采用空心埋土防寒法。冬剪后，将葡萄枝蔓放入防寒沟内，将架拆掉，架材架于防寒沟和中心定植坑及圆台上，其上覆一层秸秆（现在用彩条布），再覆一层土即可。这种埋土防寒方法，巧妙地将空气用作防寒材料。据宣化葡萄研究所测量，这种方法比实心埋土防寒沟底温度高 5℃左右，防寒效果很好，可使葡萄安全越冬，避免冻害。而且防寒用土量很少，只是实心埋土防寒用土量的 1/4～1/3，出土也不易伤枝蔓和芽子。我国有的地区生长季条件很适合葡萄生长，但由于冬季太寒冷而无法种植葡萄，或需埋较厚的防寒土而用工量大，从而限制了葡萄业的发展。空心埋土防寒法可以克服这一缺点，可使一些冬季寒冷的地区种植葡萄，也可使葡萄种植节省用工，提高经济效益。

传统栽培技术

宣化在葡萄栽培方面有一套传统技艺，比如摘芽、打顶绑梢、冬季修剪等。由于寒冷，葡萄不能过早地从土壤中扒出来，一般在 4 月上旬，如果太早，地温低，初春风大，葡萄枝容易脱水，发芽受到严重影响。葡萄架与地面呈 30°～35°，是成熟葡萄最佳的俯卧架，有利于架上、架下葡萄获得充足的光源。从出芽到开花，采摘芽两三次。在风大或空间大的地方，可以推迟采芽。定枝应在新梢长至 15 厘米～20 厘米时，分一次或两次进行。

宣化葡萄采摘（联合国粮农组织微博号）

5月中旬，当少量枝条长到30厘米~40厘米时，应进行第一次绑梢。牛奶葡萄新枝很嫩，应在晴天的10:00到17:00之间绑梢。这段时间枝条柔软且不易折断。分次绑梢，每年绑梢3次到4次。冬季修剪时要综合运用长、中、短三种修剪方法。

三、现状与发展

宣化葡萄栽培已有1300多年的历史，葡萄一直是宣化的地标符号，传统的“漏斗形”栽培方式也是世界仅有。宣化人民对有着千年种植史的葡萄倍加珍惜。目前，随着宣化区城市化建设的快速发展，城中村改造、城市扩建、公共交通的修建及工业占地，都将对传统葡萄园种植面积形成威胁，城市发展建设用地与葡萄种植用地矛盾日渐凸显，大量葡萄园土地被征用，传统葡萄园的数量急剧下降，葡萄种植面积逐渐缩减。2009年，全区葡萄种植面积还有3000多亩，2010年地处城市的葡萄园只剩2000亩左右，2012年面积缩小至1000多亩，漏斗葡萄架仅剩2400多架。葡萄园的消失意味着传统特色景观、生物多样性和文化多样性的丧失。在此情况下，宣化积极采取一系列措施，通过生物多样性的恢复、传统葡萄栽培技艺的文化传承以及与休闲农业的结合，从根本上解决农民增收、农业可持续发展和文化遗产保护问题。

宣化城市传统葡萄园被评定为第一批中国重要农业文化遗产和全球重要农业文化遗产以来，宣化区人民政府按照农业农村部《重要农业文化遗产管理办法》要求，成立了“宣化城市传统葡萄园保护与发展领导小组”，出台了《关于加快葡萄产业发展的补助办法》《宣化传统葡萄园保护管理办法》《宣化牛奶葡萄地方标准》。河北省质量技术监督局发布了《地理标志保护产品 宣化牛奶葡萄 果品质量》等文件，宣化区政府制订了宣化传统葡萄园保护与发展专项规划，将发展葡萄产业明确列入政府重要工作内容。

从2010年起，宣化区着手为传统葡萄园申遗，出台了《关于加快葡萄产业发展的补助办法》，对新增葡萄基地给予每亩1000元种植补贴。补贴根据当年验收合格的种植面积核定，分三年发放，财政累计投入补贴资金30余万元。宣化区通过对“城市传统葡萄园”面积划定红线，对葡萄种植户给予补贴等措施，使葡萄园面积不断增加。经过努力，2014年7月31日经农业部门测定，“宣化城市传统葡萄园”较2013年新增面积294亩，达到2355亩。

2018年，宣化区委区政府决定成立张家口市宣化区农业文化遗产保护管理中心，负责宣化区城市传统葡萄园的保护与管理工作，做好动态管理，进一步加强对传统葡萄园的挖掘、保护、传承和利用。在传统葡萄园中筛选、评定200个管理良好的漏斗架葡萄作为标准示范架。标准示范漏斗架葡萄，可使用印有“中国重要农业文化遗产和全球重要农业文化遗产”“国家地理标志产品保护和国家地理标志证明商标”标识的包装，并加强对重要农业文化遗产标识使用的管理，定期监督检查规划实施情况，形成定期报告制度。政府还支持建设宣化葡萄种植示范园，推动城乡一体化发展。

旅游开发是当今时代背景下解决农业文化遗产保护问题与经济发展问题之间矛盾的重要途径。宣化区政府采纳这一发展思路，将传统葡萄园与生态旅游相结合，力图打造独树一帜的葡萄品牌文化，并为此实施了一系列改革措施。例如，以春光乡观后村为重点，统一整修葡萄园，实施拆墙透绿工程；修建地方风情馆、果品采摘园、特色葡萄休闲庄园，开发集观光休闲于一体的“农家乐”和“牛奶葡萄宴”等特色旅游项目，成立葡萄种植合作社专门负责推广新品种、接洽旅游团等工作，修建葡萄文化主题公园和葡萄文化博物馆等。此外，区政府特别规划，提高和改善宣化城市传统葡萄园的核心保护区——观后村的村容村貌，为外地游客来宣化旅游观光提供一个舒适整洁的环境；利用宣化牛奶葡萄开发具有高附加值的相关产品，恢复和开发宣化葡萄宴，不断提高“宣化城市传统葡萄园”的知名度和美誉度；引入市场机制，成立宣化古城AAA景区旅游公司，对外售票，把观后村古葡萄园景区作为宣化古城景区的一个组成部分，同时纳入到“张家口旅游一卡通”中，使之成为张家口市旅游线路中的一个重要节点和亮点。在宣化传统葡萄园申遗成功以后，游客比往年多了三成，牛奶葡萄即便价格上涨仍然十分抢手。观后村1400多亩葡萄园已被全部改建成观光园，截至2018年，葡萄种植合作社已有7个，合作社对果农进行技术培训，大力推进葡萄标准化种植。“农家乐”旅游小院有50家左右，年接待游客已超过5万人次，种植户年人均纯收入早已迈过万元大关。在观后村的带动下，周边已有6个村庄先后发展起葡萄种植。化农业文化底蕴为经济发展动力，宣化葡萄文化旅游正在蓬勃兴起，未来必将成为当地新型农业的支柱产业。

在宣化葡萄产业不断发展壮大的同时，当地政府还重视文化传承和保持文化活力。2018 年宣化区委区政府联合农业文化遗产保护管理中心等单位举办了“中国宣化莲花葡萄小镇丰收节”，共同打造葡萄文化品牌，将宣化特有的葡萄文化印上独特的地域标签，通过葡萄文化带动休闲旅游、度假、康养、演艺、地产等产业发展，推动文化融合、产业发展和公共文化服务体系的建设。2019 年 7 月，宣化区委宣传部和文化旅游局举办了“中国·宣化文化旅游发展大会”，主题为“京西第一府·美丽新宣化”，持续时间长达三个多月，大会期间举办许多文化活动，“宣化牛奶葡萄”logo 设计征集大赛、莲花葡萄小镇摄影展、“扶贫济困”认养葡萄三大活动，在莲花葡萄小镇举办。此外，当地还积极举办“宣化葡萄采摘节”等节庆活动。丰富多样的开剪仪式、葡萄大王评比、葡萄品鉴等活动，让人们尽情领略到世界重要农业文化遗产的风采。

按照在发掘中保护、在利用中传承、在创新中发展的思路，2018 年，宣化区委区政府启动了“宣化莲花葡萄小镇”建设项目，让宣化城市传统葡萄园这一全球农业文化遗产呈活态发展。该项目位于宣化城市传统葡萄园核心保护区的观后村，占地总面积约 800 亩，结合马宅大院、朝元观等历史文化建筑，复建朝元观，改造民居为六朝历史建筑群，开发综合性葡萄主题文化公园及房地产、商铺，采用传统农业设施与传统栽培技术，打造一个集葡萄传统种植、生产、科研、开发、示范、采摘、民俗体验和旅游休闲于一体的葡萄主题文化公园，展示古葡萄园、古葡萄藤风貌，彰显葡萄文化等；公园分为“采摘葡萄园”“观赏葡萄园”“水上葡萄园”“葡萄盆景园”“葡萄长廊”“葡萄博物馆”等；开发以接待中高端群体为目标，集国际农业遗产交流、文化旅游、观光采摘等为一体的

莲花葡萄小镇（搜狐新闻网）

综合性休闲度假中心。每年5—10月，可在古葡萄架下举办葡萄笔会、诗会、摄影展、葡萄音乐节、葡萄采摘节等活动。该项目计划投资20亿元，2018年已完成一期工程，投资5000万元，建设面积约200亩，包括水系建设、文化景观石、张骞广场、廊桥、二龙戏水、15个全球重要农业文化遗产展示、辽代文化广场、12米高的钢制“中国红”漏斗架造型、三层观景台等工程。

莲花葡萄小镇建设，使“宣化城市传统葡萄园”这一重要农业文化遗产得以有效传承保护、合理利用、转化创新，让“宣化城市传统葡萄园”这一重要农业文化遗产“活”了起来。宣化区高度重视传统葡萄文化的保护、开发和传承，把发展葡萄产业作为全面推进乡村振兴的务实之举，作为加快农旅融合，壮大全域旅游的鲜活载体，作为促进农民增收、脱贫致富的有效途径。宣化区政府大力发展以葡萄为代表的特色林果产业，积极打造集生态采摘、休闲观光、品牌保护于一体的田园综合体，进一步落实乡村振兴战略和生态文明建设，促进京津冀协同发展，推进一二三产业融合发展。宣化区葡萄产业将紧抓农业文化遗产保护发展的东风，将种植业、加工业、休闲观光业统筹考虑，统一规划，乘势而上，实现葡萄产业上档升级。

参考文献

[1] 孙业红、闵庆文主编:《河北宣化城市传统葡萄园》, 中国农业出版社2015年版。

[2] 刘海霞、刘庆友:《宣化葡萄的栽培历史与产业现状研究》,《农业考古》2016年第1期。

[3] 李大元、梁晓静:《宣化传统葡萄种植技术的特点和应用价值》, 第二十届全国葡萄学术研讨会, 2014年。

[4] 许晴、李亚男、许中旗:《宣化庭院漏斗架式葡萄栽培模式的生态系统服务功能研究》,《河北林果研究》2014年第3期。

[5] 郭维华:《西北旱区葡萄园水碳通量变化规律及碳通量模拟研究》, 西北农林科技大学硕士学位论文, 2010年。

（撰文：冯竹清）

福建福州茉莉花种植与茶文化系统

茉莉花原产于波斯湾，西汉时传入中国。自那时起，茉莉花在中国已有超过两千年的栽培历史。福州以农业著称，其气候适合多种植物生长繁殖。一千多年前的北宋，福州人首次发明了为茶叶窨香的方法；这一方法在明代继续发展，并于清代用机械化改良传统方法。茉莉花茶比其他花茶香气更为浓烈，其制作方法、工艺也更为复杂。茉莉花茶融合了茶叶与香花二者的保健功效，更有利于人体健康。在茉莉花与茶相结合的漫长历史发展过程中，福州形成了独特的花茶文化。

该系统具有重要的生态价值。由于茉莉花和茶树分别生长在不同的环境中，各具差异的微气候环境，使它们共同形成了垂直的生态景观。如果从山巅往河谷望去，则茶、树、楼、茉莉花、河流依次展现于视野中，美不胜收。

福州茉莉花种植与茶文化系统 2013 年入选第一批中国重要农业文化遗产名录，2014 年 4 月，福州茉莉花种植与茶文化系统被联合国粮农组织认定为全球重要农业文化遗产。

一、遗产历史传承

茉莉花茶的起源及在古代的发展 福州温和的气候条件、多丘陵的自然地貌以及富酸性红壤，为茶叶栽培提供了得天独厚的地理环境。闽江流经福州城镇地带，汇入大海。适宜的气候加上便捷的交通运输，使福州成为产茶量最大的城市；此外，它还逐渐发展成为中国三大茶叶市场之一。据记载，早在唐朝时，皇家两类贡茶——方山露芽和鼓山半岩茶即出自福州。

福州的自然环境和气候适宜茉莉花的栽植。由于茉莉花的多元药用功效和美好寓意，福州人大量栽植茉莉花。北宋时期，福州便已成为中国的茉莉花之都。

花草茶的生产最早可以追溯到宋代。北宋茶学家蔡襄在《茶录》中记载："茶有真香，而入贡者微以龙脑和膏，欲助其香。"北宋时，人们担心香料会破坏茶叶原本的香气，曾一度禁止在茶叶中添加香料，但这一加香的生产技术被保留了下来，并在南宋时为人们重拾。南宋文人施岳在其词《步月·茉莉》中写道："玉宇薰风，宝阶明月，翠丛万点晴雪。炼霜不就，散广寒霏屑。采珠蓓、绿萼露滋，嗔银艳、小莲冰洁。花痕在，纤指嫩痕，素英重结。　枝头香未绝。还是过中秋，丹桂时节。醉乡冷境，怕翻成消歇。玩芳味、春焙旋熏，贮秾韵、水沈频爇。堪怜处，输与夜凉睡蝶。"词中提到了茉莉花茶。

宋代茉莉花茶与现代茉莉花茶的制法不同，其时花茶加工共分六道程序：采茶，拣茶，蒸茶，研茶，造茶，焙茶。采茶一般是在初春气温不高时，于日出前的清晨采摘，以免太阳出来露水蒸发，茶芽不肥润。采茶时要用指甲掐断茶叶，而不是用手指捻断，这与现代采茶方法不同。采下的鲜叶根据要求进行选拣，剔除不符合要求的茶叶或茶梗等杂质，称为拣茶。将拣好的茶叶清洗，放在蒸炉上蒸，称为蒸茶。接着把茶叶放入研钵中，经过加水研磨、反复加工变成粉状，称之为"研膏"，每加一次水研磨直至水干，称为“一水”，次数越多，则茶末越细，品质越高，点茶时效果越好。在研茶过程中，加入事先准备好的茉莉花瓣或茉莉花粉，一同研磨，使制成的茶中带有茉莉花香，是为茉莉花茶。将研磨好的茶粉放入模具中，压制成特定的茶饼形状，或圆，或方，或龙凤，或吉祥文字及其他图案。最后是焙茶，用炭火使压制成形的茶饼干燥，以固定形制且易于长期存放。

花茶的生产工艺到了明代有所变化，当时人们发明了用不同种类的香花窨制茶叶的方法。明代徐𤊹《茗谭》中记述顾元庆《茶谱》中关于花茶的制法时，特别提到“闽人多以茉莉之属浸水瀹茶”。其中，记载了当时茉莉花茶的另一种饮用方法，即将干燥后的茉莉花加入茶水中，混合泡出茉莉花和茶叶的香气滋味。这一时期，花茶的制法是采集初绽的花朵与茶叶混合，花苞的数量视所制茶叶的数量而定。“三茶一花”（茶叶与花苞的重量比例是3:1）的观念在这一时期形成。茉莉花茶窨制技艺在随后的年代里逐渐成熟，但其产量仍维持在较低水平。

茉莉花的香气清新、馥郁而持久，人们取其提神醒脑、清热解毒的功效。清代时，茉莉花茶享有盛誉，成为国内市场乃至欧洲、美洲及东南亚市场中最受欢迎的花茶。清代《皇朝续文献通考》载：“增香有在烘焙时行之者，惟普通多在烘焙以后，多用花朵，以茉莉为最，亦有用珠兰、玫瑰、橙花等，此种以福州附近出产最多。”可见当时福州茉莉花茶已是远近闻名。19世纪50年代，有诗形容福州的茉莉花茶产业：“八闽高山茶芽嫩，闽江两岸茉莉香。”长乐、闽侯等地成为我国最早的茉莉生产基地，福州也成为当时中国最大的茉莉花产地和全国茉莉花茶的窨制中心和集散中心。采用机械化进行茶叶生产以来，茉莉花茶在今天的花茶市场中仍然占据主流地位，这也从侧面反映了茉莉花茶是历史选择的产物。

现当代福州茉莉花茶的起落沉浮 福州的茉莉花茶业在民国初期有所发展，然而“二战”的爆发让它遭受严重打击甚至一度中断，直到1950年才逐渐恢复。

20世纪50年代，福州茉莉花茶远销22个国家和地区，并成为我国接待外宾的茶品。这一时期，福州茶厂研制出专供国务院外事方面使用的特种茉莉花茶，茶坯选料严格，伏花窨提，制造工艺精细。成茶条索紧直匀整，有白毫，色泽油润，香气鲜灵浓郁，滋味醇厚。此外，还研制出明前绿茉莉花茶、雀舌毫茉莉花茶等，供民间消费。明前绿茉莉花茶是福州的中档茉莉花茶，成茶条索紧结，匀整平伏，色泽油润，香气鲜灵浓厚，汤色清澈，口味醇厚隽永，叶底嫩亮。雀舌毫茉莉花茶是福州的高档茉莉花茶，经三次窨花、一次提花而成，干茶条索紧细匀称，形似雀舌，锋毫显露，色泽蜜黄，香气鲜灵，滋味浓醇，汤色黄亮清澈。

1973年，闽毫茉莉花茶和大白毫茉莉花茶研制成功。闽毫茉莉花茶也称“闽毫”，是福州的特种茉莉花茶，该茶选用优质茶坯，用伏花精制而成，毫芽肥硕，紧直匀称，香气清鲜浓郁，滋味鲜醇爽口。大白毫茉莉花茶也称“大白毫”，也是福州的特种茉莉花茶，该茶选用高山芽叶肥壮多毫的大白茶等茶树首春毫芽制成茶坯，用茉莉伏花经七次窨花制作而成，毫芽重实匀称，色泽略带淡黄，满披茸毛，香气浓郁鲜灵，鲜浓醇厚，汤色微黄泛绿，冲泡四五次仍有余香。改革开放前，中国出口的茉莉花茶全部为福州出产，福州也因此被称为具有“中国春天的味道”之城。

20世纪80年代至90年代前期，茉莉花茶业达到顶峰，福州拥有相关企业逾1000家，国内超过60%的茉莉花茶产自于此，远销40余国。然而，到了20世纪90年代中后期，城市化、工业化对该行业造成了巨大冲击。茉莉花种植面积缩减，土地转而用于城市化建设。茉莉花茶的生产直线下降，并于2006年时跌入谷底。幸而在2007年时，福州市决定重振茉莉花茶业。2008年，福州茉莉花茶被国家商标局核准为国家地理标志证明商标。2010年，福州茉莉花茶产业联盟成为全国农产品加工示范基地。2011年，国际茶叶协会授予福州“世界茉莉花茶发源地”的称号。同时，茉莉花茶的传统茶叶窨制技艺被列入福建省非物质文化遗产名录。在2012年的国际茶叶大会上，茉莉花茶收获了重要声望。同年，茉莉花茶被评为“最具影响力中国农产品区域公共品牌”。2014年，福州茉莉花种植与茶文化系统入选全球重要农业文化遗产。

如今，各类连锁茶饮店在我国大小城市的街头巷尾随处可见，其中不乏热饮、调味或冷泡的茉莉花茶。

二、遗产价值与特点

全球重要性 物种独特。如今用于窨制茶叶的茉莉花，是从福州本地茉莉花群体种中选育而来的优良品种，而这些本地群体种正濒临灭绝。

茉莉花茶的起源地。茉莉花茶的生产工艺，要求那些用于窨茶的茉莉花苞应在上午10点之后采摘，并在当天傍晚6点半之前送达窨茶厂，这就要求茉莉花种植地不能距离茉莉花茶厂太远。据历史记载，福州早在西汉时便已有茉莉花种植。唐朝时，福州已成为我国重要的茶叶产地之一。这表明，茉莉花与茶叶在福州共存，已历经很长的历史时期。北宋时，福州人开始了世界上最早的茉莉花茶制作。1938 年，窨制工艺传到了苏州；1979 年，工艺传到广西。尽管茉莉花茶窨制工艺已传至广西和苏州，但其中最核心的环节和技术，仍然在福州保留了下来。

与世界上其他品种或类型茶叶的不同之处在于，茉莉花茶由新鲜的茉莉花苞和茶叶基底共同窨制而成。当茶叶吸收了茉莉花的香气之后，花朵应当被及时剔开，否则茶叶闻起来就会像是发霉了或有股臭味。茉莉花茶不同于其他的花草茶的地方在于，一般花草茶会直接将花朵作为冲泡物，而茉莉花茶只泡茶而不泡花；茉莉花茶不同于绿茶、乌龙茶或红茶的地方在于，它们都是纯茶叶，而茉莉花茶中还带有茉莉花的香气成分。

独特的茶叶窨制工艺。茶叶首先被精制成茶坯作为制作茉莉花茶的原料。窨制之前，茶叶中的含水量应当在 4% ~ 5%，它们会被自然摊晾至室温。在茶叶摊晾的同时，准备好茉莉花苞。茶叶和花苞的比例，决定了成品茶的种类和等级。窨制的流程包括：制备花苞、将茶叶与花苞混合、通风及冷却花苞、堆叠及复窨花苞、剔除花朵。花朵的温度、湿度以及组织形态在以下三个重要环节中都应得到精细控制：花朵绽放香气之时，茶叶吸收花香之时，焙火使香气驻留之时。在这三个环节里，有一些特别要留心的技术要点，即干燥、冷却、分布均匀和快速。每一轮窨制都需要花费至少三天时间，一般等级的福州茉莉花茶，需要至少窨制四轮。而最高等级的茉莉花茶，需要至少窨制九轮，制作周期超过一个月。

中西文化交流的见证。茉莉花原产于波斯湾，后传入中国并于西汉时在福州种植。茉莉花茶的生产始于北宋并于清代臻于繁盛，在近现代出口并迅速盛行于欧美和东南亚地区。1866 年 5 月 30 日，福州举办了著名的帆船比赛，从福州出发前往伦敦，最快的那艘船名为“塔平”，只用了99天便抵达伦敦。99天，16000英里，按正常的帆船行进速度，要花费270天的时间。这次比赛让欧洲人有幸品尝到最正宗的福州茉莉花茶。

随着城市化和工业化进程的推进，从20世纪末到21世纪初，福州茉莉花的种植面积逐年减少，从1992年的6000公顷以上跌落到2006年的不足1000公顷。

食物与生计安全，多元食物来源 茉莉花与茶文化系统是当地人生计的主要来源。首先，它涉及茶叶和茉莉花种植。每年的11月到次年4月，农民把一部分水稻秆子用来种蘑菇，另一部分沤成肥料，为茉莉花提供养分。从4月到9月，农民们为茉莉花修枝、养护，采摘花朵。新鲜的花朵用来窨制茶叶，枯萎了的花朵则用于喂牛。在这一生产链条中，当地人同时生产出蘑菇、茉莉花茶、牛奶、牛肉。此外，每年2月开始，农民们还采摘茶叶和生产其他的农作物。

医药和保健价值。茉莉花和绿茶都有医药价值。绿茶是未经发酵的茶，保留了鲜叶的天然物质，含有的茶多酚、儿茶素、叶绿素、咖啡因、氨基酸、维生素等营养成分。绿茶中的这些天然营养成分，对防衰老、防癌、抗癌、杀菌、消炎等具有特殊效果。茉莉花清甜、辛、凉，具有保护心脏、清热解毒、祛湿、静心等多种医疗功效，常用于治疗腹泻、腹痛、溃疡、眼睛红肿、发烧等疾

梯田茶园景观（陈大军 摄）

病。茉莉花茶既保留了茶叶的苦、甘、凉功效，又由于加工过程有"烘制"这一程序而成为温性茶，从而具有多种医药保健功效，可去除胃部不适感，融茶与花香保健作用于一身，可以"祛寒邪、助理郁"。

生计安全。福州是中国重要的茶叶产地，茉莉花茶是当地人主要的生计来源，也带来了部分地方财政收入。据调查，已有的每亩茉莉花田年创收人民币 1 万元；地方政府为了保护茉莉花茶产业，奖励新辟茉莉花田每亩 1500 元；政府还给茉莉花农提供有机肥。福州茶企业实行"公司 + 农户"模式，2009 年，福州有 12 家茶企业拥有自己的茶叶种植基地共 5835 公顷，年平均销售茶叶为 1.1 万吨，约合人民币 13.7 亿元。农民拥有的茶叶种植面积共 3232 公顷，年产值 5000 吨。

生物多样性与生态系统功能　在该系统中，生物多样性主要体现在茉莉花品种繁多、河蚌物种独特性以及其他的区域性物种上。茉莉花种类繁多，在中国就有 60 多种，根据花瓣的形态进行分类，其中大部分属于单瓣茉莉和双瓣茉莉。在茉莉花生态系统中，共有 29 科 51 种动物；在茶园生态系统中则有 53 科 111 属 147 种植物和 55 科 79 种动物。单蚌是其中的一种，科学家首先发现这个物种，是 1979 年在福州一片接近茉莉花田的湿地里；亚洲蚌也是该地区的独特物种。这两个物种与其他蚌种的不同之处是，它们只能在保护良好的湿地中存活，水资源污染是它们生存的头号威胁。调查显示，它们只存在于福州地区，这证明了茉莉花生长的闽江湿地生态环境优良。据 2020 年统计，福州的森林覆盖率是 58.06%。福州的地形也很特别，有十字交叉的河流、自然和人工的植被及湿地，这些都赋予了它物种多样性。据调查，有 83 种国家重点保护动物和 37 种国家重点保护植物、43 种福建省重点保护动物和300种福建省保护动物在这里生活。

生态系统功能。福州的茉莉花一般种植在河畔湿地或浅滩中，这为许多鸟类和其他动物提供了良好的栖息环境和丰富的食物来源。每年冬天，这里吸引着10目19科73种候鸟飞来栖息，其中15%是国家二级保护动物，有60%被列入中日联合保护候鸟及其栖息环境协定中。茶树一般是种植在海拔600米到1000米的坡地、山顶上，茶园中生活着不少益虫，它们共同构成了物种丰富的生态系统。在水土保持方面，茉莉花和茶树对水土保持起到了重要作用。首先，茉莉花生长在河畔或浅滩，能有效阻止雨水对河岸土壤的直接冲刷，减少水土流失；其次，它们往往生长在种蘑菇后的堆肥上，此时土壤疏松而肥沃，湿度适中；再次，茉莉花与龙眼、橄榄、柑橘、玉兰等混作，增加了单位面积作物产量和单位面积植被覆盖率，可大幅度降低地表水流失率，提高水向下渗透的能力，减缓水土流失。在大气调节方面，茉莉花和茶树的栽植可以影响当地小气候，使区域大气温湿度保持在稳定水平，更为舒适宜人。同时，茉莉花和茶树进行光合作用，吸收二氧化碳，释放氧气，对大气碳循环及制氧起到重要作用。这些植物还可以吸收烟尘粉末，净化空气。

茉莉花朵（腾讯大闽网）

盛开的茉莉花朵（陈大军 摄）

生态景观。福州是滨海城市，地处祖国东南部亚热带气候区，有“八山一水一分田”之说。地形地貌的多样性，为茉莉花、茶树等植物的生长提供了广阔的空间，形成了复杂而多变的生态景观，茶树、森林、村庄与城镇、茉莉花园、河流等，在不同地貌上垂直分布。

土地和水资源涵养功能。福州是一座多山的城市，福州茉莉花种植与茶文化系统为全球的水土资源综合利用及有效治理提供了典型案例。为了发展茉莉花茶产业，当地人根据山形地势，修建了层层累进的梯田。梯田使原本在山地丘陵里倾泻而下的水流流速变缓，在流淌的过程中对茶园进行灌溉，既涵养了水土，又能很好地发挥土地的生产力。闽江河畔的沙洲是种植茉莉花的理想之地，茉莉花生长需要有充足的水源，但是其根部又不能长期浸泡于水中，于是沙地正好合适。闽江的丰水期正是茉莉花生长的季节，河流为茉莉花提供一切所需的营养物质。到了将要开花的季节，正好闽江水位下降。有时福州会发洪水，茉莉花的根部深深扎入沙洲土壤中，可以防止水土流失。

知识体系和技术应用 知识体系。该系统的知识体系，主要包括三个方面的内容，即茉莉花生产知识、茶叶生产知识、茉莉花茶生产加工知识。

在茉莉花茶生产方面。第一，人们发现种植茉莉花最好的地方是河畔湿地。当地人从生产经验中学习到，河畔湿地可以满足茉莉花生长所需要的丰富水源和肥沃土地，茉莉花生长最旺盛的季节正好与闽江水位上涨的时节相吻合，土地含水量充足，营养丰富，为茉莉花的生长提供支持。第二，人们认识到用物理而非化学方法防治虫害。通过修剪枝叶，可以减少害虫对茉莉花的影响。不同的季节，花农们剪枝的方法有所不同。4 月之前，修枝是为了保持行距，使每一株植物尽可能享受阳光，同时防止害虫在整个花田中扩散；采摘季节里，修枝是为了让花朵的生长更为集中，减少枝叶重叠。第三，茉莉花苞采摘方面的知识。茉莉花一般在白天被采摘、在当天夜里绽放，因而采摘茉莉花苞，需要有一定的知识和经验，才能使茉莉花被应用到极致。通常而言，人们会在上午 10 点到下午 5 点之间采花苞。上午 10 点之前不宜采摘，因为那时候花朵上的露珠还未蒸发，高含水量会妨碍夜里花朵释放香气；而下午 5 点之后采的花苞，可能来不及运送到茶厂进行窨制。如果采摘的花苞在当天夜里没有绽放，或是当天夜里即将绽放的花苞没有被采下，都是浪费。数据显示，熟练的采花工，摘下的花苞在当夜未绽放的比例不到 5%，普通工人的比例是 15% ~ 30%；熟练采花工未采而当夜绽开的花苞，比例不足 10%，而普通工人的比例则是 20% ~ 30%。由此可见，采摘花苞也需要相应的知识和丰富的经验。第四，关于采摘时的用具和穿戴。花苞采下之后，必须保持通风，不能被闷着。又由于当地花农同时也是渔民，所以他们巧妙地借用了捕鱼用的竹篓或用线编织成的篮子来装采下的茉莉花苞。采摘时，为了防止中暑，他们还戴着竹编的帽子遮阳，同时用毛巾卷成一团塞在脖子后面，既可以遮阳还能吸汗；他们一般穿着长袖衣，或给手臂套上袖套，以防止晒伤；他们的腰上系着竹篓，用来装采下的花苞；他们往往光着脚，要么穿雨靴，因为茉莉花田里非常潮湿。

在茶叶生产方面。第一，海拔 200 米以上，自然环境较适宜茶叶种植。茶树适合生长在酸性红黄土壤中，要求土壤排水性好，适当的光照，年均温度在 18℃ ~ 25℃，空气湿度大。而海拔 200 米以上的山坡或斜地，一般可以满足以上条件。第二，修枝与间作，有利于防治虫害。修剪病枝以及在茶树中间种植果树，有利于茶

平原茉莉花种植（陈大军 摄）

园形成稳定的生态系统和昆虫群落，既维护茶园中的生物多样性，又有效防治病虫害。第三，茶树嫩枝可重复利用。人们利用修下的茶树嫩枝来种植灵芝，还用来堆肥为农田提供有机肥料，不仅保护了生物多样性，还能增加农民收入。第四，茶叶品质与采摘时间、采摘技艺相关。一般而言，春茶品质是最好的，因气温总体较低，昼夜温差大，早春时节虫害不明显。三四月份的茶，茶芽已采摘，还未轮到二三叶，人们认为这时的茶叶品质是最好的。如果茶芽大小相当，总体匀整度高，则售价亦随之上涨。春茶采过，农民们还会再次修枝，以待下一季茶青。

在茉莉花茶生产加工方面。关于茉莉花茶生产加工的知识，主要包含窨制工具和窨制程序两方面。茉莉花茶窨制过程中使用到的工具有干燥机、筛子、解块机、切茶机、茶叶风选机等。窨制时，先准备好茶坯、茉莉花，然后按照一定的比例将花苞与茶坯进行混合，等待其慢慢自然散热、香气渗透，再重新混合、重新窨出花香，再把花朵从茶叶中剔除出去（称“起花”），再重复以上的步骤，最后是拣剔和包装。

技术应用。茉莉花茶是以茶树鲜叶为原料，经杀青、揉捻、干燥等工艺制成绿毛茶，再经整形、筛分拼配成茶坯，与含苞欲放的茉莉花按一定比例均匀混合，使茶叶吸收花香，进行窨制而成。在这一过程中，运用了茶坯制作技术和花茶窨制技术。

茶坯制作，其实是将茶叶鲜叶制成精制绿茶的过程。制作茉莉花茶的茶坯，一般采用烘青绿茶。采摘一芽二叶、一芽三叶或幼嫩对夹叶，适当摊晾，然后迅速用高温破坏青叶内多酚氧化酶的活性，使其保持绿色，是为杀青。接着将绿茶揉捻成想要的形状，再进行干燥。在杀青、揉捻、干燥的毛茶制作过程中，同步伴随着茶叶水分的一步步降低，其干燥之后便是绿毛茶。对毛茶进行整形、筛分，根据审评结果和成品特征的需要，对不同批次的毛茶进行拼配，并判断茶叶含水量。如果含水量过高，则需要进行复火后再行冷却，茶坯制作才告完成。

当天采摘的茉莉花苞运送到茶厂之后，根据花的温度，进行反复的摊晾和收堆，此为“伺花”；在其保持在 35℃ ~ 37℃、绽放程度约为60%后，对花苞进行筛分，去除杂质。花开率达 90% 时，便可用于窨制。窨制的原料除了茶坯和茉莉花，有时还加入玉兰花，将原料按照比例均匀混合，置于适合的温湿度和通气条件下，并在窨制的过程中不断观察，根据花、茶堆的温湿度随时进行调整，此为“通花匀窨”。窨制完成后，茶已吸收花香，而花吐香后萎凋，故要将花与茶分开，留茶去花，此为“起花”。

经过窨制，此时的茶已不是纯粹的绿茶，而是茉莉花绿茶了，此后再将花茶复火干燥。接着，再根据成品花茶等级的需要，重

将茉莉花与茶叶均匀混合（农业农村部国际交流服务中心网“走进中国全球重要农业文化遗产影集”）

复上述窨制的过程，称为“转窨”或“提花”。

文化价值和社会组织 在中文里，“茉莉”与“莫离”谐音，故而中国人赋予茉莉花以“永远在一起”的花语。在中国的情人节——七夕的时候，福州的女性通常盛装打扮，搭乘小舟，将茉莉花丢入河中，或扔向河岸，祈愿与爱人永不分离。茉莉花还可用作装饰品和婚礼用花。汉代，茉莉花被制成饰品，这一习俗在两千年后的今天仍旧盛行。每年从端午节到重阳节期间，福州的大街小巷都在卖茉莉花串饰。宋代，茉莉花被视为爱人之间忠诚的象征，福州今日仍是这样。福州至今仍保留着一旦新娘子喝了夫家的茶，这就表示她已“入门”成为夫家的一分子的风俗，他们称之为“三茶六礼”。“三茶”指的是下茶（订婚时喝）、定茶（婚礼上喝）、和茶（洞房时喝）。在婚礼的次日早晨，新娘要为长辈奉茶行礼，称为拜茶，以表达赡养双亲、夫妻和睦之意。此外，茉莉花茶还与中医有关联。在福州方言里，“茶”与“药”的发音相近。以前，福州人认为茶可解毒。福州人还会在家里存茉莉花，一般放5~8年，用它们来治疗腹泻或清洗伤口。

茉莉花茶艺。长期以来，福州人发展演绎出了一套闻名遐迩且程式复杂的茉莉花茶艺，这套茶艺至少包含以下9个固定的步骤：香茗进荷（取茶）、尽展风姿（赏茶）、落英缤纷（投茶）、细水旋流（冲水）、温润心怀（泡茶）、香茗入海（分茶）、敬奉香茗（敬茶）、品香思味（品茶）、茶美人康（谢茶）。

茉莉花茶所承载的文化遗产，体现在它作为城市文化名片、佛教文化载体以及爱情的象征三个方面。茉莉花清净若冰、温纯如玉，福州人将其视为精神的寄托。林则徐在福州为父丁忧时，适逢福州贡院大修，院人请他构撰楹联一对，他题道：“攀桂天高，忆八百孤寒，到此莫忘修士苦；煎茶地胜，看五千文字，个中谁

茉莉花茶艺(农业农村部国际交流服务中心网“走进中国全球重要农业文化遗产影集”)

是谪仙才。”以茶的文化和精神，勉励考生，做一个如茶般品行高洁、安贫乐道、才华横溢之人。此联被林则徐的好友梁章钜评价“尤为杰作”。茉莉花在中国被认为是佛教用花的一种，在佛家主题的画作中，画家们将茉莉花嵌入作品中，人们用茉莉花串作为佛祖念珠的装饰，人们供奉茉莉花于佛祖尊前……人们相信，茉莉花的香气，是佛祖香气在人间的传递，“佛欲传真气，故而造茉莉；佛欲递真言，故而创菩提”。民间还流传着“茶禅一味”的说法，人们认为茶与佛教密不可分，品茶、悟禅，合二为一。福州盛产茉莉花茶，福州人也多信仰佛教。由于“茉莉”与“莫离”谐音，茉莉花被视为忠贞爱情的象征，也被用来表达一个人对于家乡故土的思念之情。对于“下南洋”的游子们来说，茉莉花茶是“故乡的茶”。茉莉花茶在当代的振兴，是他乡游子对家乡发展的美好向往，茉莉花茶是他乡游子的心灵寄托，同时也是海内外福州人同根共祖、享有共同的文化、商贸和信仰的见证。福州人爱茉莉花是出了名的，每年5月到10月，街上日夜川流不息的出租车将茉莉花香包悬挂在车头上，为乘客们送上一袭幽香。

支持福州茉莉花种植与茶文化系统保持良好运转的社会组织，主要有茶商与茶农之间的组织以及茶业非政府组织。福州茉莉花茶的生产模式，将茶农与茶商紧密联结在一起。企业与茶农、花农签订合约，企业承诺每年以当年市场的平均价格，从农民那儿收购一定数量的茶叶和茉莉花，茶农和花农们则有义务保障茶叶和茉莉花的品质稳定、良好。茉莉花茶业曾经一度作为福州的支柱产业，其在福州的良好运转，离不开当地一些非政府组织的协调和引领，如福建茶学协会、福建茶文化协会等。协会成员中有茶农、茶商和茶学研究者等，他们担负起提高茉莉花茶生产各环节的品质和效率，以及研究和推广茉莉花茶文化的责任。福州茉莉花茶产业联盟成立于2009年，旨在推动茉莉花茶业的发展和文化传播；基于该联盟，2011年海峡两岸茶业交流协会成立，这是首个获得政府支持的非营利性组织，旨在促进海峡两岸的茶业交流与发展。

三、遗产现状与发展

保护现状 进入21世纪，福州市开始注重打造“茉莉花”这一城市名片，出台了一系列扶持政策，如对新种植的茉莉花生产基地给予财政补贴、恢复和保护丘陵山地和部分平原地块用于茉莉花种植、保护茉莉花最适宜种植区等。在该系统入选中国重要农业文化遗产和全球重要农业文化遗产之后，福州市政府出台了《福州市茉莉花茶保护规定》。该规定明确提出，为了保证高品质茉莉花的种植面积，对茉莉花种植基地实行分级保护，分一级种植基地和二级种植基地，并严格规范了征收茉莉花种植基地的条件，加大了保护力度。

目前，福州市辖地区的茉莉花种植面积已达1.5万亩，辐射周边种植面积达1.8万亩，在闽江、乌龙江、马江、敖江、大樟溪沿岸形成了茉莉花园生态走廊，茉莉花种植面积、年产量和产值均呈逐年上升态势。

困境与挑战 福州茉莉花茶的发展，也面临一系列的困境与挑战。

一是茉莉花和茶业的从业人员老龄化。目前，福州茉莉花茶业的从业人员都有一定年纪。一个针对福州茉莉花业和茶业从业人员的调查显示，在样本范围内，有68%的人年龄在55岁以上，有20%的人年龄在45岁到54岁之间，有7%的人是35岁至44岁之间，只有5%的人在25岁到34岁之间。年龄越小的组别，其人数越少。其根本原因是该行业工作量大，报酬较低，对年轻人吸引力不足。从业人员的老龄化问题,威胁着该行业的可持续发展。

二是茉莉花生产面积的急剧缩减。随着城市化和工业化的推进，福州市城市建筑不断侵蚀着茉莉花种植地域的面积，导致茉莉花种植面积从20世纪90年代末的6000余公顷，逐年递减至21世纪初的不足1000公顷。茉莉花种植面积的紧缩，带来系统相关生物多样性的消失。

三是缺乏对茉莉花相关产品的深度开发与研究。作为芳香类植物，茉莉花在中国的应用目前仅限于窨制茶叶，还不涉及茉莉精油等深加工产品的开发。其原因在于，茉莉花只在夜间绽放，而且它们开花时对环境的要求较高，对周围气温也有一定要求。世界上只有极少数公司生产茉莉精油，开发茉莉花精油、茶精油，市场前景广阔。

四是产品质量及商标广告不规范，导致产品价格偏低。茉莉花茶曾因价格较低而占有巨大的市场份额，但该产业如今面临瓶颈，市场份额受限。其原因有几方面：首先是消费者越来越重视产品的质量和品牌，茉莉花茶给人的低端品印象与这一市场规律背道而驰；其次是传统的茉莉花茶生产工艺效率低、成本高；再次是行业缺乏监管，有些不良商家以次充好，使消费者对产品失去信心；最后是没有大规模、高效益的茉莉花茶博览会或茉莉花茶节。

五是产品广告与城市宣传之间未能协同发展。福州市的经济发展、城市建设和公共建设，未能与茉莉花茶的发展统一起来、协调推进，二者各自为政，导致资源利用效率低下。福州是茉莉花茶的原产地，也是中国唯一一座以茉莉花为市花的城市，它拥有悠久的茉莉花茶生产和饮用历史，城市发展的每一阶段都烙有茉莉花茶文化的痕迹，这在其他城市是未见的。

机遇与前景 当然，在应对以上挑战的同时，福州茉莉花茶也迎来了一些机遇，具有以下发展前景：

一是高端茉莉花茶市场需求的增长。茉莉花茶是所有花茶中最热销的一种，因其生产历史悠久、成本可控，且茉莉花拥有不可多得的迷人芳香，与绿茶的沁人滋味相结合，使茉莉花茶拥有非常广阔的市场前景。一些大型企业和国内外会议甚至将茉莉花茶作为礼品、福利或指定用茶，中高端茉莉花茶的市场需求在近年来稳定增长。

二是行业活跃，从业者工作热情高涨。福州拥有超过100家茶企业，其中国家龙头企业2家，中国著名商标2家，中国百强茶企业5家，高校科研机构2家，省级农业龙头企业4家。花农、茶农们积极投身该行业，这份工作为他们带来了经济收入、更多的知识和经验，拓展了他们的视野。共有2.6万户家庭因茉莉花茶业而使家庭年均收入增加。国家政策对相关产业的扶持，使从业老百姓从中受惠。

三是世界茶业经济一体化带来的机遇。近年来，随着国际贸易的稳步发展，世界茶业经济逐渐形成了一条清晰而完整的产业链。细分领域内，合作组织和商业协会纷纷成立。福州茉莉花茶的显著竞争力，使居住在东南亚、日本甚至欧美的福州人引以为豪。未来可以世界茶业经济一体化为方向，在这些海外的福州人聚居区成立茉莉花茶商会，促进福州茉莉花茶产业的发展。

四是入选全球重要农业文化遗产带来的社会价值和公众关注。入选全球重要农业文化遗产，为福州的茉莉花种植和茶文化系统带来的不仅仅是更大的知名度，更让人们认识到它的经济和生态价值。政府方面也因此对它给予更多重视，采取了相应的保护措施，加大了发展力度。这些都为茉莉花茶产业和遗产地本身带来了更多的发展机会。

参考文献

［1］闵庆文、张永勋主编:《福建福州茉莉花与茶文化系统》，中国农业出版社 2015 年版。

［2］叶乃兴、杨江帆主编:《福州茉莉花与茶文化系统研究》，中国农业出版社 2017 年版。

［3］刘馨秋著:《茉莉窨香》，北京美术摄影出版社 2018 年版。

［4］吴锡端:《茉莉花茶》，中国轻工业出版社 2006 年版。

［5］杨江帆、傅天龙、叶乃兴等编著:《福建茉莉花茶》，厦门大学出版社 2008 年版。

（撰文：林雅斯）

江苏兴化垛田传统农业系统

垛田是在当地生态环境剧烈变化下，为适应防治洪涝以及人口快速增长而创制的独特的土地利用方式，至今已有数百年的历史；江苏泰州兴化垛田传统农业系统，于2014年4月被联合国粮农组织认定为全球重要农业文化遗产；其申报工作由中国科学院地理科学与资源研究所自然与文化遗产研究中心具体负责，并获得农业部、江苏农业委员会、兴化农业局和南京农业大学等单位支持。该系统位于泰州市兴化市境内，整个系统30%被陆地覆盖，70%被水覆盖。目前，该地区约有6万多亩垛田，分布在垛田、缸顾、李中、周奋、西郊、林湖、沙沟等乡镇，核心区是垛田镇万亩垛田和缸顾乡千岛菜花风景区，区内物产丰饶，别具特色。

兴化垛田以其独特的低洼地水陆利用方式和优美的田园风光而成为世界级农业文化遗产。在过去的几千年里，为了抗洪，兴化的先民于湖荡沼泽之中堆土成垛，垛上种田，通过挖掘和堆放淤泥，形成可以种植的田地。这种独特的农业模式既有较大的农业产出，又能实现人与自然的和谐相处。垛田大者两三亩，小者几分、几厘，垛与垛之间四面环水各不相连，形同海上小岛。这种独特的农业生产模式，不仅能给当地居民的生计提供多样化和较全面的物质产品，培育了具有兴化地区特色的种植文化、建筑文化、饮食文化和民俗文化，还具有保持生物多样性、涵养水源、减少水土流失的重要作用。

一、历史发展

兴化垛田分布在江苏里下河地区，地处江苏省中部，江淮之间。兴化地势低洼平坦，地面高程在 1.40 米 ~ 3.20 米之间。其东部和南部地势高而西北部地势偏低，是里下河地区建湖、兴化、溱潼三大洼地中最低洼处，呈现出周边高中间低的碟型洼地形状。兴化垛田地处北亚热带湿润季风气候，大陆与海洋性气候的影响作用显著，使得兴化四季分明，且有充足的降雨量，年平均降水量 1040.4 毫米，年平均气温 15℃，最冷月平均 1.9℃，最热月平均 27.2℃，无霜期 210 天 ~ 220 天。

这种低洼的地势与优良的水热资源为垛田的形成与发展提供了先天的环境基础。兴化地区垛田的出现应该在元代以后，它是以当地地理环境的变迁为背景、以防治洪涝为目的、适应人口快速增长的一种因地制宜的独特土地利用方式。

早在良渚文化时期，兴化地区就已有人类活动的踪迹，1992 年考古发掘的南荡遗址，年代约为公元前 2600 年—前 2000 年的龙山文化时期末至夏初的新石器时代晚期。南荡遗址与垛田镇相距仅 3 公里，据此大概可推测出，垛田地区早在新石器时代就有了人类活动。南荡遗址与垛田的成陆过程也大致相同，都经历了海湾—潟湖—湖沼—水网平原这一系列的变化。2008 年，江苏省文物普查中发现了位于垛田镇湖西口村的耿家垛遗址。该遗址发现于原始垛田地表以下约一米，占地面积约 3 万平方米。经专家鉴定，耿家垛遗址为中国春秋至西汉早期（公元前 770 年—前 160 年）古文化遗址，距今约 2800—2200 年。这些遗址的发掘证明，今天的兴化地区早在战国至汉代已经是经济、政治、文化相对发达的地域。2011 年至 2015 年，南京博物院考古研究所又在蒋庄发现距今四五千年的良渚文化遗址，目前已清理出墓葬 284 座，出土 1200 余件玉器、石器、陶器等。

兴化位于古时射阳湖核心区南域。射阳湖是里下河地区最大的湖泊，为《水经注》中所记载的一大型湖泊。根据县志记载，里下河的水网密集，能有效调节洪水。然而，在金元时期，黄河水患频发，不断地将泥沙冲进里下河而造成淤泥日益堆积，里下河也因此逐步成为沼泽型湖泊。明清时期，受到黄淮合流的影响，苏北平原及附近沿海地区的泥沙逐渐堆积。地处淮河南侧的射阳湖的淤泥堆积更加迅速，逐渐由湖变为荡，再到平地。射阳湖区洪水潴积严重，则是因黄、淮、运河及洪泽诸湖的经常溃决导致。洪水退去后，其所携带的淤泥堆积在湖盆，促使射阳湖迅速淤垫。而由于黄河的泥沙多由西北倾泻而下，顶托射阳湖湖水不断泄流，湖面空间不断减少，形成一些分散的小型湖沼和陂塘。这些演变过程充分说明，兴化的自然环境从依水而居的滨水状态，转变为水陆结合的湖荡沼泽，这种沼泽湖荡的出现，为垛田的产生提供了客观基础。

由于水患频发，为了抵御洪涝灾害，先民在地势较高的地方挖土垒泥形成土垛，并在其上进行种植活动，形成垛田的雏形。而明清时期人口的急剧膨胀使得对土地的需求量增多，更进一步促进了垛田的开发，逐渐形成完整的垛田农业系统。

中华人民共和国建立前后，垛田的高度一般在两米到五米之间，可以有效防止洪灾泛滥。到了 20 世纪 60 年代后期，由于人口数量急剧增长，为了生存，垛田地区的居民决定采取“放岸”的方法扩大耕地面积，即将高垛挖低，挖下来的土将沟壑填平，这样相邻的两三个垛田连成一体，或者向四周的水域扩展。20世纪80年代，家庭联产承包责任制实行，土地承包到户，菜农拥有了对土地的自主权，为了扩大生产效益，增加耕地面积，菜农将垛田挖低以方便耕种，同时挖下来的土壤也是绝好的建筑施工材料。所以现在的垛田基本上都是一米左右的高度，今天我们看到的垛田也基本是经过菜农改造后“新生”的垛田。

历经近千年的发展，里下河地区的垛田农业生产系统已成为我国具有典型代表意义的农业生态系统。2014年兴化垛田农业系统入选全球重要农业文化遗产，再一次将古垛田带入全球视野。目前，以兴化香葱、兴化青虾、兴化大闸蟹等为代表的兴化地区农产品已远销美国、日本、韩国等30多个国家和地区。同时，古垛田、垛田文化等农业遗产的挖掘与保护工作也正在稳步推进中，垛田农业系统的重要价值正在受到广泛关注。

二、系统构成

垛田复合农业系统

兴化垛田由三分土、七分水构成，各种淡水鱼虾聚集于此，是沼泽洼地独具特色的土地利用方式和农渔结合的生态农业典范。先民因地制宜，在沼泽高处挖土堆垛，渐而形成垛田，使沼泽之地化为良田。这些垛田四面环水，或方或圆、或宽或窄、或高或低、或长或短，形态各异且大小不等。

垛田奇特的岛状耕地，田块通风好、光照足，而且四面环水，极易浇灌又难有水涝，是瓜菜生长的最佳环境；垛田是由湖荡沼泽泥土堆积而成，其土质是以沼泽土为主的“垛田土”，富含有机质及钙、铁、锰等多种微量元素，且垛田分布区域内气候温和，大气、水源无污染，附近无物理、化学、生物污染源，水对垛田形成有效隔离，生产的蔬菜无论是品质还是产量，都是大田种植不可比拟的，达到了无公害蔬菜生产的环境要求。优越的生长环境，种植出兴化香葱“2020 全国绿色农业十大最具影响力地标品牌”、兴化龙香芋“泰州市地理标志产品”等农产品。

兴化水资源十分丰富，人们除大力发展垛田种植业以外，还充分利用水面资源，发展养殖业。垛田镇水产养殖发展较早，先后建成镇属水产养殖场、湖西口村属水产养殖场等。1991 年之后，全镇又推广发展大青虾、螃蟹、甲鱼等特种水产养殖，充分利用水资源，形成了池塘精养和河沟放养相结合的水产养殖体系。

垛田地下水上升，对池杉、水杉等耐湿树木生长十分有利，在垛田上发展林业，优势明显。自 20 世纪 80 年代始，在兴化周奋乡崔垛四村开发滩地，种植池杉林，包括以林为主的垛田造林、林粮间作式埂田造林、以养殖为主的鱼池埂造林、林渔并举的复合型造林，已形成林经、林粮、林渔等林农结合复合模式，是一个集“田垛、水系、菜、鱼、林”为一体的小型农业生态圈。

垛田景色（全国农业展览馆网）

相应的知识系统与适应技术

垛田具有面积小、分布不集中以及周围临水的特点，这一独树一帜的地形特征孕育出垛田特有的农业耕种方法与农业用具。其浇灌方法，与普通大田耕作相比也别具一格，使用的是当地特有的工具戽水瓢来浇灌耕地。据记载，此法首先要在垛子的四周，每隔五六米开挖一套灌溉系统：顶部平面处是一道流水槽,称“灌槽”，“灌槽”口垂直向下，每隔1米多的高度，在坡面上挖一个小坑，叫作“戽塘”，戽塘的数量与垛体的高度成正比；在灌溉垛田时，用戽水瓢将河水舀到第一层的戽塘中，再由第一层把水舀到第二层的戽塘，最后到达顶部的灌槽。其特殊的地形地理特征，导致现代社会的农用工具和种植方式在垛田地区无法使用，但是垛田人创造性地使用了抽水机，将其安装在船上对垛田作物进行浇灌。

选种与播种等方式属于垛田种植中十分有地方特色的劳作方式。一般在收获时期进行选种，例如选芋头种通常采用的方法是“搁种”与“窖种”。“搁种”，顾名思义，是选取合适的芋头晾晒到七八成干，然后使用工具放置存储；“窖种”则是将芋头种储藏起来用于第二年的种植。在播种方式上，垛田人是沿垛体向河坎播种。垛田人重视移植，移植方式有“打岭子”“打塘儿”“平移”等方法，比如，番茄类爬藤植物适用打岭子的移植方法，不仅利于生长还能方便后期采摘。

垛田不仅种植方式独特，施肥方式也是独具一格。其主要方式有罱泥、扒苲以及搌水草。罱泥，是兴化垛田传统的集取肥料的方式，即使用特有的工具，在湖荡河沟的水中捞取河底淤泥用作肥料。扒苲中的“苲”，基本释义是古书上说的一种草，苲草

垛田捕鱼方法——撒网（全国农业展览馆网）

《现代汉语词典》解释为“金鱼藻等水生植物”。而在垛田，苲指的是一类农家肥，具体是河泥和水草的混合物。扒苲近似于挖掘，因此捞取的河泥更加肥沃，这也是兴化垛田土质好、肥力足、出产果蔬优质的重要原因之一。搌水草是垛田人夏天主要的农活之一。搌水草的工具由两根竹竿制成。找到水草茂密的水面，用工具将水草连根拔起，挑进船舱，将水草铺在蔬菜行间，可起到遮阴、保湿和肥田的作用。

此外，兴化先民根据渔产类型，相应制作了捕鱼工具。常见的有撒网、丝网、弓网等。除了制作渔具的手工工艺，垛田地区还有着传统的捕鱼技艺。其中，捉鱼、拦沟、罩鱼、撒网是当地主要的四种传统捕鱼方法。垛田传统的捕鱼方式，相较于其他地区“拉大网”的捕鱼方式，不会对水体环境造成破坏，也提高了鱼类的成活率，增加了经济效益。

三、价值特点

生态价值

兴化市是国家级生态示范区，拥有 100 多万亩的湿地资源，湿地保存了较完好的天然沼泽湿地生态系统，而这离不开独特的垛田农业生态系统。

兴化垛田独特的农业生态系统，运用林木、粮食、渔业相结合的方式有效利用多个空间，在一年四季选择相应合适的作物种植可保证最大化利用土地。树木树冠位于间作作物上方，根系分布于作物下方，在作物种类选择得当的前提下，可避免双方竞争，充分利用资源。另外，适当增加系统中的生物种类，可形成物质的多级循环利用，提高能量转化率和系统生产能力；既提高了垛田地区的经济收益，又没有影响树木正常生长。垛田地区常年雨水充沛，热量充足，气候温暖，无霜期较长，农作物的生长季较长，农作物复种指数高。

由林农渔生态系统组成的多层次的空间与多序列的时间体系，将整个体系的光合作用利用得恰到好处。根据相关数据测定，6 年生的池杉搭配油菜复合系统比油菜单作田光能利用率提高 1.5 倍 ~ 2.5 倍。

与单一的陆地耕地相比，这种独具特色的水陆结合的耕地形态还具有稳定区域气候、调节局部气候的作用。一方面，垛田的水体通过水分蒸发作用增加了垛田空气湿度，在一定条件下甚至还可诱发降雨；另一方面，水体中生长的绿色植物和藻类及泥炭沼泽，均具有不同程度的累积及贮存碳的作用。此外，研究表明，空气湿度的增加能够缩短空气中部分污染物在空气中的存留时间，促进空气中多种污染物的分解转化，加快空气中颗粒物的沉降速度等，从而起到净化空气的作用。这种复合结构能够调节气候，在垛田地区，气温比林外低 0.8℃ ~ 1℃，林内湿度高于普通林木区 3% ~ 5%。

除了调节气候，垛田还具有保持水土的功能。垛田的土壤土质疏松、养分含量高，熟化程度高，保肥与供肥能力强，土壤通透性好，属于高产土壤。垛田边沿一般种植芋头等作物，垛田坡面种植合适的作物，可以保持垛田水土平衡，防止垛田崩塌、侵蚀。

兴化垛田农业系统植被覆盖率为31.41%，生物丰富度指数为71.94%，都处于较高的水平，这也就决定了兴化垛田具有生态环境良好，拥有着丰富多样的生物及保护生物多样性能力强的特点。兴化垛田系统拥有超过36个传统水稻品种，还种植小麦、豆类、谷子、高粱、玉米等，还有多种蔬菜和水果：山药、芋头、生菜、韭菜、葱、甜瓜、葡萄等；此外还有丰富的野生动物资源，目前调查有鱼类56种，分属10目28科46属，盛产虾、蟹、贝类等。比较出名的有兴化大闸蟹、淡水大青虾等。据1996年普查，兴化境内有野生动物160多种，其中兽类有13种，境内自然分布的鸟类53科68属125种，两栖类有9种，爬行类15种，属于国家一级、二级重点保护动物的有东方白鹳、丹顶鹤、白天鹅等。

生计与经济价值

垛田农业系统给当地民众提供了必需的农产品，此外伴随新时代乡村旅游业的发展，垛田农业观光也发展成为重要的旅游项目。

肥沃的土壤，充足的光照，加上采取因地制宜的蔬菜栽培方式，使得垛田出产的果蔬，无论是品质还是产量，都是普通大田种植无法比拟的，因而垛田镇有“蔬菜之乡”的美誉，被列为江苏省优质蔬菜生产基地。此外，垛田地区“三分土地七分水”，独特的地理地貌使得当地各种淡水鱼虾聚集，且滋味鲜美，营养丰富，有“江北淡水产品博物馆”之美誉。

兴化有多个乡镇发展一村一品，主要包括有香葱、设施番茄、设施菱角、洋葱、葡萄、甜瓜、香菇等重点规模化高效种植品种。另外，兴化盛产淡水水产品、经济品种约50多种，有青虾、螃蟹等十多种特色水产品。兴化的农副产品资源丰富，年产粮食110万吨，棉花4万吨，油料3.7万吨，生猪45万头，家禽2000多万只，蛋品7万多吨。一禾蔬菜、垛田香葱、兴化青虾、兴化大闸蟹等无公害农产品驰名中外。

兴化香葱是兴化地区最具代表性的农产品。2002年全镇3.37万亩“兴化香葱”基地相继通过江苏省无公害蔬菜产地认定，2005年被认定为国家农业标准化示范区，4个香葱产品先后通过无公害农产品认证，2个香葱产品通过绿色食品认证。2006年“兴化香葱”成为国家地理标志保护产品。2011年，因香葱生产，垛田镇获农业部“一村一品”示范镇。垛田通风好，光照足，四面环水易浇易排，且土质疏松，含有多种微量元素的环境条件，非常适合香葱的生长。垛田香葱为四季分葱，一年四季分株繁殖，适宜生长季节为春秋两季。“垛田香葱”色泽鲜绿、质地柔嫩、香味浓郁、营养丰富，且有中药功效，其独特品质与风味使得它在脱水香葱中占有一席之地。垛田镇现已有香葱脱水蔬菜加工企业90多家，其中规模企业50多家，拥有自营出口蔬菜规模企业40多家。目前垛田镇已基本上形成了以“兴化香葱”为主的脱水蔬菜贸工农

蔬菜加工（全国农业展览馆网）

一体化、生产加工销售一条龙的产业结构，成为亚洲最大的脱水蔬菜基地。以“兴化香葱”为主导产品的脱水蔬菜产品远销美国、日本、韩国等国家以及香港、台湾等地区。

此外还有兴化油菜。兴化地区种植油菜二十多万亩，20 世纪 50 年代兴化垛田油菜籽单产曾创全国之冠，有“垛田油菜，全国挂帅”之誉，是垛田的主要越冬作物。龙香芋也是当地的特产之一，兴化市常年种植“龙香芋”10000 多亩，亩产量在 2500 公斤左右，每亩每季纯收入在 4000 元以上，种植效益较高。水面资源丰富的垛田系统，盛产各种淡水鱼虾，包括兴化大闸蟹、兴化青虾均已在国内外打开知名度，远销日本、美国等国家和香港、澳门等地区。

社会文化价值

垛田农业系统塑造了当地人的生活方式，不仅影响了他们的生活习惯，也影响了他们的行为。在兴化，垛田已融入社会的方方面面，孕育出了独特的种植、建筑、饮食和民俗文化，具有丰富的文化价值。

兴化地区的人们非常重视春节、清明节、端午节和中秋节等传统节日，他们以不同的方式庆祝节日，至今仍保持着传统的风俗。例如除夕，垛田人的年夜饭除了和兴化其他地区相同的菜肴，还有吃芋头的习惯，寓意“来年遇好人，遇事有贵人相助”。

在丰富的物产基础上，垛田地区发展出了丰富的饮食文化。兴化传统美食众多，风味独特。兴化饮食属于“淮扬菜系”，特色菜肴主要有“中庄醉蟹”“沙沟大鱼圆”“兴化熏烧”“戴南香肚”“松花皮蛋”等知名菜式。做菜十分讲究刀工，很多名菜形态精美，既是美食又是工艺品。在烹饪上非常注重火功，擅长炖、焖、煨、焐、蒸、烧、炒，重视调汤，原汁原味，清新自然，滋味淡而不薄，讲求食材的本来风味，这也与当下追求绿色、健康的饮食风尚相吻合，所以受到食客的普遍追捧。

垛田地区还是名人辈出的文化沃土。兴化地区的历史名人众多，有《水浒传》的作者施耐庵，明朝首辅李春芳，“扬州八怪”之一的郑板桥，著名文艺理论家刘熙载等。在明朝万历年间，兴化被誉为“缙绅之渊薮,人才之都会”。目前已开发出郑板桥故居、郑板桥纪念馆，板桥文化园、板桥园林、刘熙载故居、施耐庵陵园等众多文化旅游景点。20 世纪 80 年代以来，一大批优秀的小说家在此涌现，大多数作品都充分展现了兴化垛田的风俗人情。基于其丰厚的文化底蕴和多方的鼎力支持，兴化于 2012 年被中国小说学会正式认定为“中国小说之乡”。

兴化地区深厚的文化沃土，也培育出了艺术之花，在垛田地区主要的艺术形式有茅山号子、板桥道情、林湖秧歌、高跷龙、兴化烙画以及垛田农民画等。兴化茅山号子是兴化水乡劳动号子的一种，在苏中里下河地区甚至全国久负盛名。林湖秧歌是兴化当地一种民间歌唱形式，在兴化乃至里下河地区具有广泛的群众基础，它既有江南民歌的委婉，又有北方民歌的粗犷，带有很强的兼容性。高跷龙是垛田地区特有的一种舞蹈形式，它将惊

垛田庙会（全国农业展览馆网）

险的踩高跷与热烈的龙灯舞融为一体，目前仅在兴化市垛田镇高家荡村存在，还被评为泰州市非物质文化遗产项目。

2002年，苏北地区唯一的“江苏省民间艺术之乡”荣誉称号为垛田镇摘取。这些传统文化深刻地影响着兴化人，形成了独特的垛田文化精神。

旅游休闲价值

伴随旅游业的发展，垛田的旅游休闲价值开始被进一步开发出来。垛田具有世界上独一无二的美丽景色，千岛耸立，万河交错。不但如此,垛田大量种植的油菜花又为其增添了无限魅力，犹如“人间仙境”。垛田的气候四季分明，随着天气和季节的变化，美丽的景色也各有不同。春天的垛田田青水秀，春意盎然；夏天的垛田碧绿璀璨，惬意自然；秋天的垛田瓜果灿灿，硕果累累；冬天的垛田黑白分明,纯洁庄严。四季的垛田神韵各有千秋，美不胜收。

目前已规划出的兴化千垛景区以奇特的垛田地貌和油菜花海形成了“河有万湾多碧水，田无一垛不黄花”的景观特色。规划分为垛田游赏、田园体验、生态休闲、民俗文化活动和入口服务五个大的功能分区。千垛景区的定位可以概括为“春花秋菊，青青菜园；水街土巷，悠悠乡村”，打造兴化市首家“可以行

兴化旅游（农业农村部网）

走的花海”。通过设计，形成以南方水乡特色为主导的集千垛花海观光、垛田休闲体验、乡村游憩、文化展示等功能于一体的生态旅游景区，与平旺湖湖泊地貌共同构成了该区域的地形地貌特色。

城乡游客可体验各种捕鱼之乐，可垂钓，可用五花八门的渔具去捕捞，可徒手抓捕，可抓虾、捉螃蟹、钓黄鳝等。休闲农业对促进农民在农村地区就业、促进农民增收、促进社会主义新农村建设等都有重要作用。休闲农业巧妙地将农村的一、二、三产的发展融合到了一起，链接农业、农产品加工、服务业，休闲农业，是一种新型农业产业形态。

为此政府还连续举办了多届中国兴化千垛菜花旅游节，大力宣传兴化垛田景色，目前这里已经成为享誉全国的新兴旅游亮点。

四、现状及发展

目前，兴化境内共有垛田 4.8 万亩，其中垛田镇境内 2.4 万亩，是兴化垛田保存最好和最为集中的地区。1999 年，兴化市政府在垛田镇境内建设了兴化市农业科技示范园，园区内实现了路、桥、渠、水、电等达标配套建设，各项设施达到了发展现代化农业，特别是无公害蔬菜的技术要求，该园区已被列为省级优质蔬菜生产基地。此外，从 20 世纪 60 年代创办第一家蔬菜加工企业以来，全镇至今已形成了以蔬菜脱水加工为主要特色的产业模式，目前全镇已有 80 多家蔬菜加工企业，其中有一定规模的 68 家。以“垛田香葱”和“垛田芋头”等为主导产品的脱水蔬菜，打进了英国、日本、韩国等国家和香港等地区。脱水蔬菜产业是兴化市的特色产业，脱水蔬菜产业基地位于垛田镇、城东镇，核心基地面积 888.7 公顷，被江苏省农委授予省现代特色产业基地的称号，保护区范围内的垛田镇已经成为全国最大的蔬菜脱水加工基地和脱水蔬菜产品集散地。

但是，在近些年的发展过程中，兴化垛田仍面临一系列的威胁挑战。如农民为扩大耕地、方便耕作，大面积改造原始的垛田，由于挖低垛岸而形成的泥土向周围水面扩展，将几个垛岸相连成片，使得原有垛岸的高度降低而面积变大，减少了河沟的数量和水面；另外，当地居民为了能保证增加垛田出产数量，提高农业生产的收入，丢弃了垛田原有的种植及施肥方式，而选用现代化生产常用的化学肥料，一方面降低了垛田收获产物的品质，另一方面由于多使用化学肥料，导致垛田周边水系质量急剧下降，富营养化现象严重，垛田原有的农业生态系统正在逐步被破坏。同时大多数当地农民开始抛弃原有种植方式，转变为现代的劳作模式，这使得垛田农业系统塑造的独具特色的种植技艺、渔具渔法、饮食和民俗文化面临失传的问题。伴随城镇化的发展，农村的青壮年劳动力大部分外出务工，人口老龄化现象日益严重，很多老人没有能力去种地，这也使得高度依赖劳动力投入的垛田传统农业系统，在地形地貌维护、传统耕作技术延续与地方特色文化传承等方面也受到了威胁。

自 2014 年 4 月兴化垛田传统农业生态系统被联合国粮农组织列入全球重要农业文化遗产后，兴化政府日益重视该系统的保护与发展工作。2014 年，《垛田农业文化遗产保护与发展规划》的制订，是对垛田农业文化遗产的一种制度上的保护。这一规划中明确指出在垛田保护区内禁止建设工厂，提出修缮垛田被破坏的生态系统的方案，致力于恢复原有的状态。针对开发垛田农业文化旅游项目，政府也出台了一系列的规定，强调旅游景观的开发必须以保护垛田农业文化遗产为前提。这些规定出台与实施后，传统的垛田农业得以逐步恢复，兴化垛田地区的古建筑也逐步得到修缮，垛田景观的开发与垛田农业文化遗产的保护实现了协调发展。这一规划实施后，不但使当地农民的生活得到改善，而且使农民自愿进行垛田农业文化遗产的传承与保护，这足以说明以农业资源与传统文化为内生驱动力的农业旅游发展模式的科学性。

兴化政府同时还积极开展相关的专业技术指导。如充分利用广播、电视、报纸等传媒手段，广泛开展技术宣传，多种形式强化技术创新、指导和服务，深入田间地头进行面对面的技术指导，推广新品种，优化新模式，普及新技术，提供新途径，解决一批农户较为关注的稻田养殖实际问题，为农户提供全方位的指导服务。此外，还通过举办科技大讲堂，加强与上海海洋大学、南京农业大学、江苏省农业科学院、江苏省淡水水产研究所、江苏省渔业技术推广中心等院校所站协作，由上海海洋大学的一批水产专家常年蹲点，专家和当地技术人员一起制订生产技术要点，让农民按照技术进行生产，请专家到田头"出诊"，及时解决农民种养生产过程中出现的疑难问题。2014 年 12 月与上海海洋大学联合举办兴化科技大讲堂，特邀上海海洋大学教授讲师团来兴化讲学，从发展稻田种养、净水渔业等方面，立足兴化实际，手把手指导渔业科技人员和种养大户学习新技术。

2019 年还成立了院士工作站。工作站的成立旨在为兴化生态、经济、社会的发展，提供强有力的人才支撑和智力保障。近年来，中国科学院地理科学与资源研究所多次来兴化调研、指导，为兴化垛田传统农业系统申报中国重要农业文化遗产、全球重要农业文化遗产，以及遗产的保护与发展做出了重要贡献，从而使兴化垛田传统农业系统的品牌价值和影响力得到不断提升。中国科学院地理科学与资源研究所研究员闵庆文说："通过农业文化遗产的发掘和保护，带动兴化地区的农业和农村发展，尤其是在农业、生态、文化、旅游的融合发展方面，我们还有很多工作要做。"并进一步谈到工作站成立后，下一步将开展农业文化遗产资源普查及价值核算等工作，进一步推动农业文化遗产保护与发展，为国家乃至世界农业文化遗产保护提供中国方案、兴化方案。通过强化院士专家工作站及保护与发展研究中心的投入与建设，确保工作站与研究中心的有效运行，将其建成开展农业科技研发的平台，展示农业生态文化的窗口，同时，将垛田传统农业系统建设成为一、二、三产业融合发展的示范区和农业生态文化旅游的目的地。

兴化垛田传统农业系统是当地民众长期适应区域自然条件下，因地制宜发展出来的特有的一种抗灾减灾的独特生产方式和土地利用方式，实现了真正意义上的天地人和谐共处。同时，也给解决日益增长的人口与有限土地资源之间矛盾的问题提供了很好的范例。我们需要进一步展开垛田农业文化遗产的保护工作，在带动当地经济发展的同时，实现人与自然的和谐相处。

参考文献

[1] 刘轩、孙新旺、王浩：《体验视角下季节性乡村旅游景区

生产性景观营造——以兴化千垛景区为例》，《南京林业大学学报（人文社会科学版）》2017年第2期。

[2] 卢勇、王思明：《兴化垛田的历史渊源与保护传承》，《中国农业大学学报（社会科学版）》2013年第4期。

[3] 卢勇、高亮月：《挖掘与传承：全球重要农业文化遗产兴化垛田的文化内涵探析》，《西北农林科技大学学报（社会科学版）》2015年第6期。

[4] 卢勇：《江苏兴化地区垛田的起源及其价值初探》，《南京农业大学学报（社会科学版）》2011年第2期。

[5] 闵庆文、孙雪萍、张慧媛主编：《江苏兴化垛田传统农业系统》，中国农业出版社2015年版。

（撰文：周志强）

陕西佳县古枣园系统

陕西佳县古枣园系统于2014年4月被联合国粮农组织认定为全球重要农业文化遗产。佳县古枣园系统由古枣树和丰富的枣文化构成。该系统位于陕西省榆林市佳县境内的朱家坬镇泥河沟村，核心区有2.4公顷。目前核心区有世界上保存最完好、面积最大的千年枣树群，现存各龄古枣树1100余株，是中国枣起源、驯化和规模化栽培的有力证明。

佳县古枣园系统位于干旱半干旱的黄土高原地区，在一般作物难以生长的土地上，农民通过种植枣树获得生存资料，枣是当地民众的粮食和生计保障。目前全县有挂果枣树60余万亩，红枣种植收入是佳县农民种植业最主要的收入之一。佳县古枣园系统还是一个典型的农林复合生态系统，这些枣树可以与葡萄、梨、苹果、杏和蔬菜等间作，对保持黄土高原的生物多样性具有重要意义。此外，枣树发达的根系使其具有良好的水土保持、蓄水、防沙等生态功能，有利于当地农业和生态环境的可持续发展。在佳县地区，枣树一直是人们眼中的救命树种，佳县人民与枣树有着特殊的情感联系。佳县流传着许多与枣有关的农谚，丰富的谚语反映了枣树与作物的套种、果园管理、枣树栽培、红枣加工等农业景象。

一、历史发展

枣也叫中国枣，起源于酸枣，是我国古代劳动人民在长期的生产生活中从酸枣中选择果实较好、性状良好者培育而成的。在中国古代有所谓的“五果”，枣即是其中之一，又称木蜜。枣最早从黄河中游的陕、晋河谷一带兴起，其后在相邻的冀、鲁、豫等地逐渐发展起来。古人常将“桑枣”与“枣栗”并称。枣是中国华北和西北栽培历史悠久的一种木本粮食作物，一般都长成落叶乔木。在北魏贾思勰所著的《齐民要术》中，已对枣树的栽培、繁殖等有较完善的技术总结，至今仍在广泛应用。

陕西佳县是中国枣树栽培的重要发源地之一。佳县有着悠久的历史，自汉惠帝始置县至今已有2000多年历史。金大定二十二年（1182）正式设州，在金元明清时期称葭州，民国改为葭县，1958年并入米脂县，1961年复设葭县，1964年9月改称为佳县。其位于陕西省东北部黄河中游西岸，榆林市东南部，毛乌素沙漠的南缘，历来为边塞要地。县内山丘连绵，主体山脉有两条：一条由西北自榆林入境，沿佳芦河岸向东南延伸120公里于县城落脉；另一条始于榆阳区、米脂县，分布于本县西北、西南境内。两条山脉中，沟、涧、坡、梁、峁纵横交错，地形复杂。海拔高度介于675米～1339.5米之间，相对高差为664.5米，由于水土严重流失，毛乌素沙漠缓慢南侵，逐渐形成东南黄河沿岸土石山区、西南丘陵沟壑区、北部风沙区三个有明显差异的地貌分区。佳县深处内陆，属暖温带大陆性半干旱季风气候，冬季漫长寒冷，夏季短促温差较大，日照时间长，光热资源较丰富。干旱是佳县最严重的自然灾害，多发生在春夏。多年年平均降水量386毫米～404毫米，气候较干旱。降水年际变化大，相对变化率达 80%，年内分配不均，多年平均降水量只能满足农作物需水量的 1/2。降水集中在 7、8、9 月三个月，水分利用率极低。

这样的水热与土壤条件对小麦、高粱等粮食作物的种植，有很大的不利因素。但枣树耐干旱、栽培范围广且适应性强，耐瘠薄、耐盐碱，不苛选土地的特性十分突出，适应干燥少雨、多阳光、夏秋高温等自然环境。枣树在很早就已成为包括佳县在内的干旱半干旱地区民众种植的优选树种和重要的经济来源之一，尤其是在灾荒的年景下，更成为民众的主要食物来源。2005 年底，全县枣树栽植面积达到 48 万亩，年产枣子 5.5 万吨，产值 1.2 亿元，是佳县经济的支柱产业之一。

佳县所处的晋陕地区，枣树种植历史悠久。《诗经·豳风·七月》载"八月剥枣，十月获稻"，豳地即今陕西彬县，说明当时陕晋之地即有枣树的栽培与种植。在北魏时期已进入枣树栽培的盛期。《魏书·食货志》载"诸初受田者，男夫一人给田二十亩，课莳余，种桑五十树，枣五株……限三年种毕，不毕，夺其不毕之地。"在佳县泥河沟村发现的一批最大的古枣树林中，有一株枣树高 8.3 米，冠径 13.4 米，经专家考证已有 1400 多年的历史。

据传说，明朝万历年间，葭州瘟疫流行。白云山道教李玉风真人为了救百姓生命，到处寻找良方，采果配药。他顺黄河而上，走约 40 里路程来到泥河沟，看到一片枣林，李真人喜出望外，带着"仙枣"——红玛瑙一样的大红油枣赶回白云观，将仙枣置于大瓦罐中配药煎熬，患者蜂拥而至，饮此汤一口，当日病即痊愈。没过数日，葭州瘟疫就全然灭绝。葭州仙枣配药降伏瘟疫之事，禀报延安府，又上奏皇帝。皇帝随即褒奖了葭州，并下令北京同仁堂，每年从葭州泥河沟调集一些优质红枣，作为皇室之药品与营养滋补品使用。因此，《同仁堂志》中留下"葭

泥河沟村（佳县人民政府网）

州大红枣，入药医百病”的记载。自此葭州当地政府官员，就开始下令黄河沿岸各村寨，大力栽植枣树。葭州枣树种植不仅得到迅速发展，而且红枣名扬天下。据县志记载，“黄河一带土壤肥沃，最适枣梨，居民种植，因以为利”，枣一直以来都是佳县地区的重要栽培作物之一。

历经千年的发展，陕北已经成为中国历史最悠久的枣树种植区，佳县红枣也已经成为独特的中国文化名片。2014 年陕西佳县古枣园入选全球重要农业文化遗产，再一次将佳县红枣带入全球视野。目前，以佳县红枣为代表的枣产品市场逐年拓展，枣类产品已出口至多个国家及地区。同时，古枣树与枣园保护、枣文化挖掘与保护工作都在稳步推进中，佳县古枣园的重要价值受到广泛关注。

二、系统构成

古枣树与枣园

佳县朱家坬镇泥河沟村千年古枣园是历史最为悠久的古枣园

佳县千年枣树王（全国农业展览馆网）

之一，现有面积36亩，尚存有1100余株古枣树。枣树年代久远，保留着较为原始的生长状态。枣园里干周超过3米的枣树就有3棵，有100多株千年以上的枣树，其中最大的一棵干周达3.45米，体高13米。专家测定，它的树龄已经超过1400年。如此规模的古枣树群落，实属罕见。在泥河沟村附近的几个村落间，还散落着几处古枣树群落，这种相邻的枣树群落构成佳县枣园生态系统。

佳县所处陕北黄河峡谷一带是我国红枣最早的起源地和栽培地之一，是我国红枣的优生区，几千年来一直是我国重要的红枣产区。佳县黄河及其支流沿岸（10公里）属土石山区，受黄河之利，光热资源丰富，昼夜温差大，温度高，湿度大，土壤适宜，环境特异，非常适宜红枣生产。佳县古枣园的枣属植物有两种，枣和酸枣，包括3个酸枣品种群共16个地方品种以及13个枣品种群共35个地方品种，表现了完整的从野生型酸枣、半栽培型酸枣、栽培型酸枣到栽培枣的驯化过程，充分证明了中国是枣树的原产地。连片的古枣林不但记录着中国红枣的起源与发展，同时记录了中国农耕文明的发展，有中国的枣树“活化石”之称。朱家坬镇泥河沟村古枣树群是现今世界上栽培历史最长、面积最大和品质最好的原始枣林，泥河沟村被誉为“天下红枣第一村”。

最近的调查研究发现，佳县古枣园的枣树出现了退化的现象。据调查，佳县古枣园中，树体保护较完好的有43株，树体裂空、腐死的共有 106 株，同时佳县古枣园中枣树群生长衰退严重，枣头生长势弱，古枣群落的枣树生长量也有下降的态势。

相关的知识体系和技术

在上千年的发展历程中，佳县枣农针对古枣园生态系统还总结了一整套关于枣树栽培、防治病虫害、生产加工等的知识与技术。

作为一个典型的农林复合系统，泥河沟村古枣园在长期的发展过程中形成了一种枣粮间作的种植模式。枣粮间作是佳县人因地制宜创造的一种立体农作模式，把农作物与枣树按照一定的排列方式种植于同一土地管理单元，在树下种植蔬菜以及放养家禽，很少在菜地里使用化肥，农家肥是枣树和蔬菜主要的肥料来源，平日里更不会使用农药，完全是自然状态。泥河沟人千百年来遵循着这种传统，保证了果蔬的品质，病虫害也较轻，从而形成了共生互助的枣粮复合生态系统。此外，枣树还可以与葡萄、梨、苹果、杏等果树间作，有效增加了景观与生物的多样性。枣树、农作物之间形成良性循环，保证了枣粮间作复合系统的延续。

在枣树的病虫害防治上，佳县枣农也形成了自己的一套技术体系。历史上该地区的枣树虫害一直较为严重，枣尺蠖、枣镰翅小卷蛾、桃小食心虫等一直危害着枣树的正常挂果。境内村民形成了“一刨、二刮、三设、四繁、五诱、六剪、七喷”的综合防治办法。在诱杀害虫方面，选择合适的农药和时间防虫，而不是等虫子出现了再去治。防虫大抵在枣树发芽前、发芽时、发芽后各进行一次；在为期 40 天的“花期”里，7 天一防虫，每降一次雨马上防虫一次。

佳县人民在红枣的加工和贮藏上也形成了一整套的相关技术。干制加工是红枣最主要的粗加工方式，干制红枣风味甜润，营养丰富，维生素 C 和糖分的含量都很高。传统工艺产品采用的加工方式为自然晒干。红枣成熟收获后，选择皮薄、肉质肥厚致密、核小的品种，在空旷的大场地将鲜枣摊开，利用自然日光晾晒到半干后，装入篓、筐、筛里待售。这种自然干制的红枣存放时间长，吃起来柔软香甜。枣在收获后还可以制成枣油，此法早在《齐民要术》中就有相关记载，“枣油，捣枣实，和，以涂缯上，燥而形似油也”，即将枣捣烂和匀，涂在丝织品上，与现在的枣糕相似。此外还有枣米、醉枣等加工方式，形式多样。

在枣树的繁殖上，佳县枣农早已发展出嫁接繁殖技术。“选好味者，留栽之”，即通过选取较好的品种，采用嫁接等方式保持品种的优良。此外，还采用嫁接技术来提高产量。枣树被用作砧木来嫁接其他物种，如梨或石榴。当地农民对枣树的管理十分重视，会采用摘穗技术，以增加坐果率。具体措施如下：采用拉枝、疏枝和抹芽技术，解决枣树过多的直立枝带来的损害，避免营养成分流失的同时也更有利于打枣。在肥料使用上，使用取得有机认证的有机肥，以保证红枣品质。春季施专用肥和尿素，秋季施有机肥，在红枣还未挂果时即施上农家肥。

枣文化

佳县有着 3000 多年的枣树栽培历史。千百年来，耐旱的枣树被人们视为“保命树”“铁杆庄稼”。久远而又浓郁的红枣文化渗透在佳县人的日常生活之中，衍生出与红枣相关的风俗习惯、行为方式、饮食文化、历史记忆等。

丰富的枣资源使佳县人与枣结下了不解之缘。人们吃枣、用枣、种枣、了解枣、研究枣，已形成了深厚的枣文化。佳县红枣有圆枣、长枣等品种，枣肉厚、味甜、核小，既是美味的果品，又是上好的滋补品、药品。当地群众对枣的食用发挥到了极致，发展了种类繁多的枣食品。枣糕、枣馅黄馍、枣角子、枣饼子、枣焖饭、枣炒面、枣稀饭等，都是民众日常食物的重要组成部分。

佳县人同时还演化产生了丰富的枣习俗。祝福、祝寿、贺年、贺喜的食品中一般都有枣。八月十五中秋祭月时，祭品除月饼、西瓜、苹果外，必须有红枣。腊月二十三，送灶神之日还要蒸枣山。这种枣山要到正月二十三过后，才可以食用。除夕吃团圆饭时，都要吃一个枣面兔，寓意新的一年全家无病无灾。人们在农历正月初一和十五拜枣神。每年腊月初八（腊八节），用红枣和小米一起煮粥，在日出之前，给每一棵枣树涂上一点粥，供奉枣神，以表达对枣神的敬意；腊月二十三日，用枣和白面做成一种叫枣山的食物，用作送枣神；正月十五元宵节家家户户举行祭拜枣神的活动。人们赋予红枣喜庆、好运等象征性意义。

此外当地修建石窑，在合龙口时，匠师要撒五谷，其中就包括红枣；青年男女定亲，送彩礼时必带红枣大馍。春节时，群众有出行的习俗，出行就是按某一方位到山上祭拜山神土地，回来时人们要折一条枣枝，以示祈盼早日发财。

枣源碑（全国农业展览馆网）

三、价值与特点

生态价值

佳县古枣园系统作为一个农林复合系统，不仅为当地居民提供了丰富的枣产品，而且在黄土高原地区的水土保持和水源涵养等方面，也能起到积极作用。

佳县古枣园位于黄河中游水土流失最为严重的地区之一。据相关研究，境内佳芦河及其数条支流斜穿而过注入黄河，其侵蚀模数 3000t/km^2 以上，相当于每年剥蚀表土 25 毫米，总侵蚀量达 4684.7 万吨，实属世界罕见。严重的水土流失是人民生活、生态环境和经济发展中最突出的问题。而古枣园的枣树种植有效减少了水土流失的危害，枣树相当数量的匍匐根和侧根，具有很强的固土持水能力。

古枣园还可以改善区域农田小气候。在干旱贫瘠、作物无法生长的土地上，农民可以种植枣树以抗旱，改善区域的小环境。在春秋少雨干旱、夏季多雨的华北地区，枣粮间作与一般农田比较，5 月－9 月是枣树的主要载叶期，平均气温低 0.2℃，空气相对湿度平均高约 3%，田间蒸发量低 3%～12%；在夏季高湿季节，日最高气温可降低 2℃～5.8℃，空气相对湿度提高 0.5%，具有显著的增加空气湿度、减少温差等功能。此外，枣树具有较强的节水性能，在黄河沿岸的坡地上，其生物多样性保护、水土保持、水源涵养和防风固沙等方面的生态功能显得尤为重要。枣树高大，树冠大而密，树枝密集，有助于防止沙尘暴。枣林具有降温增湿，降低田间蒸发量，改进农田小气候的作用。枣树还具有良好的防风效果，其滞尘作用、吸收二氧化硫等净化空气的功能和固碳释氧功能，对自然植被稀疏的黄土高原区显得更为重要。

佳县古枣园系统生物多样性包括枣树品种多样性、种质资源多样性和相关物种多样性。佳县古枣园系统包括3个酸枣品种群，16个地方品种和13个枣品种群，共35个地方品种。在植被稀疏的黄土高原区、黄河沿岸地带的坡地上，枣树耐干旱、耐贫瘠的生理特性使其能够茁壮成长，为其他物种提供生存条件，维持了生物多样性。

生计与经济价值

枣在佳县地区中的生计与经济作用十分重要。由于干旱，20世纪五六十年代佳县地区的粮食，经常出现歉收甚至绝收的情况。而枣树却是耐旱作物，年年挂果，岁岁丰产，被称为铁杆庄稼、木本粮食。历史上，枣一直是百姓的救命粮，在粮食减产的年份挽救了众多枣区民众的生命，成为枣区重要的木本粮食，至今在民众的饮食结构中占有重要地位。通常情况下，佳县人把红枣去核搅碎，掺拌在炒熟的谷子、糜子等粮食中，一同加工磨碎食用，当地群众把这种食物叫枣炒面。人们上山劳动、野外拦羊放牧、小孩上学以及打工外出，都带着枣炒面以便食用。

红枣生产基地（全国农业展览馆网）

佳县红枣于2003年获得农业部绿色食品认证，2005年获得有机食品认证，2006年获得日本农林水产

省 JAS 认证，2007 年申请注册“佳县油枣”地理标志产品证明商标，2013 年“佳县油枣”被评为“中国著名地理商标”。目前全县红枣种植面积已突破 4 万公顷，覆盖 20 个乡镇。枣农人均收入 5000 元,家庭平均收入 2 万元以上,部分家庭收入超过 10 万元。红枣产业已成为佳县的一项主导产业。现在，有机红枣基地已达到 0.46 公顷，生产的有机红枣已经走在全国前列。

同时规模化的古枣园还蕴含着极具发展潜力的旅游价值。观光枣园是一种新型的产业发展模式，其特点是特色枣树、枣文化、枣园景观、枣品展示等，将这些和旅游者的广泛参与合为一体，吸引游客前来观赏、体验。许多枣产区已陆续开发了枣观光示范园、古枣园等项目，游客可以在枣生长的自然环境中赏枣、摘枣，学习枣生产和加工等方面的知识。

枣园休闲旅游是针对生活有较高追求和独特品位的人群开发的，它的发展不仅可以推动二、三产业的发展，丰富当地旅游景点类型，扩大旅游市场，而且还可与当地和周边其他旅游景点相互联系、共同发展。着力挖掘古枣园为载体的枣文化，形成观光园、采摘园等内容丰富多彩的旅游模式，这不仅是古枣园旅游价值的体现，也进一步增加了古枣园的经济产出。古枣园历史久远，内涵深厚，不仅可以继续发挥生产的作用，还可供人们参观游览，具有较强的休闲旅游价值。

陕西省政府也逐步意识到枣园的巨大商业潜力和经济价值，佳县县委、县政府提出了“东枣西移，建标准化枣园”的发展战略，以及建设“中国有机红枣名县、陕西省红枣大县、百万亩红枣基地”的目标，并制定了一系列的枣树种植优惠政策，推动枣树种植面积不断增加，改善了农村面貌和旅游目的地生态景观。佳县政府于 2011 － 2013 年首期投资 400 万元，建设泥河沟千年古枣园观光旅游项目，修建环园步行路、观光亭、枣园护柱、停车场、接待中心等，着力打造红枣旅游景区。

目前，佳县县委、县政府将旅游业列为全县经济的三大支柱产业之一，把千年古枣园纳入到重点建设范围，为全县发展旅游业创造了良好的政策环境，让游客们大饱眼福和口福的同时，也让佳县独特的枣文化逐渐走出佳县，声名远播，对传承和传播千年枣文化影响深远。

多元文化价值

古枣树与枣园生态系统是泥河沟村民在适应自然环境的过程中，创造出的人与枣林和谐共生的文化系统，是生物多样性和文化多样性保护的天然基地。上千年的发展进程中，红枣已内化为当地民众的一种精神，只要有土就能生长开花结果的不屈不挠的精神，象征着陕北人民坚毅、吃苦耐劳的品质。在贫瘠干旱的地区，枣树为当地居民提供了“救生粮”，为他们带来希望。同时，枣树在黄土高原植被稀疏的地区，对防治沙尘暴和水土保持具有重要意义，具有突出的生态功能和文化意义。

佳县古枣园文化节（佳县人民政府网）

红枣和酸枣对当地人的饮食有很大贡献。枣有多种用途，如制作糕点、果汁、蜜枣、粽子等。此外，古枣园系统还包括树下作物，如土豆、大豆、山药和蔬菜等的种植。每年正月，人们都要敬拜

"枣神"，祈求红枣丰收。逢年过节，人们都要制作枣糕、枣馍、枣饭等传统食品，以示庆贺；长辈们给孩子吃红枣、戴枣串，希望他们早日长大成人，日子甜甜蜜蜜；久远而又浓郁的红枣文化，渗透在佳县人的日常生活的方方面面。

四、现状与发展

随着时间的推移，佳县古枣园正遭受着岁月的侵袭和人为的破坏，传统的红枣文化、民俗也面临着失传的危险。

枣树品种老化问题突出。陕西佳县的大部分枣树是在改革开放前所栽种的，大部分是老枣树，难逃挂果率低、品质差、商品率低、经济效益欠佳的问题，亟须进行更新改造。且佳县的地方品种尽管多达35个，但也只有油枣、脆枣等属优良品种，虽然每年新栽面积不断增加，但具有更新换代价值、市场竞争力强的新品种的推广面积还不足其总面积的百分之一。有些品种逐渐退化，出现了杂交现象，果实大小不一，品质较低；还有些枣树花小、结实率低；枣树品种老化问题尤为突出，对红枣的产量和品质产生了极大影响，致使产品市场价格不稳定，限制了经济效益的充分发挥。

遗产地基础设施相对较差，如道路交通、烘烤设备、采摘技术等远远不能满足生产需要，枣农遇到突发性灾害天气就束手无策。全县烘房的年烘烤能力远不能满足生产需要。对于鲜食或兼用品种来说，没有冷库贮藏，市场供应周期短，特别是交通不便的地区，鲜食枣卖不出去，出售价格低廉。另一方面，受消费者对有机农产品的认识有失偏颇和传统消费观念的束缚等诸多不利因素的影响，以佳县千年古枣园为依托发展的有机红枣产业的销售前景，仍面临着许多不确定性。

管理粗放，标准化生产程度低。佳县老枣区依然采用传统的红枣栽培模式和栽培技术，红枣生产科技含量低，管理手段落后。佳县虽然制定了红枣栽培的地方标准，但推广力度不够。加之城市化建设速度加快，农村劳动力向城市转移，枣区劳动力严重不足，红枣的标准化管理难以执行；特别是老枣区，在分户经营条件下，多数群众完全依靠自己多年的经验进行管理，新品种、新技术普及率低，体制机制不健全：一是各级政府尚未形成有效的红枣生产激励机制，以及鼓励政策少，资金、技术投入不足。二是产品质量标准体系和安全监管体系尚未建立起来，导致红枣产品质量良莠不齐。三是红枣合作经济组织处于发展的初级阶段，功能还不健全，生产、经营主要依靠家庭为单位进行，果农组织化生产程度较低。四是县、乡、村级红枣技术推广机构推广力量薄弱，技术储备不够，新技术推广应用率低。

枣农科技素质较低的问题近年来也愈发突出。近年来，受到农民自身文化素质的影响和青壮年农民外出务工的冲击，多数枣农重栽枣、轻管护，导致传统技术在具体应用上普及率较低，同时新技术的推广也受到一定的制约，导致优果率下降。另一方面，科技投入的不足直接制约着红枣质量的提升。由于投入有限、科研力量较弱，红枣的产量低而不稳，红枣产业的发展出现停滞不前。

随着人们对全球重要农业文化遗产的重视，佳县人民政府也制订了一系列佳县古枣园系统保护与发展规划及管理措施，通过动态保护、适应性管理和可持续利用，保护古枣园和传承枣文化。

首先，当地政府积极开展与古枣园相关的传统文化资源的普查与整理工作。自 2013 年古枣园被列入中国重要农业文化遗产以来，佳县人民政府对与佳县古枣园有关的土地利用、民俗文化、民间技艺、传统建筑等进行了全面普查，建立了完整的数据库，深入挖掘整理古枣园的历史及其变迁、沿革脉络，为其进一步保护与利用奠定了基础。同时启动农业文化遗产传承展示工程，举办红枣文化研讨班，对古枣园农业文化遗产保护的思路和政策措施等进行研究；整理出版了《陕西佳县古枣园》《枣缘社会》等图书，全面、系统、多方位地反映枣文化的传承、保护、发展与取得的成就，使之成为对外宣传佳县红枣的一张名片。

其次，规划建立了农业文化遗产保护区。通过对古枣园特别是对古枣园内的千年古枣树进行挂牌保护，明确划定佳县古枣园保护区的具体保护范围和保护对象。同时，加强红枣研究和保护网络建设，与其他的红枣生产地区科技人员相互学习、借鉴，形成保护和发展的网络。

第三，积极推进有机红枣生产基地建设。按照标准化生产体系要求，在已有试验示范基地的基础上，政府全面推行统一的操作规程，积极引导广大枣农进行标准化生产和集约化经营。通过多渠道筹措资金，加快基地连片开发、规模发展步伐，带动辐射全县红枣规模发展。目前佳县人民政府已成立了佳县枣产品质量检测中心，在红枣主产区乡镇建设红枣质检站，加强对枣产品从原料收购、生产和出厂全过程质量监控。鼓励加工企业购买先进实用的食品安全检测设备，加强对枣产品质量的控制。

第四，突出抓好以红枣产业为龙头的现代农业。目前佳县人民政府坚持科技兴农、质量兴农、绿色兴农，以规模化、品牌化、市场化、信息化为突破口，坚定不移地抓好红枣产业，推动传统农业向现代特色农业发展。着力发展红枣产业，瞄准市场，培育企业，打造产品，树立品牌，通过品牌建设和市场营销倒逼基地建设，坚定不移做大做强红枣产业。持续推进沿黄河老枣园低产改造，实施“强力降高塑形”丰产技术9万亩，建设沿黄6镇10万亩红枣基地核心示范区、5个红枣产业示范园，建好30万亩优质有机红枣生产基地。重点依托以泥河沟千年古枣园为主的沿黄滩地红枣园，打造国家级农业科技产业园区，建成红枣研究院、电商中心、标准化厂房和冷库，全面提升以红枣为主的农特产品生产、研发、加工、包装、销售水平。坚持外引和内培并举，已培育了5家科技含量高、市场竞争力强、自主品牌响、综合效益好、带动作用大的龙头骨干企业。举办好红枣节，申报“佳县红枣”为国家地理标志保护产品，倾心打造佳县红枣、佳县紫晶枣等区域公共品牌，不断提升佳县红枣的知名度和美誉度，着力打造特色农业。

第五，佳县政府还积极举办红枣文化节庆活动以推广佳县红枣。佳县人民政府通过积极挖掘红枣的历史文化、民俗文化、饮食文化、景观文化和艺术文化，适时举办红枣节和“枣乡采风行”等活动，加快同国内红枣产业的沟通和合作，多角度、多层次展示佳县红枣文化的丰富内涵。同时也注重佳县红色文化与红枣文化的有机结合，大力构建红色文化和红枣文化相互促进、共同繁荣的新局面。

陕西佳县古枣园是枣树在适应当地土壤条件和气候条件下所形成的独特的土地利用和农业景观系统，体现着该地区人民利用自然、改造自然的生存智慧，这种系统与景观具有丰富的生物多样性，同时满足了当地社会经济与文化发展的需要，有利于促进区域可持续发展。因此，对于古枣园我们应继续积极展开动态保护，通过合理的利用，让古枣园的生产功能得到进一步发挥，从而增加枣农收入，加快枣产业结构调整，保护古枣园所在地环境和促进其经济的可持续发展，以保证这一重要农业文化遗产的更新换代，使枣文化不断得到传承和发展。

参考文献

[1] 胡远男、梁勇：《农业文化遗产地休闲农业旅游开发的SWOT分析——以陕西佳县千年古枣园为例》，《江西农业学报》2014年第4期。

[2] 梁勇、胡远男、刘某承等：《陕西佳县古枣园农业文化遗产保护与发展策略研究》，《农村经济与科技》2014年第1期。

[3] 刘某承、闵庆文主编：《陕西佳县古枣园》，中国农业出版社2015年版。

[4] 马伊卿：《佳县红枣产业发展现状及其市场定位分析》，《陕西林业科技》2012年第3期。

[5] 曲泽洲、王永蕙主编：《中国果树志·枣卷》，中国林业出版社1993年版。

[6] 张永勋、刘某承、闵庆文等：《陕西佳县枣林生态系统环境适应性及服务功能价值评估》，《干旱区研究》2014年第3期。

（撰文：周志强）

甘肃迭部扎尕那农林牧复合系统

甘肃省迭部县扎尕那农林牧复合系统，地处青藏高原、黄土高原与成都盆地三大地形交会处，气候上处于华中华南亚热带湿润区、华北暖温带湿润半湿润区和青藏高原边缘湿润带三大气候带的交汇区，植被类型则介于高寒草原地带、温带北部草原地带和暖温带南部落叶栎林地带的交会处。当地居民与这种独特的地理生态区位和高寒贫瘠的自然条件相互适应，形成相对封闭、完整、紧密又自给自足的独特的农业生产方式；在宏观景观上表现为垂直地带和水平空间上的农林牧的复合，在微观上表现为对土地、森林、草地等物种资源的循环与合理利用，以生产多样化的产品满足日常生活和生产所需。

扎尕那概貌（遗产地提供）

迭部扎尕那农林牧复合系统地处高寒贫瘠的生态脆弱地区，又处于《中国生物多样性保护战略与行动计划》（2011－2030年）生物

多样性保护优先区域，同时位于长江和黄河分水岭的上游地带，是重要的水源涵养区。因此，扎尕那农林牧复合系统不仅在保障当地居民的生计安全方面提供多样化和较全面的物质产品，而且具有重要的生态功能——生物多样性保护、水源涵养和水土保持，是我国中东部地区重要的生态环境屏障，对维护区域生态平衡和生态安全具有重要作用。

2017 年 11 月，扎尕那农林牧复合系统通过联合国粮农组织专家评审，入选全球重要农业文化遗产，申报地为甘肃省甘南藏族自治州迭部县益哇镇。（以粮农组织官网宣布为准）

一、历史发展

中国悠久灿烂的农耕文化历史，加上不同地区自然与人文的巨大差异，创造了种类繁多、特色明显、经济与生态价值高度统一的农业文化遗产。这些遗产都是我国劳动人民凭借着独特而多样的自然条件、勤劳与智慧，创造出的农业文化典范，蕴含着天人合一的哲学思想，具有很高的历史文化价值。2012 年农业部发起的对中国重要农业文化遗产的挖掘、保护、传承和利用工作，对弘扬中华农业文化，增强国民对民族文化的认同感、自豪感，以及促进农业可持续发展具有重要意义；同时，把重要农业文化遗产作为丰富休闲农业的重要历史文化资源和景观资源来开发利用，能够增强产业发展后劲，带动遗产地农民就业增收，可以实现在发掘中保护，在利用中传承。

扎尕那农林牧复合农业生产形态有悠久的历史，从公元 6 世纪已在较低海拔地区形成这种经济模式。后来由于外来移民的压力及外来文化的影响，迭部先民曾在高海拔地区进行垦荒种植活动，使半农半牧地区逐渐向西向北高寒地区扩展，但到海拔 3600 米以上地区，种植业发展异常艰难，在高寒地区垦荒种植大多以失败告终。从历史上来看，这个过程的完成主要经历了以下几个阶段：

萌芽期　考古研究发现，早在 3000 年以前，迭部县白龙江流域已经出现了人类文明（畜牧文明）的萌芽。

蜀汉时期——引进汉民族农耕文明　建兴六年（228），蜀相诸葛亮伐魏，蜀汉名将姜维在境东沓中（今迭部县东，临近舟曲的洛大一带）屯兵，种麦储粮，同时把内地先进的汉民族农业文明引进到迭部。

吐蕃时期——农林牧复合系统的形成　吐谷浑时期（313 年—663 年）实行积极的汉化政策，是早期农林牧复合系统的形成时期。吐谷浑亡国之后，吐蕃统治迭部达 300 年之久，藏族游牧文化对甘南迭部产生了持续而深远的影响。

明清“杨土司”治理时期——农林牧复合系统的成熟　明清杨土司统治迭部时期积极开化，主动吸收内地先进的农业文化，政治稳定，社会安宁，贸易畅通，为迭部农林牧复合生态系统的不断完善提供了很好的保障。

自古以来，这里的居民既是虔诚的宗教信徒，又随着季节的转换不断地变换着从事游牧、农耕、狩猎和樵采等职业，他们既是牧民也是农民、猎人和樵夫，每个人身兼多个职业。据扎尕那藏民说，旧时富裕的扎尕那村民存在着娶两个老婆的习俗，之所以形成这样的习俗，是因为其中有 一个老婆是以农耕为主，而另外一个老婆主要是从事牧业。当农活太忙时，男子和从事牧业的老婆来帮助农业，反之亦然。

扎尕那农林牧复合系统是一个古老的农业文化遗产，它是游牧文化、农耕文化以及森林文化之间长期互补、融合的结果，是人与自然和谐相处、人类社会可持续发展的一个典型范例。

二、价值与特点

生物多样性保护 据初步调查，农林牧复合系统内野生植物繁多，按照利用类型可以分为观赏、蜜源、芳香、食用、药用等11类，包括杜鹃、景天、野牡丹、野芍药、香景天、菖蒲、野茴香、蕨菜、黑木耳、贝母、虫草、红芪等，同时还为各种野生动物提供了良好生境，计有鸟纲12科34种，爬行纲9目16科。系统内珍稀野生动物和特产动物种类丰富，属于国家一级保护动物的有大熊猫、羚牛等；属于国家二级保护动物的有淡腹雪鸡、暗腹雪鸡、蓝马鸡、雪豹、梅花鹿、红腹角雉、绿尾虹雉等。

水土保持 林冠层以及灌草和枯落物层对降水有截留作用，从而有效地减弱了降水的强度并分散了总量，降低了雨水对林地表面的冲蚀力，可以大范围阻止面蚀和沟壑；土壤渗透强、枯枝落叶层厚，减流效果明显，能有效抑制地表径流的形成，减弱土壤冻结深度，延缓融雪，增加地下水贮量；植被层可以有效地降低风速和风力，也可以减少风蚀并减弱风化作用，从

扎尕那牧区（遗产地提供）

而避免林地表层上的水土流失；众多植被的根系还能够有效地固定土壤，从而可以减少由于温度的剧烈变化或重力作用引起的侵蚀。此外，林地的生物小循环可以改进土壤的理化性质及抗水蚀、风蚀的能力。

水源涵养　农林牧复合系统凭借其庞大的林冠、厚层的枯枝落叶和发达的根系，能够起到良好的蓄水和净化水质的作用。根据我国现有森林生态定位监测结果，系统内山地寒温带针叶林涵养降水能力值一般在 100 毫米以下。1998 年刘明国等所做的草本植物改土实验研究表明，种植草本植物后土壤容重下降 3.1% ~ 10.1%，孔隙度增大 2.34% ~ 6.72%，透水速度提高 55% ~ 73.14%，水稳性团聚体、团聚度分别提高 16.72% ~ 67.1% 和 24.24% ~ 193.06%，分散率、侵蚀率分别下降 0.45% ~ 12.9% 和 11.97% ~ 21.4%，土壤的水源涵养能力明显提高，系统内的草地，起到了蓄水保土的作用。

遗产经济价值

农林牧复合系统为当地居民提供了多样化的农牧产品，它们不仅包括种植业的植物类产品，还有丰富的畜牧类产品，以及多样化的林下产品。

畜牧业产品　扎尕那农林牧复合系统以畜牧业为主，其生产方式又以游牧为主，游牧生产为当地居民提供了大量肉、奶、蛋类产品。畜禽种类主要包括黄牛、牦牛、马、山羊、骡、驴、猪、鸡等。从结构上看，以牦牛、黄牛、山羊为优势畜种。从特色上看，由野猪驯化而来的蕨麻猪为甘南地区特有的小型古老的瘦肉型猪种；其次，犏牛为牦牛和黄牛的杂交后代，公犏牛体大力强，使役灵活，母犏牛产奶量比牦牛高 50% ~ 100%，但犏牛乳脂率低于牦牛。

架杆劳作（遗产地提供）

种植业产品　受当地土壤和气候条件所限，种植业是作为畜牧业和林下野生产品的补充而发展的，主要是为当地居民提供蔬菜、必要的植物蛋白及为畜牧业提供饲料，其发达程度相对较低。除青稞外，大多农作物品种都是从外地引进，当地品种不多。目前的粮食作物品种有禾谷类（青稞、冬小麦、春小麦、玉米、荞麦、糜、谷等）26种、豆类（蚕豆、豌豆等）5种、薯类（马铃薯等）5种；经济作物品种有油料作物（油菜、胡麻等）7种，蔬菜作物16种，药材（党参、当归）2种；饲料作物（燕麦、芜根、黄花苜蓿、草木樨、聚合草、箭舌豌豆等）7种。

林业产品　复杂的森林植被为当地居民提供了充足的林业产品，传统的藏族民居——踏板房的建材就取材于系统内部，此外还包括晒晾青稞的排架以及一系列农业生产工具；其次，林下生长多种食用菌类，包括2纲、8目、23科、55属、131种，其中食用兼药用菌共88种；第三，提供薪柴及其他原料，包括药材、树胶、树漆、松脂、香料等。

遗产的社会价值

扎尕那农林牧复合系统是当地居民长期以来与当地生态和环境相互适应所创造的一种独特的农业生产和生活方式，是一种与当地环境高度适应的系统。在这个系统中，此地居民追求的并不是建立在环境破坏、涸泽而渔基础上的超负荷的物质利益及舒适、无限制消费的生活方式，也不是摒弃物质生活单独追求精神生活的“苦行僧”，而是在满足生活必需的多样物质产品的基础上，追求和谐、平静、平和的精神生活。此地人们注重人与自然的和谐，甚至不惜以禁忌的方式保护森林、草地和水流，创造了丰富的精神文化产品。因此，虽然由于地理环境的约束，长期以来这里的社会生产力落后、经济停滞不前，但是这种追求人与自然和谐相处的理念，对于当前农业可持续发展乃至生态文明建设都具有积极作用。

扎尕那农林牧复合系统保育了丰富的生物多样性和原始植被，构造了独特的垂直景观结构和平面景观结构，为新时期农业的可持续发展提供了良好的生态环境条件和人文景观条件。农林牧复合系统突破了单一狭隘的产业限制，通过各种物质产品的提供来满足消费者的需求；通过种植业、畜牧业和林业采摘等多种生产活动的合理搭配，充分利用劳动力。农林牧复合系统具有较强的自然和社会经济地域性特征，既表现了自然界的多样性，同时又为文化的多样性和独特性奠定了自然基础，赋予了农业更为广阔和丰富的内涵，促使农业的功能在现代化社会向多样化方向发展。

云端石峰（遗产地提供）

遗产文化价值

扎尕那农林牧复合系统地处甘、青、川三省交界地带，自古以来就是内地与藏区进行经济文化交流的桥梁和纽带。特殊的区位造就了独特的自然与人文景观，游牧文化、藏传佛教文化、民俗文化相互交融，形成了独特复合的农业文化。这种独特复合的农业文化是当地传统文化的宝贵财富，构成了当地传统文化的基础。例如蕨麻猪、皮毛作为财富的象征以及婚丧嫁娶的礼物，在当地民众中得到一致认同；薪柴的积累则作为当地居民勤劳的表现；另外，当地居民的众多节庆活动也与农林牧生产程序和过程密切相关。

其次，农林牧复合系统构成的垂直梯度景观与水平地带景观，山、林、草、地、水与踏板房聚落景观浑然一体，成为益哇乡农林牧复合系统的外在景观标志。该系统不仅是生产、生活的场所，也具有文化交流、传播习俗、互通有无、知识传承等多方面的社会文化意义。

扎尕那民族服装（遗产地提供）

第三，各种形态的民俗风情、歌舞音乐、民间工艺等传统文化世代相传。而这种独特复合的文化传承是依托特殊而多样的生态系统和生产方式存在并延续的，农林牧复合系统为文化传承提供了物质基础和承载平台。糌粑（青稞炒面）、茶与手抓羊肉，是当地居民的主要饮食。

因为当地的经济活动、生活方式、风俗习惯、礼仪行为、文学艺术、宗教活动也离不开糌粑、茶与手抓羊肉，所以农林牧复合系统成为维持传统习俗的物质基础。

遗产特点

遗产特点主要从系统结构和系统特征加以阐述。

在系统结构上，主要有农林复合、农牧复合和林牧复合三个特点。

农林复合　受地形、气候、土质以及灌溉等影响，本地区耕地主要分布在海拔2400米～3000米的阴坡中下部和河川沿岸阶地，林地主要位于其外围海拔较高地区，也有少量分布于农田之间。外围森林起到了防止水土流失、涵养水源、减轻旱涝风灾的生态作用，又有效调节了小气候；田间树木可以提供薪柴燃料，建筑、农具制作的材料，以及防风固土，在一定程度上减轻了人类对外围天然林的破坏；而农田作物的间作套种、轮作、秸秆沤肥等生产技术增加了土壤中的养分含量，对林木的生长起到了促进作用。

扎尕那自然风光和民居（遗产地提供）

农牧复合　部分开垦的农田还与天然草地相间分布，种植业与畜牧业混合。一般在草地上开垦农田，农田之间留着与农田面积相等或略大于农田的草地，农田与天然草地并列存在。保留相等的草地，可以很好地保持水土，可以放牧不多的家畜，这些家畜既是农业耕作的主要畜力，又是运输的主要工具，同时也为农民补充肉和奶。而农作物秸秆以及人工种植的饲料是本地区畜禽饲料的主要来源，对畜禽生长育肥起到很重要的作用。此外，晾晒青稞的排架在冬季起到圈养牛羊等畜禽的作用，而夏季则在其中种植饲料或者蔬菜，充分利用发酵后的畜禽类粪便作为农家肥。因此，无论是在河谷滩地还是浅山地区，保留与农田面积相等的大片草地，对当地居民来说具有重要的经济意义与生态意义。

林牧复合　林业与畜牧业作为本地区的支柱产业，是本地区居民的主要经济来源。本地区由于山大沟深，灌木林与草场相连；此外，通过荒山造林、退耕还林还草项目，保留着一定面积的林间草场，是进行林下畜牧业养殖的基础。本地林下养殖中最具代表性的养殖品种为蕨麻猪。蕨麻猪适应高原气候环境，反应灵敏，行动快，耐强烈日光照射，觅食能力强，一般在几乎无补饲的放牧条件下也能维持生长。在农作物下种后到收割期之间，由各户轮流将蕨麻猪放牧在青草茂密的草场和林间，采食嫩而多汁的野生植物茎叶和籽实，蕨麻猪可采食某些植物的根、茎、叶，尤喜采食蕨麻；冬春季节则任其自由采食，自行归圈，归圈后再进行适当补饲。畜禽的粪便可作为很好的肥料，为林木的生长提供养分。由此可见，实行林牧结合，进行林下养殖，对增加畜禽产量、加强林业建设、保持生态平衡、提高土地使用效益、减少养殖成本、增加农民收入，具有较强的现实意义。

扎尕那农林牧复合系统在系统特征上，主要有复合性、战略性、多功能性、可持续性、创造性、独特性等特点。

复合性　扎尕那农林牧复合系统构成了一个相对封闭的、完整、紧密而又自给自足的经济单元，农林牧复合也是当地居民生活的需要。首先，农林牧复合可满足农民正常生活的需要，种植业提供了面粉、蔬菜等食品，牧业提供了奶、肉类等食品以及皮毛，森林提供了房屋建筑材料、林下副食以及药材，从而保证了高原寒冷地区的最低生活需要；其次，农林牧复合在生产方面可相互补益，家畜可为农事提供畜力、肥料，种植业为家畜提供饲料，森林是当地特有蕨麻猪的放养场地；最后，农林牧复合也是维护藏族传统生活方式与传统文化的基础。

战略性 扎尕那地处秦岭西延部分、岷迭山系与青藏高原东部边缘的交接地区，是我国青藏高原气候区与东南季风气候区和高寒草原植被区与温带森林植被区的过渡地带，属于《中国生物多样性保护战略与行动计划》（2011－2030年）提出的生物多样性保护优先区域。在海拔4200米以上的山体顶部，稀疏地生长着著名藏药水母雪莲花和红景天；在海拔3600米~4200米之间，发育了广袤而辽阔的高寒灌丛和高山草甸草原，是欧拉羊和牦牛等牲畜的天然牧场，也是冬虫夏草的自然养殖基地；在海拔2400米~3600米之间，形成了独具特色的森林景观，其生物类群繁多，是藏药以及野生菌类等多种天然资源的宝库；在白龙江两岸的开阔地带以及各沟河沿岸的山坡阶地，土壤发育较好、土层较厚，为种植农作物、果树和蔬菜等提供了良好的农田。

多功能性 扎尕那农林牧复合系统在微观上对森林、草地和各种生物资源的循环与合理利用，为当地居民提供了多样化满足日常生活和生产所需的产品，家畜为居民生活提供肉类和皮毛，并为农事提供畜力和肥料；种植业为居民生活提供粮食、蔬菜等，并为家畜提供饲料；森林为居民生活提供丰富的林下种植产品、菌类、养殖产品以及当地特有的蕨麻猪，同时与草地一起维护着生态系统的平衡。此外，扎尕那农林牧复合系统还具有重要的生态功能，如生物多样性保护、水土保持、水源涵养和防风固沙等。同时，在促进农户就业增收，发展农村休闲农业以及促进生态文明建设、社会主义新农村建设和农业可持续发展等方面具有重要意义。

可持续性 扎尕那农林牧复合系统形成了特有的藏汉交融文化——在满足生活必需的多样物质产品的基础上，当地居民追求和谐、平静、平和的精神生活，注重人与自然的和谐。从生态学的角度看，本地区藏族居民对高山、森林、草原、平地、江湖，以及分布其中的动植物等自然物种的广泛的禁忌，蕴含一定的环保意识，蕴藏着可持续发展思想。这些禁忌避免了因森林砍伐、草场沙化等植被破坏引起的水土流失、生态失衡现象的发生。

创造性 扎尕那农林牧复合系统是当地居民为适应高寒土壤贫瘠的自然条件和独特的地理生态区位，创新性地发展农业生产活动所形成的。这种创造性在宏观上表现为农林牧的复合。该系统位于以游牧为主的青藏高原和以农耕为主的黄土高原的交错区，藏汉文化相互碰撞交融，形成了以藏族为主的藏汉聚集区和半农半牧的生产方式。同时，因其地处暖温带针叶林向青藏高原东南部山地寒温带针叶林的过渡地区，森林植被类型比较复杂，不仅有地带性植被成分，而且植被的垂直分布也很显著，这为当地居民的生产和生活提供了丰富的林业原材料。当地居民几千年来一直维持着以牧为主，兼顾农林的生产模式。

独特性 扎尕那农林牧复合系统是千百年来当地居民与当地地理、生态、环境协同进化、不断演进形成的，其独特性表现在该系统独特的地理区位、独特的生态环境和独特的文化传承。

独特的地理区位。扎尕那农林牧复合生态系统地处四川与甘肃交会处的青藏高原东部边缘的高山峡谷地带。山系为秦岭与昆仑两大地槽褶皱系的连接处，水系位于白龙江上游，是长江流域和黄河流域的分水岭。地形上位于青藏高原、黄土高原与成都盆地三大地形交会区；气候上处于华中华南亚热带湿润区、华北暖温带湿润半湿润区及青藏高原边缘湿润带的交会区。

扎尕那民居（遗产地提供）

独特的地理位置、特殊的气候条件创造了独特的生态环境。扎尕那农林牧复合系统位于一、二阶梯交界地带，处于南北方过渡位置，在《中国植被》的植被类型与区划中属青藏高原高寒区域边缘，其植被主要是北温带植物物种，而其植被地带类型则介于高寒草原地带、温带草原地带和暖温带南部落叶栎林地带的交会处，形成了独特的植被类型和种群分布。独特的地理区位和生态环境为形成独特的农林牧复合系统提供了物质基础，同时也是当地居民适应这种独特的地理区位和生态环境的必然选择。

扎尕那农林牧复合系统位于以游牧为主的青藏高原和以农耕为主的黄土高原的交错区，藏汉文化相互交融，形成了以藏族为主的半农半牧的农牧文化；其次，扎尕那农林牧复合系统茂密的森林、丰沛的水草、多样的植被类型和相对贫瘠的土壤，以及相对封闭的地理条件，又促使当地居民形成以牧为主，农林牧复合的完整、紧密而又自给自足的农牧生产方式和农业文化传承。

三、现状与发展

遗产现状

自然资源丰富，产业优势互补 扎尕那农林牧复合系统不仅有丰富的森林、草地资源，而且有得天独厚的水利资源，以及丰富的野生动植物资源。迭部扎尕那地区气候温和，雨量充沛，植被良好，环境优美，森林、草地生态系统稳定、健康，水利资源得天独厚。野生经济植物种类多、储量大，仅药用植物就多达127种，中药材总储量大；山野菜品种50余种，有蕨菜、刺嫩芽、山青菜、苦根菜等；野生食用菌类品种40余种，主要有羊肚菌、牛肚菌、鸡腿菇等。珍稀野生动物和特产动物种类丰富，有国家一级保护动物12种，二级保护动物30种，属于我国特产动物22种。农业、林业和牧业都是经济基础产业，既为人类创造最基本的生活资料和生存环境，又为社会的文明和发展提供最初始的推动力，但有产业单一、效益低下、市场适应能力差或生长周期长等缺陷。而农林牧复合系统可利用农、林、牧业各自的优势，达到取长补短、增产增值的综合效用。如在该系统中，可以在森林中发展林下经济，同时森林以外的土地也可以用来造林，以便提供用材林、薪炭林和其他森林副产品。所以，农林牧复合系统具有广泛的应用价值和广阔的发展前景。

生态环境脆弱，基础条件薄弱 迭部林区是甘肃省重点原始天然林区，境内自20世纪50年代末期成立迭部林业局开展天然林资源采伐以来，共为国家支援了2300多万方、价值100亿元的优质木材。但长期的超量采伐，使迭部的生态环境遭到破坏，森林资源减少，大大降低了森林的水源涵养和水土保持能力。根据全县土地利用现状调查，2008年底全县水土流失面积达1706.14

平方公里，已占全县总面积的三分之一。水土流失不仅使迭部县失去了宝贵的土地资源，而且泥石流、滑坡等灾害还冲毁村舍、道路、水、电、田地等。由于大气候的影响、资源的不当利用和过度消耗，季节性气候反常，旱灾、涝灾、冰雹、病虫害等灾害频繁发生，林区居民为此遭受了巨大损失。扎尕那地区虽然处于甘、川两省交界处，但现有交通条件极为不便，道路等级低，远离铁路，不通航运，远离客源大市场。恶劣自然条件和区位偏远，使得遗产地面临交通不便、灌溉条件落后和信息不畅等诸多短板，严重制约着遗产地农林牧复合系统的保护与相关产业的发展。同时，基础交通和接待保障存在的问题还制约着旅游业的发展，旅游开发存在单一性和承载力低的问题。

基础教育较弱，优秀人才缺乏 天然的地理屏障和交通限制，加之语言文化差异，使得扎尕那地区长期处于相对封闭状态，文化教育水平和科学技术普及的程度相对落后。虽然近年来开展了农民技术培训和技术推广，农民的科技水平有所提高，但由于受到农民自身文化水平的影响和外出务工的冲击，留守从事农业生产的大多是老人和妇女，他们掌握使用新技术的水平较差。由于扎尕那地区经济社会发展滞后，生活水平低，人才大量外流，现有的教育、卫生和农林牧专业技术人才分布不均，专业结构和行业结构、学历结构和职称结构不合理，人才管理体制不健全，整体受教育程度偏低，使得管理团队和农牧民知识结构得不到更新。管理团队大部分人员年龄偏大、知识陈旧、工作能力弱，导致该地区经济社会发展的后劲不足。

遗产发展

遗产发展从生态产品开发和可持续旅游发展两个角度分析。

1. 生态产品开发

发展目标　分层次开发不同种类的生态农林牧及其副产品，有序开展生态标志产品基地建设，拓展延伸农林牧产品加工链条。建成生态农牧业有机产品建设基地 1 个，包括特色畜禽养殖基地一个和藏中药材种植基地 1 个；推广 2 个 ~ 3 个生态产品的名优品牌；建成农畜产品交易市场 1 个。

发展内容　发展内容包括基地建设、生产加工、品牌打造、产品认证、产业延伸、市场开拓、与相关产业的融合等方面。

发展措施与行动计划

2013 － 2018 年，县宣传、文广、旅游部门牵头，各生产加工企业配合，联合聘用组建专业的市场营销团队，充分利用扎尕那藏汉文化传承、森林公园、地质公园以及申报农业文化遗产保护试点的契机，充分利用“西洽会”“农高会”中央电视台和省级电视台的扶贫节目和公益广告等机会，以及微博、论坛等互联网平台推广迭部县扎尕那农业文化遗产品牌，提高扎尕那农林牧产品的知名度。2013 － 2020 年，县发改、商业、林业、农牧业部门牵头，各生产加工企业配合，完善农林牧产品的生产和收购链条。一是培养和发展农林牧复合经营示范户，二是建立农村生产合作社，三是理顺和完善以龙头企业 + 合作社 + 农户的模式，逐步向市场牵龙头、龙头带基地、基地连农民的格局迈进，将农民生产的农产品转化为可为市场消费的品牌商品。

2013 － 2018 年，县农牧、林业部门牵头，益哇乡政府配合，建设生态农牧业有机产品建设基地，打造畜牧业产品－特色种植产品－特色农牧副产品－农牧业废弃物利用的循环经济产业链，包括林下特色藏中药材种植与食用菌生产产业链、农林牧复合养殖（蕨麻猪、鸡）产业链、林粮间作基地、藏青稞生产基地、野生花卉驯化试验基地、农牧业废弃物利用产业等。

2013－2020年，由县农牧、林业部门牵头，益哇乡政府配合，积极开展生态标志产品认证工作。落实县、乡、村、户四级科技推广服务网络，全力推行无公害标准化栽培技术规程、无公害果品质量标准等，将《丰产综合技术管理》等通俗易懂、便于操作的小册子送到农户手中。其中，2013－2018年在遗产地开展无公害产品建设，2015－2020年在保护区开展绿色食品建设，2018－2020年在生态农牧业循环经济产业基地开展有机产品建设。

2013－2018年，由县发改局和商业部门牵头，各生产加工企业配合，打造大型龙头企业2个～3个；联合企业与相关大专院校和科研院所共建联合生产科研基地，延长农牧林业产品的加工产业链，引进先进技术，拓展相关农产品的开发和深加工能力；分层次开发不同种类的农林牧业产品，推广2个～3个生态产品的名优品牌。2015－2018年，县发改局和商业部门牵头，建农畜产品交易市场1个，促进物流等第三产业的发展。

2013－2015年，由县农牧局和林业部门牵头，益哇乡政府配合，开展农牧民专业合作经济组织建设。

2013－2015年，由县商业局、林业局和农牧部门牵头，组织统一的农产品协会，使其成为农民、政府、客商之间的桥梁和纽带。农产品协会首先做好行业管理和服务，其次作为一个组织，要代表农牧民向政府争取技术、资金支持，之外还要寻找市场，组织销售。

2. 可持续旅游发展

发展目标　打造沿扎尕那农业文化遗产精品旅游线路，开发3个～5个旅游观赏和体验点，扶持5户～10户农家乐，将扎尕那农业文化遗产旅游融入现有旅游规划和旅游线路。

发展内容 包括景点与线路设计、接待设施、品牌打造、产品设计、市场营销、社区参与、与相关旅游资源的融合等。

发展措施与行动计划

2013－2015年，由县旅游局牵头，将农业文化遗产地旅游纳入县域旅游规划中。联合聘用组建专业的市场营销团队，在推广迭部县绿色品牌、提高迭部县生态农牧产品知名度的同时，宣传迭部县农业文化遗产旅游品牌。

2013－2018年，由县旅游局牵头，益哇乡政府配合，联合聘用组建专业的旅游规划团队，打造扎尕那农业文化遗产精品旅游线路，以扎尕那农林牧复合系统景观为主，以农业文化遗产展览室（博物馆）、生态农牧业有机产品建设基地、扎尕那森林公园和地质公园、扎尕那民俗文化园为主，开发3个～5个可供参与的旅游观赏和体验点。

2013－2018年，由县旅游局、扶贫办牵头，以农林牧生态复合种植养殖示范户为主，在扎尕那村农业文化遗产保护区扶持和开发5户～10户农家乐、林家乐、藏家乐。

2013－2015年，由县发改局、商业局牵头，建立一处藏汉农业文化特色手工业加工厂，发展当地特色手工业，配合旅游产业的推进和深化，把提供具有当地特色的藏族产品作为一个品牌。

2015－2018年，由县城建、旅游部门牵头，益哇乡政府配合，进行旅游基础设施建设工程。在旅游规划的指导下，建设接待设施、道路、景点建设、农业文化遗产标识、指示牌、停车场等硬件设施。

2015－2018年，由县旅游局、农牧局牵头，益哇乡政府配合，积极推进迭部县申报农业部和国家旅游局全国休闲农业与乡村旅游示范县和示范点。

参考文献

[1] 刘某承、杨伦:《迭部扎尕那农林牧复合系统》,《中国投资(中英文)》2019 年第 7 期。

[2] 张萌:《甘肃迭部扎尕那农林牧复合系统保护现状分析》,《古今农业》2016 年第 4 期。

[3] 刘乃强:《迭部扎尕那农业文化遗产保护面临的机遇与挑战》,《甘肃现代思路寒旱农业发展论坛——2019 年甘肃省学术年会第二分会场论文集》,2019 年。

[4] 邓尕草:《迭部县旅游扶贫研究》,西南民族大学硕士学位论文,2017 年。

[5] 杨海霞:《扎尕那:农林牧文化融合互补——专访迭部县人民政府县长焦维忠》,《中国投资(中英文)》2019 年第 7 期。

(撰文:宋雨星　赵颖　肖敏)

浙江湖州桑基鱼塘系统

浙江湖州桑基鱼塘系统是区域内人民在洼地中将种桑养蚕、蚕沙养鱼、鱼塘立体养殖、塘泥给桑树施肥四种不同农业生产方式人工组合而成的一种多层次复合生态农业系统，是一种具有独特创造性的洼地土地利用方式和生态循环经济模式，具有丰富的农业生物多样性，是世界上生态循环农业的典范。此外，系统设计创造的“纵浦横塘”水利排灌工程，有效克服了雨季洼地经常发生的洪涝灾害。浙江湖州桑基鱼塘系统不仅生产出了大量的丝绸产品，同时还为人们提供了大量的淡水鱼和优质蛋白产品，产生了巨大的效益，为区域农民生活水平提高、经济的可持续发展发挥了重要作用。目前，浙江湖州桑基鱼塘系统已成为全球重要农业文化遗产，随着中国生态文明建设和“一带一路”经济体建设，桑基

桑基鱼塘全貌（遗产地提供）

鱼塘生态循环农业模式及其蚕桑丝绸文化保护和发展将会越来越受到重视。浙江湖州桑基鱼塘系统在罗马通过联合国粮农组织评审，被正式认定为全球重要农业文化遗产，该系统申报地区为浙江省湖州市南浔区，批准时间为 2017 年 11 月（以联合国粮农组织官网宣布为准）。

一、遗产历史发展

浙江湖州桑基鱼塘系统位于太湖南岸的古菱湖湖群。这一区域又名湖州低地，是一个“湖荡棋布，河港纵横，墩岛众多”的洳湿之地，为典型的水乡泽国。每当雨季，大量山洪进入湖群区域，由于河道不甚畅通，故经常发生洪涝灾害。

春秋战国时期，浙江湖州桑基鱼塘系统形成，至今已有 2500 多年的历史。千百年来，区域内劳动人民通过修筑“纵浦横塘”水利排灌工程排水，将地势低下、常年积水的洼地挖深变成鱼塘，挖出的塘泥则用于堆放在水塘的四周作为塘基，然后逐渐演变为“塘基上种桑、桑叶喂蚕、蚕沙养鱼、鱼粪肥塘、塘泥壅桑”的桑基鱼塘生态模式，最终形成了种桑养蚕和养鱼相辅相成、桑地和池塘相连相依的优美桑基鱼塘生态农业景观及丰富多彩的桑蚕文化和鱼文化。目前，区域内仍然保留着近 4000 公顷桑地和近 10000 公顷鱼塘，其中中国传统桑蚕丝织技艺已被联合国教科文组织列入“人类非物质文化遗产代表作名录”，区域内射中村成为联合国粮农组织亚太地区综合养鱼培训中心的桑基鱼塘教学基地。

唐朝安史之乱以后，北方藩镇割据，大批官民避乱南迁，为太湖流域带来大量人口和农业技术，经济重心南移，《新唐书·权德舆传》中“天下大计，仰于东南”是其真实写照。

唐朝中后期，为解决太湖南岸屯田围垦的洪涝问题，在原有圩田水利的基础上，继续修塘建溇、围田筑圩，并将太湖南岸和东岸的人工湖堤连接一体,形成了纵横交错的“溇港圩田”系统。

五代吴越时期，统一治水营田，通过设置“都水营田使”、创置“撩浅军”等，建立了一整套管理制度，使得“溇港圩田”系统进一步完善。圩田水利工程一方面减少了天然捕捞水域，另一方面为发展池塘养鱼提供了条件。据传说，早期养鱼以鲤鱼为主，后因鲤与李同音，唐朝禁止捕养鲤鱼，故人们开始转向养鲢、鳙、草、青等鱼种。《酉阳杂俎》中记载：“国朝律，取得鲤鱼即宜放，仍不得吃，号赤鲤公，卖者杖六十，言鲤为李也。”北方人口大规模南迁为太湖地区带来先进丝织技术，也促进了蚕桑业的发展，唐时浙江要进贡 10 种丝织名品；吴越王钱镠大力发展蚕丝业，并提倡用污泥、水草作为桑园肥料，促进了蚕桑与鱼塘的联动。湖羊古称胡羊、吴羊，由北方迁入江南经农民长期培育而成，距今已有 1000 多年历史。湖羊冬天以桑叶为食，羊粪可以肥地肥水，逐渐成为桑基鱼塘生态系统的重要组分。

两宋时期，“靖康之变”之后，再一次出现北方人口大规模南迁。大批农民、手工业者、商人等聚集江南，一方面促进了中国蚕业中心的南移，另一方面也推动了养鱼业的迅速发展。江南地区的丝织品开始在全国占据很大比重，并开辟了杭州和宁波两个港口，国内外丝绸贸易日益繁忙，太湖南岸的蚕桑产区也不断扩大。人口的增加导致对水产品需求的急剧增长，“鱼行”等水产商业兴盛，推动了养鱼事业的发展，人们已经掌握了从江中捕捞“四大家鱼”鱼苗并放养到池塘的技术。这一时期，水政发生重大改变，治水屯田改为以漕运为纲；宋室南渡后，北方士民纷纷南迁，因人口剧增造成对耕地的巨大需求，湖州各地开发低洼地，耕植荒山土丘，一方面增加了可耕地，另一方面造成了水土流失和河湖水面减少，造成太湖水利矛盾突出，在这一背景下集约化程度更高的桑基鱼塘成为更多农民的选择。

元朝，太湖地区总体上延续了蚕、渔业的发展，浙江仍是征收丝税的重点地区，东阳人李声所著《农桑图说》和司农司编撰的《农桑辑要》均被要求在江浙广泛刊发。

江南地区在明清时期进入了商品经济迅速发展的时代，一直以来以水稻种植为主的农业结构发生重大变化，蚕桑、养鱼的比重有很大增加。

明朝初年，政府提倡发展蚕桑业，明太祖初立国即下令：凡民田五亩至十亩者，栽桑、麻、木棉各半亩，十亩以上倍之。与此同时，在国内外市场扩大的背景下，植桑养蚕能够比种水稻获得更多的利润，而且集约化程度更高，更适合这一时期由于人口增加而导致的人多地少的状况。明朝中叶以来，太湖南岸地区缫丝技术改进，形成著名品牌“湖丝”，在国内外丝织市场上占据优势地位。蚕业繁荣促使专业化桑园增多、桑叶交易兴起，很多农民由种稻改为种桑，明末“桑争稻田”现象在嘉湖地区蔓延。与此同时，淡水养鱼也迅速发展，人口的聚集带来城镇、市集的兴旺，刺激水产业兴盛；四大家鱼的池塘养殖方法更为完善，外荡水域也被开发利用。这一时期，种桑和养鱼占据了大量水田，农民将田中泥土挑起培桑，水田改成鱼塘，桑地与鱼塘相依，而且人口密集要求对水土利用精细化，促使人们普遍使用桑基鱼塘的生产模式。

清朝至民国时期，受战争、国际丝绸贸易波动等影响，蚕桑业经历多次起伏，而太湖南岸养鱼技术更趋完善，淡水养殖集中区以湖州菱湖最为出名，对全国淡水养鱼产生了很大影响。另外，有关湖羊的记载在明清时期渐多，例如明末《沈氏农书》详细说明了湖羊的饲养方法，并提到11只湖羊可以“每年净得肥壅三百担”，羊粪肥桑是养羊的主要目的。据上述分析，可以推断约在明末清初太湖南岸桑基鱼塘的典型模式已经出现。

中华人民共和国建立后，蚕桑业十分受重视，虽经历三年困难时期等影响，但总体是推进的，科学养蚕技术得到普及；四大家鱼繁殖技术取得突破性进展，自1958年始，人工繁育鳙鱼、鲢鱼、草鱼和青鱼先后获得成功，结束了自古依赖捕捞长江天然鱼苗的历史。改革开放以后，家庭联产承包责任制的实施、市场经济体制的形成，极大地推动了全国农村经济发展，太湖南岸蚕桑、养鱼高速发展，桑基鱼塘得到各界的认同，并在国内外多地进行试点推广。20世纪90年代末，受国际丝绸业衰退及国内产业区域转移影响，太湖地区蚕桑生产开始下滑，农民追逐经济效益而重渔轻桑，并转向特种鱼养殖，桑基鱼塘复合模式逐渐解体。进入21世纪，太湖南岸桑基鱼塘持续萎缩，农业以规模化水产养殖为主；2014年，浙江湖州桑基鱼塘系统入选中国重要农业文化遗产；2018年，浙江湖州桑基鱼塘系统被联合国粮农组织认定为全球重要农业文化遗产，在该项目推动下，濒临消失的桑基鱼塘得以保护和传承，果基鱼塘、油基鱼塘等新型模式被推出。

二、遗产价值与特点

遗产生态价值

对环境基本“零”污染　浙江湖州桑基鱼塘系统中，养蚕过程中多余的蛹和蚕产生的蚕沙作为鱼饲料和鱼塘的肥料，鱼塘底部肥厚的淤泥挖运到四周塘基上作为桑树的肥料，而且由于塘基有一定的坡度，塘基桑地土壤中多余的营养元素随着雨水冲刷又流回到塘中。因此，生态系统中的多余的营养物质和废弃物周而复始地在系统内循环利用，没有给系统外的生态环境造成污染，基本上实现了零污染，为保护太湖及周边的生态环境及经济的可持续发展发挥了重要的作用。

蓄水调洪的巨大“蓄水库” 桑基鱼塘系统是生产、生活用水的重要来源。它通过渗透作用，可以补充地下蓄水层的水源，对维持周围地下水的水位、保证持续供水具有重要的作用。同时，桑基鱼塘又是蓄水调洪的巨大“蓄水库”，每年汛期洪水到来时，桑基鱼塘系统都在缓解洪涝灾害方面发挥了重要作用。

调节区域小气候 桑基鱼塘系统大面积水面，通过蒸腾作用能够产生大量水蒸气，从而提高周围地区空气湿度，减少土壤水分蒸发，增加地表和地下水资源。因此，桑基鱼塘系统有助于调节区域小气候，优化自然资源，对减少干旱等自然灾害十分有利。

此外，桑基鱼塘系统还可以通过化学及生物作用，吸收、固定、转化土壤和水中营养物质含量，降解有毒和污染物质，净化水体，减少环境污染。因此，浙江桑基鱼塘系统在水土保持、水源涵养、气候调节、降解有毒和污染物质、净化水体、消减环境污染等方面都有相当重要的作用。

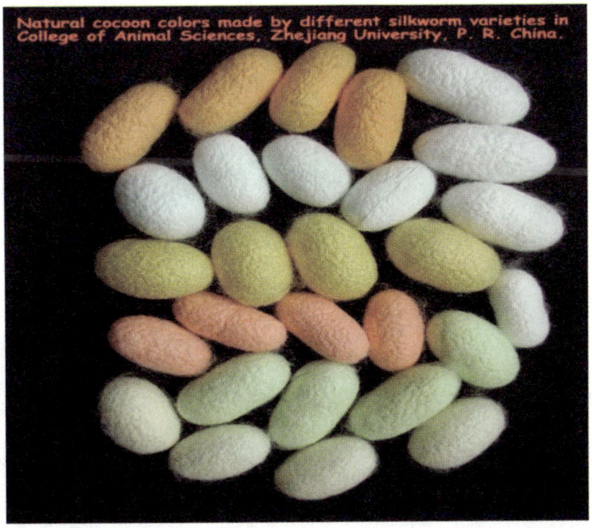

天然彩色茧（遗产地提供）

遗产经济价值

浙江湖州桑基鱼塘系统为人们提供了大量生态、安全、优质淡水鱼类和桑蚕丝相关产品。

水产品 系统中鱼塘生态养殖的青鱼、草鱼、鲢鱼、鳙鱼、鲫鱼等淡水鱼类，为人们提供了大量优质、安全的渔业产品。

桑叶茶 系统中桑树叶子用来制作桑叶茶。桑叶中营养成分特别丰富，含有人体所需要的氨基酸、蛋白质、纤维素、矿物质、生物碱等。桑叶茶具有减肥、美容、降血脂、降血糖的作用。

桑叶粉及其加工产品 系统中桑树叶子用来制作桑叶粉，桑叶粉可以制作桑叶蛋糕、桑叶酸奶、桑叶饼干、桑叶面条、桑叶糕点等食品，还可以加工成畜牧饲料。

桑葚及其加工产品 桑树开花结成的果实——桑葚，含有丰富的活性蛋白、维生素、氨基酸、胡萝卜素、矿物质、白藜芦醇、花青素等营养成分，常吃桑葚具有提高人体免疫力、防止动脉硬化、延缓衰老等功效。桑葚除鲜食外，还可加工成桑葚汁、桑葚酒、桑葚冰激凌、桑葚蛋糕、桑葚面包、桑葚果酱等食品。

蚕丝蛋白及其加工产品 在放线菌酶的作用下，可将桑蚕丝蛋白分解成低聚肽和氨基酸粉末用以制作保健食品。同时，作为食品添加剂添加到如蛋糕、饼干、面条、果冻、冰激凌、饮料、糖果等食品中，制成健康的绿色食品，深受消费者的欢迎。

羊肉 桑树的新梢、余叶及蚕沙可用来作为太湖流域重要家畜之一——湖羊的主要饲料。羊肉相对于猪肉而言，蛋白质含量较多，脂肪含量较少，且热量比牛肉要高，故历来羊肉被当作秋冬御寒和进补的重要食品。

桑基鱼塘保障当地居民生计安全 桑基鱼塘系统中生产性

收入是区域内农民家庭收入主要来源。目前，遗产地人均桑地和鱼塘的面积为 0.046 公顷，养蚕、鱼塘养鱼、养羊等人均生产性收入为 1.45 万元，占遗产区 2014 年农村居民人均可支配收入 22404 元的 64.7%。因此，系统生产性收入是区域内农民家庭收入的主要来源之一。系统发展，为农民创造了大量就业岗位。统计显示，浙江湖州桑基鱼塘系统每年桑地用工量 600 个 / 公顷，鱼塘用工量 1200 个 / 公顷，再加上蚕茧加工带动缫丝业、纺织业和产业相关的机械制造、化工原料、技术培训、运输和贸易等行业，能吸纳大量劳动力就业。而且，各工种对文化程度要求不高，劳动强度轻重有别，老弱妇孺均可参与，从而可以有效地解决农村剩余妇女劳动力，使广大农村妇女能自食其力。因此，浙江湖州桑基鱼塘系统在解决农村生计维持、维护社会和谐等方面，具有较高的社会价值。

遗产社会价值

浙江湖州的桑基鱼塘以“纵浦横塘”的水利排灌工程为特征，是已知世界上最早的水利工程之一，其在庞大的水系中有一条横塘，即“頔塘”，頔塘于 2015 年被联合国教科文组织列为世界文化遗产。《浙江省水利志》《太湖水利技术史》等历史资料记载，位于浙江湖州的“纵浦横塘”，是始于春秋战国时期的水利排灌系统，源于吴国的伍子胥筑胥塘以及越国的范蠡筑蠡塘，这比始建于公元前 256 年的都江堰早 200 余年。唐贞元年间，时任湖州刺史的于頔推行修筑頔塘，它西始湖州城，东抵南浔镇，在发挥排灌功能的同时，也成为了当时十分重要的交通动脉。

世界上最早的生态农业模式之一 范蠡助越国勾践灭吴后，推动当地开展种桑养鱼，这就是桑基鱼塘的雏形。据相关研究，以广东为代表的珠三角地区，桑基鱼塘的发展始于唐朝咸通年间，先民利用水草采储鱼卵进行人工饲喂。相比可见，浙江湖州的桑基鱼塘系统要比珠三角地区的桑基鱼塘早上1000余年，是目前已知世界上最早的生态农业系统之一。

系统范围内出土了目前我国最早的家蚕织物 位于系统内的钱山漾遗址在发掘中发现了丝线、绢片、丝绳、丝带等织品，据碳十四测定，这些织品距今约4700年。鉴于此，浙江湖州的桑基鱼塘系统区域范围内的古代丝织品是迄今我国发现的最早的家蚕织物。值得一提的是，系统范围内家喻户晓的绫绢织造技艺，以及扫蚕花地、轧蚕花等生产习俗也被列入了《中国蚕桑丝织技艺》，并于2009年9月30日被列入联合国教科文组织认定的人类非物质文化遗产代表作名录。

我国"四大家鱼"人工饲养的发源地 《湖州府志》记载：三国时期的书生杨俊成，因天灾人祸，难以维持生计。他携家眷辗转至湖州菱湖，定居于查家簖村北的莲花塘，并开展植桑、饲蚕、养鱼等生产活动，并命名第一口塘为"盼幸荡"，意为盼望幸福降临。随着生活逐步宽裕，杨俊成返回建业老家祭祖，尝试用缸将长江中的草、鲢、鳙、鲤、青等鱼类幼苗运回菱湖，投放至盼幸荡饲养，收获颇丰。正因如此，作为有记载可查的四大家鱼人工养殖记录，三国时期的杨俊成也就被公认为"四大家鱼"人工饲养的鼻祖，而浙江湖州的桑基鱼塘也被称为是我国"四大家鱼"人工饲养的发祥之地。

传世农业著作的撰写元素之一 《齐民要术》记载春秋末期，范蠡在湖州地区养鱼后总结心得所著的《陶朱公养鱼经》，是世界上最早的养鱼类专著；明崇祯末期，据传浙江吴兴县沈氏撰写了《沈氏农书》，书中论述的是吴兴地区的农事活动。后张履祥于1658年完成了对《沈氏农书》的增补工作,《补农书》侧重梳理明末清初期间太湖流域，特别是湖州当地农业生产状况，是具有代表性的一部农业著作。书中涉及蚕桑、耕种、酿酒、养鱼等农家经营，也涉及农民生活技艺。农史学家陈恒力在《补农书研究》中，对《补农书》予以高度评价，称其是“总结明末清初农业经济与农业技术的伟大作品之一，是我国农业史上最可宝贵的遗产之一”。

遗产文化价值

浙江湖州桑基鱼塘系统历经数千年的嬗变，积淀了丰厚的蚕桑丝绸文化和鱼文化。

蚕桑丝绸文化　钱山漾遗址在湖州桑基鱼塘系统区域内，位于湖州市城南7公里的八里店镇百廿亩村，属新石器时代良渚文化，是人类丝绸文明史上一个古文化遗址。钱山漾遗址出土了大量的绢片、丝线、丝带、丝绳等丝麻织品。据对绢片丝纤维的显微切片摄影鉴定表明，一对单丝的截面均成三角形，从而断定它不是柞蚕丝、椿蚕丝和天蚕丝等野蚕丝，而是典型的家养桑蚕丝结构，这是我国迄今发现的年代最早的家蚕丝织物。由此表明,新石器时代良渚文化时期，湖州种桑养蚕业已经相当发达，纺织技术已经达到很高的水平。目前，钱山漾遗址被称为“世界丝绸之源”。

蚕桑丝织技艺　蚕桑丝织技艺是中国的原创性发明，它是指栽桑、养蚕、缫丝、染色和丝织整个过程的生产技艺，同时包括这一过程中衍生的相关民俗活动和所用到的各种巧妙精致的工具和织机，以及由此生产的绚丽多彩的绫绢、纱罗和织锦等丝绸产品。蚕桑业的传播还孕育了闻名世界的“丝绸之路”。丝绸之路是古代贯通亚欧的商贸大道，也是沟通东西方文化的桥梁。丝绸之路不仅传播了中华文明，也促进了东西方经济文化交流。2009 年 9 月 30 日，“中国蚕桑丝织技艺”被联合国教科文组织列入人类非物质文化遗产代表作名录。

蚕桑习俗（含山轧蚕花、扫蚕花地） 蚕农们在长期实践中，为祈求蚕茧丰收，形成了一系列既带有科学性又带有祈求性的蚕桑生产习俗。例如养蚕过程中的请蚕花、点蚕花火、谢蚕花、吃蚕花饭等蚕事习俗；每年清明节在遗产地举行一年一度的蚕花庙会、轧蚕花活动，祭拜蚕神，祈求当年的蚕茧有个好收成；此外，在每年的春节、元宵节、清明节期间，举行“扫蚕花地”歌舞活动，祈求蚕桑生产丰收。蚕桑习俗，2008 年被列入国家非物质文化遗产名录。

双林绫绢织造技艺 发源地为系统区域内的双林镇，在南朝宋时双林绫绢已远销海外。绫绢是绫与绢的合称，“花者为绫，素者为绢”，使用纯桑蚕丝织制而成。双林绫绢工艺精湛，包含浸泡、翻丝、放纡、织造、炼染、整理、检验成品等生产流程。双林绫绢种类繁多，分为耿绢、矾绢、花绫、素绢等诸多品种，具有质地柔软、色泽光亮、“薄如蝉翼、轻似晨雾”等特点，体现出较强的地域性和技能性，被誉为“丝织工艺之花”。2008 年被列入国家级非物质文化遗产保护名录。

辑里湖丝传统制作技艺 产于系统区域内湖州市南浔镇辑里村。生产辑里湖丝的蚕种选用自育的“莲心种”，品种优良。辑里湖丝缫丝程序复杂，分搭丝灶、烧水、煮茧、捞丝头、缠丝窠、烧丝轴、炭火烘丝等过程。辑里湖丝在缫丝工艺上注重“细”和“匀”，所缫的丝“富于拉力、丝身柔润、色泽洁白”。辑里湖丝手工制作技艺 2011 年被列入国家级非物质文化遗产名录。

《渔家乐》表演（遗产地提供）

鱼文化 打击乐《渔家乐》。渔民们用盛放鱼食的木质器具、装螺蛳的小木桶和鱼叉作高音部乐器，用挑水的大水桶和汲水的小木桶作中音部乐器，用小木船和菱桶作低音部乐器，组合成一个乐队，来表演打击乐《渔家乐》。《渔家乐》表现了春天鱼苗下种、中间喂食养殖、年终捕鱼丰收等江南水乡渔民生产和收获的全过程，表达了农民劳作的艰辛和丰收的喜悦。村民们通过演奏《渔家乐》，祈祷来年风调雨顺、渔业丰收。

吃鱼汤饭 按系统区域习俗，每年冬季，渔民都会大规模捕鱼。为了庆祝一年的渔业丰收，大家聚在一起，吃一顿以鱼为主的“鱼宴”，俗称“鱼汤饭”。吃鱼汤饭庆丰收，是湖州所有水乡渔民的一个共同饮食习俗。湖州人每逢节庆或宴请，最后一道菜必定是全鱼，寓意“年年有余”。

遗产特点

遗产特点主要从系统结构和系统特征加以阐述。

在系统结构上，主要有桑基—蚕—鱼塘，油基—鱼塘，桑基—蚕—鱼塘—大球盖菇和油基—鱼塘—湖羊四种模式：

桑基—蚕—鱼塘 桑基—蚕—鱼塘模式是由桑基子系统、蚕子系统和鱼塘子系统组合而成，但并不是三者的简单相加，而是利用不同子系统的生产特点，经营过程中互相补充利用食物、有机肥等。系统组合伴随新的能量流动，桑基子系统产生的桑叶是蚕子系统的重要食物来源，蚕沙进入鱼塘子系统喂养鱼类，每年鱼塘中的塘泥又返回桑基子系统，为桑树的生长提供有机肥。因此，与单一子系统相比，桑基鱼塘复合系统通过系统内循环，提高了生产效率。

油基—鱼塘 油基—鱼塘模式是油基子系统和鱼塘子系统按照 5:5 的比例进行组合，油基子系统主要轮作油菜和黄豆，鱼塘养单一鱼种。能量流动表现为，油菜饼等为鱼生长（尤其是鱼苗培育）补充提供有机饲料，鱼塘的塘泥又是提高基面土壤质量的高效有机肥，降低了产品生产成本，提高了农户经济收入。

桑基—蚕—鱼塘—大球盖菇 桑基—蚕—鱼塘—大球盖菇模式，综合考虑了大球盖菇子系统与桑基—蚕—鱼塘模式的特点，大球盖菇子系统通过利用桑基子系统的桑枝产出能值，一方面减少了桑基—蚕—鱼塘模式废弃物的能值产出，扩大生态系统的物质流和能量流网络，另一方面又填补了劳动力零碎时间的空白，延伸了产业链，增加农户的经济收入。桑基—蚕—鱼塘—大球盖菇模式中，桑基子系统中的部分桑叶进入蚕子系统，为蚕的生长提供食物；蚕子系统的蚕蛹可以用来喂养鱼塘子系统中的鱼类，蚕沙等废弃物产出则可改善鱼塘水质，用以肥塘水；桑基子系统中桑枝等废弃物可以作为食用菌的培养料，是大球盖菇培养基的优质原料。

油基—鱼塘—湖羊 油基—鱼塘—湖羊模式中，湖羊可以以油菜秸秆和黄豆秸秆为饲料，将废弃物能值转变为有效经济产出，减少资源浪费。同时，湖羊粪便是油菜和黄豆生长的高质量的有机肥料，减少了油基基面系统化肥等的投入。油基子系统的部分黄豆、油菜籽投入鱼塘喂养塘鱼，其剩余的秸秆副产品可以喂养湖羊，减少废弃物产出；鱼塘子系统中的塘泥及湖羊子系统产出的羊粪输送到基面上肥沃土壤，为农作物的生长提供营养物质。

在系统特征上，主要有复合性、战略性、循环性、创造性、独特性五个特点：

复合性 桑基鱼塘系统中蚕桑产业和养殖业形成了水陆相互依存、相互促进良性循环的生态型农业。在“鱼塘一桑园一鱼一桑一蚕”这个主系统外还存在着众多子系统。系统与系统之间，系统内各物种之间，物种内各生物个体之间在人类的干预、调控下，既相生又相克，相互滋养，和谐共生，实现了能量的转换又最大限度地降低了对土壤、水体、空气的污染。据测定，鱼塘内的藻类浓度、水体浊度和 pH 值、溶解氧含量、水温、电导率以及高锰酸盐、总磷、总氮含量和 5 日生化需氧量（BOD5）、高锰酸盐指数等指标，均达到 GB3838-2002 所制定的Ⅲ类水质标准，从而为保持区域内良好的水域环境发挥了重要作用

战略性 成立桑基鱼塘系统保护与发展工作领导小组。为了加强对系统的保护与利用，市、区两级政府分别成立了桑基鱼塘保护利用工作领导小组，负责统筹安排桑基鱼塘保护与发展总体规划的组织实施，科学论证桑基鱼塘的保护和利用工作，及时研究解决桑基鱼塘保护和利用工作中出现的重要问题，出台了《湖州市桑基鱼塘保护区管理办法》。《办法》共设六章二十七条，于 2013 年 9 月通过并开始实行。《办法》禁止在桑基鱼塘保护区范围内从事下列活动：开垦、取土等；在桑基鱼塘周边新建化工、农药、印染等污染企业；投放有毒有害物质、倾倒固体废弃物，设置垃圾堆放场；破坏桑基鱼塘的保护设施；桑基鱼塘改种其他作物；其他破坏桑基鱼塘资源的行为。因桑基鱼塘保护、利用致使桑地、鱼塘资源所有者、使用者的合法权益受到损害的，应当依法给予合理补偿。制订了《浙江湖州桑基鱼塘系统保护与发

展规划》，并经专家评审委员会评审通过。《规划》对涉及菱湖镇和孚镇的桑基鱼塘区域划定了核心保护区、次保护区和一般保护区，使保护利用工作科学有序。2014 年 9 月 22 日，湖州市政府与浙江大学联合在南浔区桑基鱼塘遗产地荻港渔村举办了“桑基鱼塘传统文化与生态文明建设发展论坛”，有效扩大了桑基鱼塘农业文化遗产的影响力和知名度。为了进一步扩大清明“含山轧蚕花节”的影响力，南浔区人民政府在原来自发的民俗文化活动祭蚕神的基础上，融入了推广科学养蚕、大型商贸展销、蚕花姑娘评选、背蚕娘、摇蚕龙、吃蚕花饭、裹粽子比赛、文艺演出等活动内容，蚕文化活动得到了进一步的传承和发扬，每年游客 20 多万人次。

循环性 以浙江湖州桑基鱼塘为代表的生态循环系统具备诸多优势，如塘基沃、桑树茂、蚕茧多、鱼体肥等。这些优点充分印证了桑基鱼塘生态循环系统中，各生产元素的作用关系。在这个系统中，“桑树”是核心环节，塘基上的桑树接受太阳给予的光能产生光合作用，制造其他环节需要的有机物“桑叶”。桑叶饲蚕，从而使桑叶中的营养物质通过食物链传输给蚕，蚕是初级消费群体。此后，蚕在完全消化桑叶之后便产出蚕沙以及蚕蛹，这些物质随之进入鱼塘，作为塘鱼的日常食物。因此，在这套循环体系内鱼为二级消费群体。塘池蕴含的丰富微生物持续分解塘鱼和藻类产生的各类有机质，并

湿地农业生态系统水陆交换的物质循环示意图（赵文 图）

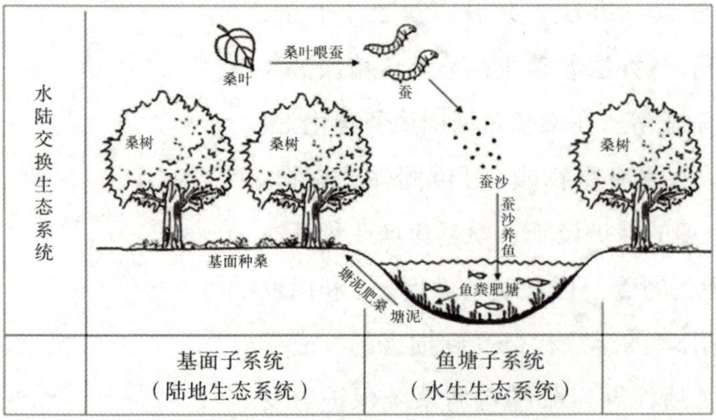

逐步生成氮、磷、钾等无机物元素，这些无机物进入塘泥后，又会随翻塘堆积为桑基。可见，在这个完整的生态链之中，各类微生物扮演了有机物的转化者、分解者、还原者等角色。在日常植桑中，同时还有部分桑树的枝叶落入塘基上或者鱼塘中，经过多种微生物的不断分解，催发有机物质转变为无机物，缓释进入土壤，被桑树以及其他塘基上的作物吸收转化，随之开启新一轮的生态循环。

创造性 水资源和洼地合理利用。湖州的先民们在南太湖的古菱湖湖群洼地，创造性地建成了“五里七里一纵浦，七里十里一横塘”的水利排灌系统。汛期，可利用众多的横塘湖漾分散洪流；涝时，可用纵浦疏干渍水；旱时，可以从太湖引水。同时，通过逐年挖塘泥堆高塘基的管理方法，使桑基鱼塘系统蓄水防洪能力逐年提高。因此，通过“纵浦横塘”水利工程和桑基鱼塘组合而成的人工生态农业系统，不仅使苕溪水资源和菱湖洼地得到了合理利用，而且较好地解决了汛期西苕溪和东苕溪带来的洪涝灾害及夏季干旱的难点，从而把太湖南岸大批洳湿之地开发成为稳产高产、旱涝保收的膏腴之地。千百年来桑基鱼塘系统使区域经济持续发展，为太湖流域人民生活水平的不断提高、社会和谐安宁及区域强盛发挥了巨大的作用。

自然生态系统人工化 将生长在原始森林中的自然桑蚕生态系统实现了人工化。浙江余姚河姆渡遗址发掘表明，距今7000多年前的新石器时代，生长在原始森林中的桑蚕生态系统还是自然生态系统，而区域内钱山漾遗址发掘表明，距今4700年左右，生长在原始森林中的自然桑蚕生态系统已实现了人工化。将自然生长的草鱼、青鱼、鲢鱼、鳙鱼，根据不同生活习性，人工组合成鱼塘立体生态养殖模式。然后，在“桑蚕自然生态系统人工化”和“四大家鱼共生系统人工化”基础上，通过人的参与，组建了“塘基上种桑、桑叶喂蚕、蚕沙养鱼、鱼粪肥塘、塘泥壅桑”的完整桑基鱼塘人工生态循环系统。该系统是世界史上人们认识自然、利用自然、改造自然、促进农业经济可持续发展的一个伟大创举。

独特性 与同类型农业生态系统相比，浙江湖州桑基鱼塘系统具有三个独特的地方。该系统是人工组合而成的多层次生态农业系统。与稻鱼共生、稻鸭共生等单一物种共生的同类生态系统相比，桑基鱼塘系统是种桑养蚕系统、养蚕养鱼系统、鱼塘立体养殖系统四个亚系统人工组合而成，而且除鱼塘生态系统外，其他三个系统间生态联接必须由人参与完成。因此，人是桑基鱼塘生态循环系统中一分子，是人把陆基“种桑养蚕系统”和鱼塘“四大家鱼立体生态养殖系统”组合成了更大的复合生态系统，实现了物质和能量多层次利用，提高了资源的利用率和经济效益，改善了环境质量。浙江湖州桑基鱼塘系统对系统外环境基本达到零污染。该系统中，养蚕过程中多余的蛹和蚕沙作为鱼饲料和鱼塘的肥料，鱼塘肥厚的淤泥挖运到四周塘基上作为桑树肥料，桑树土壤中多余的营养元素随着雨水冲刷又流入鱼塘，系统中多余营养物质和废弃物周而复始地在系统内进行循环利用，没有给系统外的环境造成污染，基本上实现了零污染，从而为保持区域内水域良好的生态环境发挥了重要作用。浙江湖州桑基鱼塘系统历经数千年的风风雨雨，积淀了丰厚的桑蚕文化、鱼文化。浙江湖州桑基鱼塘系统不仅有一年一度的区域重大节日——“轧蚕花”节，而且还有如请蚕花、点蚕花火、谢蚕花等养蚕习俗和各种各样的养蚕禁忌及送蚕花、接蚕花、撒蚕花等婚嫁习俗，以及《渔家乐》等鱼文化。鱼文化和蚕文化已经深入到人们生活的方方面面，有着独特的文化内涵。

三、遗产现状与发展

遗产现状

桑基鱼塘水系概况（遗产地提供）

自然资源丰富，文化底蕴浓厚 目前，系统区域有近4000公顷桑地和10000公顷鱼塘相联相倚、相辅相成，从远处眺望或者从高空俯视桑基鱼塘，跃入人们眼帘的仿佛是一幅蓝绿相间的巨大棋盘，具有江南水乡独特的田园风光韵味，美不胜收，有较高的观赏价值。走进桑基鱼塘，绿油油的桑树环抱着一汪汪清水，步移景换。基面上桑树高低错落，桑叶随风飘动，婀娜多姿；池塘中多种鱼类形态各异，三五成群游弋戏水，不时跃出水面，激起阵阵涟漪，令人目不暇接、心旷神怡。“处处倚蚕箔，家家下鱼筌”，勾勒出一幅桑茂、蚕盛、鱼旺的水乡美景。2003年，以菱湖镇为中心的湖州桑基鱼塘景观被评为国家旅游资源最高等级——五级标准。

旅游产业兴旺，经济发展迅速 浙江湖州桑基鱼塘系统中荻港村获得中国最美休闲乡村、全国特色景观旅游名村等称号。浙江湖州桑基鱼塘系统中镶嵌着诸多千年历史的水乡古村落。其中，位于核心保护区内的古村落荻港村，依河而存，因水成街、因水成市，粉墙黛瓦，小河、小桥、酒肆茶楼构成了浓郁的江南小镇

画卷。小河岸边廊庑蜿蜒，店铺相间，河中船舶穿梭，涟漪拍岸，古村落、人文景观和桑基鱼塘系统完美融合，呈现出江南水乡唯美意境和田园风光的美丽画卷。因此，荻港村于2013年被住房和城乡建设部、文化部、财政部、国家文物局等七部局列入中国传统村落，2014年被农业部授予“中国最美休闲乡村”称号，2015年被浙江省文化厅列入“浙江省非物质文化遗产旅游景区”，2015年被住房和城乡建设部、国家旅游局授予“全国特色景观旅游名镇名村”。

系统面积减少，老龄化现象严重 改革开放以来，由于工业化、城市化和农村城镇化的快速发展与无序膨胀，许多地方“填塘造地”，用于城镇、工厂和道路建设，导致了对桑基鱼塘系统的直接占用，使得原有的桑基鱼塘景观被现代化的“钢筋水泥丛林”所代替，传统桑基鱼塘系统逐年减少，再不实施保护，将面临消失的危险。

由于区域社会经济发展和产业结构的调整，不少农民尤其是年轻人“洗脚离田”，不愿意起早贪黑养蚕，而是选择到企业打工，致使从事蚕桑生产的人群老龄化日趋严重，不少塘基被迫撂荒或管理不善，许多基塘系统自行萎缩、退化与消失。目前区域内种桑养蚕养鱼的农民年龄多数在50岁～60岁以上，随着这些“蚕娘”“鱼公”相继谢世，桑基鱼塘的传统生产技艺及与之相关的习俗礼仪等非物质文化将逐渐失传。

遗产发展

生态产品开发与保护 目前消费者对农产品质量十分重视，因此建议当地农户充分利用桑基鱼塘循环系统生态优势，通过加强农产品质量标准监管和品牌建设，将系统区域内的淡水鱼、桑叶茶、桑果、桑茧美容保健产品、水果、大米、大豆、菜籽油、芝麻油等农产品，打造成消费者信赖的生态安全产品，提高产品附加值，增加区域内农民收入，提高对桑基鱼塘保护的积极性。通过对保护与发展区河、港、漾、塘及水质的改善，营造一种适宜生物多样性发展的良好环境，使区域内的生态环境的到显著提升。同时，通过对河、港、漾、塘等的定期清淤和障碍物清理，提高区域内蓄水量，增强抵抗洪涝灾害能力，促进区域农村经济发展和社会可持续发展。

休闲农业发展　要在保护“传统桑基鱼塘生态模式”基础上，将区域内桑基鱼塘生态景观、水乡自然风光、古村落风貌、儒家文化及人文景观与建设美丽新乡村相结合，通过对保护区陆地道路基础设施、水上交通设施、旅游基础设施改善和村容村貌的整治，以及举办蚕桑文化旅游节、鱼文化节等措施，把保护区打造成集生态旅游、水乡生活体验、文化熏陶、科普教育、康体养生等一体的桑基鱼塘生态农业休闲旅游景区、“传统桑基鱼塘系统”升级版、南太湖最具吸引力旅游目的地，促进桑基鱼塘生态农业系统的可持续发展。

参考文献

[1] 沈文泉：《新时代桑基鱼塘系统的保护传承与创新发展

研究——以浙江省湖州市南浔区云豪家庭农场为例》,《遗产与保护研究》2019 年第 1 期。

［2］李德勇:《浙江湖州桑基鱼塘：在创新发展中进行传承和保护》,《渔业致富指南》2018 年第 7 期。

［3］徐承旭:《湖州桑基鱼塘获“全球重要农业文化遗产”认定》,《水产科技情报》2018 年第 1 期。

［4］吴怀民、叶明儿、楼黎静等:《湖州桑基鱼塘生态系统保护的现状与规划》,《蚕桑通报》2017 年第 2 期。

［5］叶明儿:《湖州桑基鱼塘系统与儒家生态伦理思想》,《遗产与保护研究》2016 年第 4 期。

（撰文：赵文　杨斌　匡思莉）

中国南方山地稻作梯田系统

紫鹊界梯田　湖南省新化县紫鹊界梯田是典型的稻作梯田农业生态系统。该系统具有生计安全保障、生物多样性保护、水源涵养、水土保持等多种重要的生态服务功能。当地以黑贡米和红香米为代表的传统水稻品种资源，经过长期自然选择，品质优良。

湖南新化紫鹊界梯田（遗产地提供）

广西龙胜龙脊梯田（遗产地提供）

尤溪联合梯田 尤溪联合梯田位于福建省尤溪县联合乡境内，开垦于1300多年前的唐开元时期，是中国历史上开凿最早的大型古梯田群之一。福建省尤溪县联合梯田地形相对封闭，面积狭长，不适宜现代化、机械化耕作，传统的小农经营仍然是当地主要的农业经营模式，因此，传统农业技术和农业文化保存较好。梯田上的农耕生产活动和植物的季相变化，使联合梯田春夏秋冬呈现出截然不同的景观。

崇义客家梯田 崇义客家梯田以江西省崇义县县域为遗产地范围，属于亚热带季风湿润性气候。崇义地区的客家人不仅开辟出了壮观的客家梯田，而且在客家传统的文化意识和生活习俗基础上，吸收当地长期居住的少数民族的优秀文化和民情风俗，将其融入自己的文化观念和生活方式当中，逐渐形成了一种以梯田耕作为主、客畲风情交融的客家梯田农业文化。

龙胜龙脊梯田 广西龙脊梯田农业系统，位于广西桂林市龙胜各族自治县龙脊镇龙脊山脉，山脉左边是桑江，右边是壮族和瑶族先人开凿的梯田，即龙脊梯田。龙脊梯田农业系统范围面积约为101平方公里，其中梯田面积1174公顷。目前，龙脊梯田主要包括平安壮寨梯田、龙脊古壮寨梯田和金坑红瑶梯田三大部分，是农业文化遗产的核心保护区域。

南方山地稻作梯田系统申报全球重要农业文化遗产的申报地区为湖南省娄底市新化县、福建省三明市尤溪县、江西省赣州市崇义县、广西壮族自治区桂林市龙胜各族自治县，批准时间为2018年2月（联合国粮农组织官网宣布的时间）。

一、遗产历史发展

紫鹊界梯田

紫鹊界梯田是典型的稻作梯田农业生态系统。有文字记载的历史已有一千多年。唐宋时期，朝廷积极鼓励种植“高田”，《湖南通史·古代卷》写道：“所谓‘山田’、‘高田’，因依山‘层起为阶级’，俗名‘梯田’，这种梯田，宋代在湖南地区也很普遍。”据《新化地名录》记载，水车镇楼下村为罗姓族人聚集而成，其始迁祖罗彦一是北宋太平兴国年间迁徙来的，之所以取名叫楼下，是因村后陡坡上的田土如楼梯而得名。可见，北宋初年，紫鹊界一带的梯田已经初具规模。宋熙宁年间，朝廷委派章惇“招纳梅山”，梅山峒民自此归服。明清时期，梯田规模逐步发展。随着紫鹊界梯田的开发，许多直接为生产服务的公益设施相继建设起来。以锡溪河一带的茶亭为例，就有淡如亭、吉清亭、泽润亭等十多座，都是明清时期先后修建的。

尤溪联合梯田

早在新石器时代，尤溪县已有人类居住。《史记》记载，西周后期越国人一部分流散到福建定居，加速了当地农业的发展。宋《九国志》和《建瓯县志》记载，“永嘉之乱”后中原战争不断，许多士大夫携家迁入福建避难，主要集中于闽江上游，尤溪属于重要的迁徙目的地之一。南北朝时期“侯景之乱”，江浙一带人为躲避战祸，再次大规模向该地迁徙，并且带来了中原和江浙地方先进的农业技术，使尤溪农业得到了较快的发展。《尤溪县志》载，以前尤溪县人主要居住在山中的溪边，因当时人口稀少，耕地主要分布于已耕种的河谷平原地带，可能已有坡度比较缓的梯田，农业总体上仍属粗放经营阶段。唐朝初期尤溪人口继续增多，唐开元二十九年（741）尤溪县建县。从安史之乱开始，由于北方战争连绵不断，北方许多家族长途跋涉迁到福建，尤溪人口不断增加。唐朝时福建农业开始由粗放经营转向精细化经营，农业已开始向山上进军。据尤溪县联合乡曹氏祖谱记载，曹氏唐朝时从沙县迁到联合乡定居，这说明尤溪县联合梯田在这个时期已开始被人们开垦种植，至今已有1300余年。北宋末期靖康之变至南宋以及元朝，因受战乱影响，百姓南逃，福建人口一直处于快速上升时期。联合乡伏虎岩寺庙在南宋因虎患而建立，这个时期联合乡向山上开发的梯田已具有相当的规模。因人多地少，明清时期福建人口开始向省外和省内偏远地区迁移，据记载，联合乡以人口迁入为主，这一时期是联合乡梯田形成规模的最重要阶段。20世纪，福建人口两次大规模外迁，但从尤溪联合梯田的姓氏族谱记载看，20世纪至今迁入迁出的家族很少，联合乡梯田的面积变化不大，联合梯田规模处于稳定阶段。

崇义客家梯田

据史料记载，崇义客家梯田最迟于南宋时就已存在，至今至少有800多年的历史。崇义客家梯田的起源与演变历史，是客家先民适应赣南地区山地自然环境繁衍和壮大的过程。南宋时期，当地居民迫于维持生计的需要，开垦的梯田主要为山麓及沟谷中较低缓的坡地，梯田的规模只是一些零星分布的局部小块，地势高的坡地并未开垦。这一时期称为客家梯田的雏形阶段，其主要特点为修建山坡池塘、拦截雨水，把终年不断的山泉溪涧，通过水笕沟渠引入梯田。农作物种植以高秆水稻为主，水稻品种单一，一个品种用数年，乡俚说“年年用老种，累的背弓弓”。清末至今，崇义客家梯田的规模都处于稳定阶段。这一阶段，既有修筑梯田与治山治水联系起来的特点，更重要的是在生产实践中形成了一系列完整的梯田耕种技术和理论。

龙胜龙脊梯田

龙胜梯田距今至少有2300多年的历史，堪称世界梯田的鼻祖。龙脊的先民在崇山峻岭之间的陡坡之地，经年累月，胼手胝足，砌出牢固的美丽如画的层层梯田。开田时，遇到巨石就架起柴堆点火，把石头烧热后泼上冷水将其炸裂。为了检测每块田的平面是否高低一致，他们砍来溜直的楠竹打通竹节作水平仪，平整田块。经过数百年的接续开垦建设，一个又一个山坡被化为层层叠叠、直上山巅的梯田，成就了今天举世瞩目、如诗如画的大规模的梯田群。这是当地先民发挥聪明才智，利用自然、改造自然的一大创举。

二、遗产价值与特点

遗产生态价值

紫鹊界梯田：保持区域生态平衡的重要基础　紫鹊界梯田生态系统具有生计安全维持、生物多样性保护、水源涵养、水土保

紫鹊界梯田（遗产地提供）

持、气候调节、农田生态环境改善等生态服务功能，生态系统稳定性较高。紫鹊界农民由于长期坚持传统耕作技术，对农药化肥的依赖程度低，避免了化肥农药污染，保证了食物安全，维持了生物物种的多样性。另一方面，紫鹊界农民运用传统农耕知识与技术，封山育林，提高森林植被覆盖率，采用林间套种毛竹、猕猴桃等经济作物，以及旱地传统轮作方法，改善农业生态系统功能，为区域生态平衡发挥了重要作用。

福建尤溪联合梯田（遗产地提供）

尤溪联合梯田：对农作物地方品种保护和农耕文化传承有重要作用 梯田农业生态系统有森林、水田旱地、村落河流，多样的生态系统孕育了丰富的生物多样性，保护了各种生物的繁衍和进化环境，并保留了大量的生物基因资源。尤溪联合梯田地区保留有大量地方水稻品种，联合镇东边村天然水稻基因库至今仍保留有72个传统水稻品种，可满足不同海拔高度以及不同季节水稻栽培的要求。还有许多其他动植物品种，如觅食性超强的山麻鸭、番鸭、半番鸭等。此外，地方性的牲畜品种等，也都具有重要的生物多样性价值。所以，联合梯田农业文化遗产系统对地方品种的保护和延续有重要作用。

崇义客家梯田：对丘陵坡地资源的有效利用　崇义客家梯田生态系统是充分利用自然条件而形成的良性农业生态系统，这一农业生态系统是在对土地资源和水资源充分而合理利用的基础上建立起来的。将易患水土流失的缓坡山地开垦为梯田，不仅扩大了耕地面积，而且建设田埂等基本设施也能有效地增加土地入渗量，促进土壤养分的积累，是平原农耕文化与山地环境嫁接的产物。这种土地利用方式适应南方气候与多山地形，因此被认为是传统山地农业生产中生产力和生产技术最高的农业生产方式，对其他类似地区开发具有示范作用，有利于农业生态系统稳定性的维持。

龙胜龙脊梯田

1. 生物多样性保护　龙脊梯田农业系统中生物多样性丰富，拥有独特优良的水稻品种以及种类繁多的动植物种质资源。龙脊梯田农业系统的一个重要功能，就是保护当地传统的农作物品种及龙脊梯田区域内独特的生境以维持生物多样性，特别是通过就地保护来保护各种生物的遗传多样性。而这些传统地方品种生物多样性的维持，也是农业文化多样性的基础。

2. 水土保持　龙脊梯田地处亚热带季风气候区，雨量充沛，受暴雨影响，最主要的灾害是山洪，而洪灾易使梯田垮塌，并造成水土流失，但龙脊梯田两岸植被保护良好，随山势海拔变化形成立体气候，随气候变化分布着不同的乔、灌、草植被类型，且一年四季常青，非常有利于水土保持。另一方面，层层梯田田埂把土壤和水分很好地控制在稻田中，而且当地人特别注重对梯田的保护，有随时修复崩坏的梯田、严禁在梯田建建筑等习俗，水土保持工作做得很好。

3. 水源涵养　由于重视对石山和水源林保护，这里的植被良好，森林具有良好的保持水土、涵养水源、调节气候的作用。大量的森林保障了梯田和人、畜生活用水。水稻梯田是一种人工湿地，梯田水稻生产并不会导致水土流失，相反由于梯田内长期有水，还有改善水气环境的作用。良好的环境条件使这里形成了“山有多高，水有多高”的生产生活条件。山上的流水保证了梯田生产和人畜生活用水。

4. 气候调节　龙脊梯田森林生态系统有乔木、灌木、草地、蕨类和苔藓，不同海拔高度的森林群落形成了多种多样的小气候，也影响了周围环境。龙脊梯田区域内以山间溪流为主，水系较为发达，加上景区的常绿阔叶林和落叶常绿阔叶混交林原生性强，植被覆盖度高，发展了多种类的植物群落，造成夜间强烈辐射冷却，有利于形成雾、露、雾凇等凝结物，增加了该区域的总体湿度和降水量。

遗产经济价值

紫鹊界梯田：改善当地居民生计的重要途径　随着紫鹊界梯田旅游观光农业的开展，当地农民就地从事农产品加工，搭棚子、摆摊子就地出售自己生产的农产品，如黑香米、红米、柴火腊肉、田鱼、板鸭等，增加了收入。随着紫鹊界梯田旅游业的发展，外出务工的一部分青壮年劳动力开始返乡创业，如龙普村已有多人返乡，学习水稻种植、稻田养鱼、稻田养鸭等传统耕作技术，传统农耕技术得到传承。

尤溪联合梯田：提供高品质安全的农产品，提高居民收入 联合梯田以采用传统耕作方式为主，与以农药化肥为主的现代耕作方式相比，化肥农药的使用量相对较低，而且传统的稻田养鱼、稻田养鸭等复合生态养殖技术，以及撒石灰和草木灰等除虫方式，不仅保证了当地居民的食物供应和食物多样性，也保证了其饮食的健康安全，还为当代依靠农药化肥的农业转型起到了很好的示范作用。

崇义客家梯田：发展农业经济，实现农业振兴 崇义客家梯田传统生态农业发展优势凸显，2001－2013年的农业总产值增长态势较为显著。2013年，全县农林牧渔业总产值126118万元，增长7.6%，其中农业产值36895万元，增长7.9%，林业产值48635万元，增长6.7%。统计数据显示，农业完成增加值85026万元，增长4.3%，占全县生产总值的14.7%；地方财政收入中农业税收完成5717万元，增长63.6%，占地方财政总收入的7.52%。

龙胜龙脊梯田：当地居民的生计保障 龙脊梯田不仅种植水稻，还在不同海拔的各个土壤带因地制宜地种植茶叶、罗汉果、高山蔬菜、水果等作物，进行复合经营；近期，龙脊地方政府加大了特色农业产业的发展，正在建设无公害产品、绿色产品、有机产品的生产基地，梯田地区的大批特色农产品如龙脊辣椒、风鸡、翠鸭、龙脊贡茶、龙脊水酒、罗汉果等为农业产业化经营提供了产品，有利于实现农民致富。长期以来，龙脊梯田农业经济发展比较缓慢，人均收入较低。自1993年起，龙脊梯田由桂林龙脊旅游有限责任公司开始开发，提出旅游扶贫的口号，开始把发展旅游业作为地方扶贫的支柱产业。壮观的梯田、古典的民居、丰富的民俗、良好的环境，为开展旅游提供了条件。旅游业给当地经济注入了活力，也带动了当地经济迅速发展。

遗产社会价值

紫鹊界梯田：维持农业可持续发展的重要保证 紫鹊界梯田的演变与发展是当地居民尊重自然、顺应自然、保护自然和合理利用自然的典范，既与国家所倡导的“生态农业”“循环农业”“低碳农业”等相适应，同时也符合党的十八大提出的加强生态文明建设、建设美丽中国的宏伟目标。

尤溪联合梯田：保证当地居民粮食安全 自汉晋以来，由于尤溪地区社会环境比较稳定，梯田粮食产量稳定，不断有外地人口迁居到此，梯田面积不断扩大。在工业化和城市化的今天，尽管各地耕地面积不断萎缩，粮食安全问题越来越严重，但是联合梯田粮食产量仍然保持稳定，表现出了应对城市化和工业化冲击的优势。尤溪联合梯田良性的复合农业系统结构和科学的水源管理经验，显示了其抗御自然灾害的能力，多样的种植结构和作物品种对保证当地民众食物安全和营养多样性具有重要意义。

崇义客家梯田：维系着客家乡村社会秩序和谐 地处崇山峻岭之中的崇义客家梯田相对封闭，依附于梯田的社会体系较为独立和完整。客家人在梯田边出生、生长，熟悉梯田耕种管理，也掌握了景观周边环境的自然节律。梯田将客家村民的感情紧密连接在一起，完备的客家宗法系统和浓厚的客家民俗文化，进一步强化了客家梯田的文化记忆。在各个村落的小范围内，人们交往、生活、劳动，相互依赖、相互关照，形成了较为稳定的社会秩序。

龙胜龙脊梯田：促进民族团结、社会和谐发展 龙脊梯田一带生活着壮、瑶等多个民族。同一个村寨的居民，往往是同一个民族，他们有着共同的信仰、同样的习俗，一致的生产方式和生活方式，有利于村寨内部的团结与和谐。因此，保护与发展龙脊梯田生态农业及其附带产业，在保护中求发展，在发展中寻求保护，促进遗产地居民增收致富，优化山区产业结构，对于龙胜县美丽乡村建设具有重要意义。对龙脊梯田农业系统农业文化遗产进行系统性保护，不仅可以更好地保护好历史悠久的梯田稻作生产，保护好龙脊独特优良的种质资源，同时可以提高龙脊梯田传统农业系统的知名度，促进龙胜旅游产业的发展，进而带动社会经济发展，实现人与自然、社会的双重和谐发展。

遗产文化价值

紫鹊界梯田 紫鹊界一带文化底蕴深厚，梅山文化源远流长，文化资源十分丰富。山歌、民歌、情歌、梅山武术广泛流传于民间，“呜哇”山歌高亢、通俗而极具韵味。傩头狮舞、草龙舞、宗教傩舞风格独特。傩头狮舞为古老生殖崇拜表演，充满原始的生活气息；草龙舞用的草龙全部以稻草与野生蒿草扎成，传说中草龙是众龙之首，能驱鬼辟邪。紫鹊界在婚嫁、生子、丧葬等方面保存着苗瑶风俗习惯，近千年来依然如故。紫鹊界还残留有 48 座瑶人寨遗址，有多处瑶人居住过的岩屋，具有极大的考古价值。独特的自然环境造就了当地特色饮食文化和特色土特产品，如已经形成饮食文化品牌的“十荤、十素、十饮”，特色农产品有优质贡米和紫米、黑米等。

尤溪联合梯田 尤溪联合梯田是以南方中低山丘陵地区梯田景观为特色的稻作梯田系统，是构成中国传统农耕文化的重要元素。尤溪人的祖先基本上是中原、江浙一带的汉人，因躲避战乱迁到此地，他们带来了中原、江浙的文化和农耕技术，许多文化

习俗至今仍保存较好。联合梯田是这些迁徙而来的汉族人民独自创造的梯田类型，也是中国历史上保留至今的历史最悠久的古代梯田群。当地农耕文化是中国优秀传统农业文化的典型代表，由于交通不畅，受外界文化冲击较小，传统农耕文化保存相对完好。对尤溪联合梯田的保护，有助于维持中国传统农耕文化的完整性。此外，稳定的梯田保证了人类的繁衍生息和文化的继承和发展。梯田日常农事活动，以及梯田地区稳定的居住条件和稳定的生活环境，使当地民众仍然保留着许多传统的节日、礼仪和习俗，这些礼仪和习俗对农耕文化的传承起着重要的作用，具有独特的历史文化价值。

崇义客家梯田　有效传承客家传统农耕文化。客家人的农耕技术、宗教习俗、乡规民约、民居建筑、节日庆典、服饰歌舞、文学，无不以梯田为核心，处处渗透出梯田文化精神。在长期的梯田耕作中，勤劳智慧的上堡客家人创造了许多独特的文化艺术形式，如春牛文化、酒文化、茶文化、农耕文化等，具有浓郁的客家乡村风情、梯田特色。崇义客家梯田整个农耕系统中的技术与经验、知识与制度，均以活态的形式传承至今，符合可持续发展理念及人与自然和谐共生理念。这些在长期梯田耕作中积累的生产生活经验，存在于人们的日常生产生活中。

泗水细门红瑶“红衣节”(遗产地提供)

龙胜龙脊梯田 龙脊梯田农业系统是一种特有的地方文化符号，记载和传承着1300多年的历史。龙脊梯田山区的山民通过村落的集体活动、祭祀与节庆，依照传统或经验形成共同的思想观念与行为方式，使得文化得以延续，所以现在依然流传的各种祈福、祭祀的风俗都是文化传承的结果。同时，通过龙脊梯田文化的代际传承，也将整个社会的历史与文化记忆融入其中，包括家族观念、宗教信仰、风俗习惯等，地方历史与社会价值观念以集体历史记忆的方式被铭记，社会认同和文化自觉由此产生。在此基础上，家族、村落和传统的以稻作生产为基础的生计方式得以延续和发展。

遗产特点

有关遗产特点主要从系统结构和系统特征加以阐述。

在系统结构上，主要有稻田养鸭，多品系间作，森林－竹林－茶园－村庄－梯田－水流和林、寨、田立体布局三个特点：

稻田养鸭 稻田养鸭是紫鹊界复合系统中的一种常见方式。当地农民一般选取水源充足、阳光充裕的垄田，以便于鸭子栖息、取食。五月中下旬，水稻移栽返青，将雏鸭放在稻田中，自由散养。白天，小鸭在田间觅食各种幼虫和杂草，夜晚便自行回到鸭舍，再补充玉米和杂粮等饲料，以促使鸭子长膘增重，至九月中下旬水稻成熟收获后，成年的鸭子继续留在田间，捡拾撒落的稻子和捕食田

稻田养鸭（遗产地提供）

梯田山地农业体系（遗产地提供）

间害虫，到重阳节时，将成年鸭子出售或食用。

多品系间作 联合梯田生态系统的农民崇尚作物多品系栽培，利用不同品系及不同作物的生物学特性及资源利用方式差异、抗逆性特征，构建了水稻多品系栽培、稻豆间作等技术，提高了梯田生态系统的抗逆性，保证了作物稳产，大大减少了农药的使用，提高了农产品品质。

森林—竹林—茶园—村庄—梯田—水流 崇义客家梯田所形成的“森林—竹林—茶园—村庄—梯田—水流”山地农业系统，是一个生物和景观多样性丰富、人与自然高度协调的生态系统。它充分利用了森林和竹林的水土保持、空气调节和环境净化功能，层层梯田变成成片的蓄水池，使得干枯的山坡变成了具有蓄水功能的湿地型水库。梯田有常年流动水面，水分蒸发的气流在森林、竹林上空形成降雨，再加上对二氧化碳的吸收和氧气的释放及其对气温的影响，由此在森林、竹林与梯田之间形成了良性的循环生态链，从而对梯田小气候起到良好的调节作用，有利于维持稳定的农田生态系统。

林、寨、田立体布局 山顶森林，山腰建寨，立体布局构成了水土保持与生态平衡体系。龙脊梯田地处亚热带季风气候区，雨量充沛，常受暴雨影响，最主要的灾害是山洪，而洪灾易使梯田垮塌，山地水土流失严重，但龙脊梯田区域环境的植被与水土保护良好。之所以如此，是因为龙脊梯田的壮、瑶等民族人民在利用土地资源的时候，充分考虑自然地理条件，一般将山体分为三段：山顶为森林，山腰建村寨，寨边及寨脚造梯田。

在系统特征上，主要有历史性、战略性两个特点。

历史性

紫鹊界梯田。紫鹊界梯田是典型的稻作梯田农业生态系统。它历史悠久，秦汉时期已有人类居住，宋朝开始有关于梯田开垦的文字记载，距今已有一千多年。千百年来，紫鹊界先民根据地形、地质、土壤、森林植被及水源特征，因地制宜地开凿梯田，创造了森林、民居、梯田、水系交错的立体景观，并以简易的工程设施，实现了有效的至今仍广泛沿用的自流灌溉，形成了与环境相适应的传统耕作方式，成为水土保持及生态系统工程的典型范例。

尤溪联合梯田。考古资料记载，曾在尤溪县境内发现了梅仙遗址、新桥遗址和西洋遗址等三处新石器时代的人类居住遗址，证明在尤溪境内很早已有人类定居。《史记》记载西周后期越国人一部分流散到福建定居，加速了当地农业的发展。

崇义客家梯田。唐宋时期已有客家先民迁入崇义境内，但对江西梯田的记载最早见于《中国农业通史（宋辽夏金元卷）》及宋代范成大的《骖鸾录》中。由此可初步判断，崇义客家梯田最迟于南宋时就已存在，至今已有 800 多年的历史。

龙胜龙脊梯田。龙胜所处的南岭山地距今 12000 年至 6000 年就出现了原始栽培粳稻，是世界人工栽培稻的发源地之一。

秦汉时期，梯田耕作方式在龙胜已经形成。唐宋时期龙胜梯田得到大规模开发，明清时期基本达到现有规模。

战略性

紫鹊界梯田。2004年紫鹊界梯田正式进入湖南省申报世界遗产后备名录；2006年入选首批国家自然与文化双遗产，并被列入国家申报世界自然文化遗产预备名录；2013年入选第一批中国重要农业文化遗产，2014年列入首批世界灌溉工程遗产名录;同时,新化山歌2006年入选湖南省首批非物质文化遗产名录，2008年入选国家级第二批非物质文化遗产名录；2009年，遗产核心区楼下村成为第二批省级历史文化名村；梅山傩戏于2011年入选第三批国家级非物质文化遗产名录；梅山武术于2014年入选第四批国家级非物质文化遗产代表性项目名录。

尤溪联合梯田。2012年以来，联合乡政府为了鼓励当地居民进行农业生产，吸引青壮年劳动人口回流，按照每公顷补贴22500元的标准给当地农业生产进行补贴。为了鼓励对荒芜的梯田进行复耕，联合乡政府对复垦近三年来荒芜的梯田，每公顷补助15000元；对复垦长期抛荒的梯田每公顷补助30000元。在政府的鼓励下，联合乡农民种粮的积极性有所提高，2013年、2014年复垦抛荒梯田37.33公顷，新增种粮大户12户。为了提高联合梯田传统农作物品种的种植面积，联合乡政府补贴种植传统品种的农户11250元/公顷，并无偿提供种子1公斤。传统水稻品种的收购价每50公斤比当地粮站高100元至200元。

崇义客家梯田。2009年，崇义县委办公室、崇义县人民政府办公室发布了《关于加强推进农村土地承包经营权流转，促进规模经营的实施意见》，以减少土地撂荒，优化农村土地资源的配置；2014年，“崇义客家梯田稻作农业系统”申报并成功列入第二批“中国重要农业文化遗产”，同年成立了“申报全球重要农业文化遗产工作领导小组”，专门负责申报工作，并与中科院地理科学与资源研究所签订技术服务合同，聘请专业人员提供技术服务。

龙胜龙脊梯田。从2013年启动申报全球重要农业文化遗产及中国重要农业文化遗产工作以来，龙胜县各级领导高度重视，成立了龙脊梯田农业系统保护与申报遗产领导小组，通过多次召开龙脊梯田遗产保护与申报工作会，举办有关农业文化遗产保护的培训班，积极参加农业文化遗产论坛会议，参加农业部主办的“中华农耕文化展”等各种各样的农业文化遗产活动，并深入学习和借鉴多个全球重要农业文化遗产保护试点和候选点的宝贵经验，保证了龙脊梯田农业系统保护与申报遗产工作的顺利开展。

三、遗产现状与发展

遗产现状

紫鹊界梯田

紫鹊界品牌提升　2011年9月在紫鹊界梯田区举办了首届新化紫鹊界国际稻谷文化节暨梯田户外生活节；2012年4月与中国摄影家协会组织全国千名摄影家云集紫鹊界梯田景区，共同举办了“蚩尤故里·新化梅山”全国摄影大展；2012年9月举办湖南首届大梅山文化旅游节暨紫鹊界世界梯田研讨会；通过中央电视台第九套纪录片频道《行走的餐桌》栏目，推介地方饮食文化和文化景观，并获得“中国梅山文化艺术之乡”“中华诗词之乡”“全国武术之乡”“中国蚩尤故里文化之乡”“中国民间文化艺术之乡”等各种文化地域称号。

农业生产效益比较低 梯田区农业劳动者兼业化、老龄化问题突出，梯田生产率低，劳动强度大，进一步制约了梯田持续发展。梯田区田块窄，田埂也窄，机械无法进入，耕作施肥、下种收获全靠肩挑手提，生产条件依然停留在传统农业时代。据测算，梯田区种植稻谷的生产资料成本加上工资成本超过稻谷产品的收入。近年来，农资价格上涨导致农业生产效益下降，经济波动导致农民务工收入增长的不确定性增大，农民财产性收入处于低水平，农民收入增长的难度增大，城乡收入差距过大的问题没有得到根本缓解。

尤溪联合梯田

建立保护传统耕作方式的机制 为了提高联合梯田传统农作物品种的种植面积，联合乡政府与种植户共同协商，签订《耕种水田常规稻及旱杂粮协议书》，要求在东边村（林兜片区）水田种植水稻常规品种 16 个，旱作物 5 个。2013 年，联合乡政府制订了《关于联合梯田核心区内荒田复垦实施方案》（尤联政综〔2013〕96 号）。根据该方案，首先对联西、东边、连云、云山村涉及梯田面积、所属农户具体核实到户并造册登记，落实荒梯田的地点、面积，制定了荒田复垦补助标准；其次对联西、东边、连云、云山村涉及梯田用的灌溉水管提出保障方案，共需修复 21 条，总长 7700 米，需要投入资金 58 万元；最后鼓励村民有序流转土地，发展稻田养螺、稻田养泥鳅等传统的生态种养模式。

传统农耕文化面临传承缺失 联合梯田拥有富有地域色彩的农耕文化与习俗，包括传说故事、传统工艺技术等。这些非物质文化是中华民族传统文化的一部分，具有重要的历史价值。然而，受现代文明和新生活方式影响，年青一代不愿承受劳动

强度大、管理复杂的稻田耕种，传统农业文化知识及其维持体系受到威胁。梯田和农耕技术若离开了它们所承载的非物质文化，其孤立的物质形态则索然无味。

崇义客家梯田

梯田品牌打造　农业品牌建设：崇义县有无公害农产品认证1个、绿色食品认证1个、有机食品认证6个；“崇义高山茶”成功注册为国家地理标志产品。据统计，当地农业“三品一标”认证的产品产值达到4.33亿元，占农业商品产值的57%以上。文化品牌建设:2012年，上堡梯田被上海大世界基尼斯评为“最大的客家梯田”，2014年被农业部认定为首批中国美丽田园；2013年上堡乡水南村入选了农业部“美丽乡村”创建试点乡村；告圣、米酒酿制技艺、黄姜豆腐制作技艺、舞春牛等6个崇义客家民俗文化项目已成功申报为江西省省级非物质文化遗产。

传统乡土文化受到冲击　随着社会经济的发展，传统乡土文化受到现代化的冲击。在现代化的背景下，效益相对较低的传统农业生产方式逐渐被现代生产方式代替，包括风俗习惯等农村居民的生活方式也在逐渐改变。青少年受现代化影响超过了传统文化影响。农业生产力的提高也改变了当地农民的生活方式，认同传统文化的老一代人与年轻人之间出现了文化传承断层，许多文化形式出现后继无人的情况。

龙胜龙脊梯田

建立龙脊梯田保护区和生态博物馆　2003年，广西率先探索民族文化“联合体”保护模式，启动“广西民族生态博物馆建设1+10工程”，即由广西民族博物馆带动、辐射，在各地建设10个专业生态博物馆，遵循“文化保护在原地”的理念保护民族文化。2006年，广西壮族自治区文化厅确定了以龙脊村的侯家、廖家和潘家三个自然村为保护区，建设龙胜龙脊壮族生态博物馆。2011 年，广西“1+10”民族生态博物馆全部建成开放，同年，国家文物局命名广西龙胜龙脊壮族生态博物馆为全国首批 5 个生态（社区）博物馆示范点之一，龙脊梯田农业系统俨然已成为一个活态的农业民俗博物馆。龙脊古壮寨 2010 年获得全国特色景观旅游名镇（村）殊荣，2012 年被列入中国传统村落名录，龙脊梯田地区被国家列入我国中西部旅游资源开发与生态环境保护重点项目，是国家级的生态示范区，已形成了集梯田观光、休闲度假、民俗风情体验，以及风景资源保护于一体的国家级传统农业系统。

现代文明对传统观念的削弱　与梯田景观紧密联系的古部落，由于受到现代文明的冲击和旅游业的影响，许多遗产要素已经商业化，龙脊各族人民的传统观念因此有所削弱，一些传统的祭祀活动已不再举行或很少举行。在梯田劳作和古聚落乡村生活中形成的民间信仰、民俗风情等非具象的、意识形态方面的遗产已经受到现代化的挑战。

遗产传承与发展

紫鹊界梯田

农业生态保护　为了遗产的传承与发展，要基于紫鹊界梯田农业文化遗产地传统稻作品种、其他农作物种质资源和相关动植物生物多样性的资源普查，建立种质资源基因库和生物多样性保护制度；基于森林植被资源普查，划分不同的功能林区，有针对性地进行森林生态资源保护；要保护水源地，并建立农村自来水供水系统，确保当地居民用水安全、方便居民生活。

农业文化保护　为了遗产的传承与发展，要广泛收集传统的梯田耕作知识和技艺，形成系统的文字、视频和图片等资料库；

要广泛了解、收购和收集传统耕作器具，建立专门的分类体系和保护方法，积极面向中小学生开展紫鹊界梯田的传统农业文化遗产教育，培养中小学生对传统农耕知识、技术、饮食、民俗等优秀传统文化的认同。

农业景观保护 为了遗产的传承与发展，要加快恢复荒废梯田和水改旱梯田，确保水源保障条件下的稻作梯田面积最大化；要加强遗产地“山－水－田－屋”村落景观整治与管理，维持其人地和谐的整体风貌；设立传统民居保护的专项资金，加快修缮和恢复遗产地传统民居；对作为“中国传统村落”的正龙村和作为“省历史文化名村”的楼下村进行重点修缮、维护和保护性开发，积极开展楼下村“中国历史文化名村”申报。

尤溪联合梯田

尤溪县已经成立了全球重要农业文化遗产保护与开发领导小组，对联合梯田农业生态系统实施了一系列保护措施。县农业局制订了梯田复耕、传统农作物种植和耕作方式保护方案，推广农业种养技术，指导培育种养合作社，开拓农产品市场，开展农业企业引进、绿色产品认证、农产品商标注册等工作。县财政局对农田复耕、传统农作物种植推广给予财政支持，县住建局指导村容村貌整治，县文广局负责建设农业文化博物馆以及梯田文化的挖掘与整合。

崇义客家梯田

农业生态保护 对江西崇义客家梯田系统内生长的各种传统稻作品种、各种品种种质资源、相关动植物资源和周边环境实施保护，其中遗产地范围内生物多样性包括了各类国家一级、二级重点保护树种，国家一级、二级重点保护动物，遗产地重点保护区内传统种质资源等均加强保护力度。

农业文化保护　重视、传承客家农耕梯田文化的价值观和文化自觉性；评选、表彰和奖励“农业文化遗产地模范农民”；定期为农户举办崇义客家梯田历史与文化讲座；将崇义客家梯田有关文化内容列入江西省中小学教育内容，纳入教育计划，编入乡土特色教材。

农业景观保护　为了保护客家传统村落景观、农村村落环境，地方政府优化调整村镇布局，综合整治空心村，注重村镇聚落景观，注意突出村落景观的客家文化特色，并与良好的自然生态环境相协调。

龙胜龙脊梯田

深入挖掘龙脊梯田传统农业生产技术　当今主流的农业生产模式是农业发展中的阶段性产物，还未经过系统检验，有些模式在提高生产力的同时也对生态环境带来了负面影响，有些已威胁到生物多样性和人类的生存。而那些存在了两千多年的农业文化遗产，其中合理的内核，尤其值得认真保护、挖掘、研究和提高，对龙脊梯田农业系统及其传统农业生产经验的保护应该是农业文化遗产保护工作的重中之重。

整理和保护龙脊梯田农业系统农作物种质资源　龙脊梯田地区长期的水稻种植,保留下来了一批有地方特色的水稻传统品种。但这些品种叫法不一，品种特征特性还没有文字说明，有的品种则濒临灭绝，例如龙脊香米包含目前的红香糯、同禾香米，具体哪种最香？要怎么栽培才最香？糯稻的名称很多，肯定有同种异名的；同禾稻的种类也很多，适应条件也各不相同，这些都需要经过鉴定、整理归类，并注明其特征特性和主要用途；对于濒临灭绝的稀有品种，需要进行挖掘、提纯复壮，并加以保护。

参考文献

[1] 吴忠军、叶晔：《民族社区旅游利益分配与居民参与有效性探讨——以桂林龙胜龙脊梯田景区平安寨为例》，《广西经济管理干部学院学报》2005 年第 3 期。

[2] 段兴凤、宋维峰、曾洵等：《湖南紫鹊界梯田区森林土壤涵养水源功能初步研究》，《水土保持研究》2011 年第 1 期。

[3] 成官文、王敦球、秦立功等：《广西龙脊梯田景区生态旅游开发的生态环境保护》，《桂林工学院学报》2002 年第 1 期。

[4] 王林：《乡村旅游社区文化遗产的精英治理：以广西龙脊梯田平安寨村委会选举为例》，《旅游学刊》2009 年第 5 期。

[5] 许志方、聂芳容、张硕辅等：《湖南紫鹊界梯田自流灌溉体系》，《中国农村水利水电》2006 年第 4 期。

（撰文：郭利磊　梁晶晶　张潇芸）

山东夏津黄河故道古桑树群

夏津黄河故道古桑树群所在地为东周黄河改道后遗留下来的沙地，是当地先民为抑制风沙、促进农业生产而栽植并传承下来的，现保留百年以上古桑树2万余株，古柿树、古杏树、古山楂树、古梨树等其他果类古树1万多株。该系统从“养蚕缫丝”到“绵棉并重”再到“以棉为主”，从“叶用桑”到“果用桑”的演变，见证了中国丝绸之路和桑蚕文化的兴衰，也体现了该系统适应社会经济变化的活性态。

夏津黄河故道古桑树群“以桑治沙”模式，是防沙治沙与社会经济协调发展的成功典范。黄河故道沙地土壤贫瘠、小气候恶劣，选择耐受性较强的桑树与其他果木、用材树种进行混交，通过防止风蚀、固沙保水、改良土壤等功能，改善了局部气候和立地条件，使得与其他农作物的间作成为可能。

古桑树群（遗产地提供）

夏津黄河故道古桑树群是见证中国悠久桑蚕业的生态—文化复合体，其衍生出来与黄河故道、桑树相关的历史记忆和文化精神，以及在桑树栽培、农林复合、古树复壮等方面的生产经验和人与自然和谐发展的思想，可为现代农业和社会发展提供许多值得借鉴的理念。

夏津黄河故道古桑树群申报全球重要农业文化遗产的申报地为山东省夏津县苏留庄镇，批准时间为 2018 年 1 月（以粮农组织官网宣布时间为准）。

一、遗产历史变迁

在适应恶劣自然环境方面，夏津黄河故道古桑树群伴随着中国丝绸之路以及桑蚕产业的兴衰而演变：盛世发展叶用桑、养蚕缫丝，乱世发展果用桑、果腹充饥；同时，在丝绸与棉布的对抗中，从“以绵为主”转变成“绵棉并重”，最后转变为以果用桑为主、桑下种植棉花的“以棉为主”，充分反映了系统如何动态地保障当地居民的生计安全。

黄河故道农耕文明的杰出代表

山东夏津黄河故道古桑树群是集中国传统农耕文明之大成者，体现了“天地和谐，天人合一”的哲学思想。历史上黄河泛滥，形成了夏津的沙地地貌。黄河故道的古桑树群农业系统，既是黄河流域农桑文化的代表，也是千百年来夏津人民防风固沙工程的伟大成就。

夏津黄河故道古桑树群农业系统，是在自然生态系统的基础上建立起来的人工生态系统。人们为抵御风沙危害，选择种植抗旱、防风、耐瘠薄且有经济价值的桑树，在防风固沙、保持水土的前提下，养蚕缫丝、生产水果，并经初步加工（晒干）后成为人们经济收入的来源和生活的食粮。

夏津先民在大量种植桑树的同时，为加强防风效果，控制好病虫害和增加收入，又在系统内种植其他林木，不同树种构成稳定的群落结构。群落以桑树为主，间有桃、杏、梨、柿、山楂等多种乔木、灌木和草本植物，既控制了水土流失，维持了生物多样性，又增加了收益，达到了最充分、最合理地利用环境资源的目的。

陆上丝路重要的产业基地

蚕桑文化起源于中国，是中华农耕文明的重要组成部分，有着数千年的历史。蚕桑产业的发展孕育了闻名世界的“丝绸之路”，它们不仅是连通亚欧的商贸大道，还是沟通东西方文化的桥梁，传播了中华文明，促进了东西方经济文化交流。

据文献记载和文物考证，我们的祖先早在五千多年前的新石器时代已开始栽桑养蚕。夏津县古时属兖州，据《禹贡》记载，兖州“桑土既蚕，是降丘宅土”。意思是说，水患既除，宜桑的地方可以养蚕了，本已迁至高丘居住的居民，现在可以在平地建立家园了。这说明至少在战国时期，夏津先民开始将桑树作为水患之后的主要造林树种，并且发展了蚕桑产业。

西汉汉武帝时张骞首次开拓丝路，东汉时班超出使西域并再次打通、延伸了丝路，他们将中国对外贸易的线路延伸到欧洲和非洲，直接联通了西方和汉朝之间的联系。在通过这条漫漫长路进行贸易的货物中，中国的丝、绸、绫、缎、绢等丝织品最具代表性，“丝绸之路”因此得名。而此时，经过五六百年发展的夏津黄河故道桑蚕产业，作为北方地区最为发达的养蚕缫丝中心，则成为陆上丝路最重要的丝绸生产基地。

葚乡遗风（遗产地提供）

隋朝统一全国后重视发展农业，其中包括桑蚕业。唐朝前期十分强盛，唐玄宗开元年间，唐朝经济的繁荣达到了顶点，当时黄河流域的桑蚕生产技术处于全国领先地位。由于临近长安（陆上丝路的起点），黄河故道发达的桑蚕产业为丝绸之路的商贸往来提供丝绸制品，成为重要的丝绸生产基地之一。

我国桑蚕文化的历史见证

夏津黄河故道古桑树群，不仅见证了丝绸之路和蚕桑文化的兴起与鼎盛,通过从“绵棉并重”到“以棉为主”、从“叶用桑”到“果用桑”的转变，也折射出丝绸之路和桑蚕文化的衰落。

元朝中叶，棉花在长江流域已普遍种植，并已扩展到黄河流域。由于棉花的生产过程比蚕丝简单，单位面积产量也较高，所以价格低廉。因此，植棉对蚕桑业的替代作用日益明显，人们日常生活中的丝织品被棉布所取代，丝绵被棉花所取代。

明朝，夏津县的植棉和丝绵已经各占据半壁江山。明洪武二十四年（1391）《夏津县志·贡赋》记载，夏税“丝绵四十二斤六两五钱六分”，秋粮“棉花绒九十九斤二两”。

明末清初以后，随着资本主义的萌芽和手工业的迅速发展，植棉迅速占领了丝绵的市场，北方养蚕产业严重萎缩，清康熙十三年（1674），知县朱国祥出巡夏津黄河故道时，见“沙漠荒凉，人烟凋敝”“地半沙滩，不宜禾稼”，于是“且谕以多种果木，庶可以免风灾而裕财用”。当地百姓遵照知县意见，结合千百年来治沙造林经验，仿照前人继续在沙地中种植桑树，以果用桑为主。至20世纪20年代，夏津县桑树种植达到鼎盛时期，据不完全统计，其面积达5000余公顷，援木可攀行二十余里。

二、遗产价值与特点

遗产生态价值

防止风蚀　黄河故道是典型的季节性风沙化土地。风蚀一般在地面农作物稀少和覆盖率不高的春季最为严重，其次是冬季。这是由于干旱的冬春季节降水量较少而蒸发量较多，且风速较大。干旱和季风同步使冬春季节成为风蚀性水土流失最为严重的季节。桑树冠幅大，具有很强的防止风蚀能力。黄河故道以桑树等果树为主，杨树、柳树等用材林为辅的护田林带的防风沙效益显著。

固沙保水　夏津县地处暖温带半湿润大陆性季风气候，冬春季节降水量较少，夏季降水量相对丰沛，但降水时间比较集中，降水强度较大。这种降水特点对于黄河故道的沙地而言，不仅不利于蓄雨积水，反而会造成水土流失。夏津黄河故道古桑树属深根性乔木，主根系深只有1米～2米，而侧根系最长超过9米，水平根和垂直根立体交叉形成的网状根系73%分布于0厘米～40厘米的土层中，其分布面积常为树冠投影面积的4倍之多，可以起到滞流挂淤、储存雨水的作用，达到固沙保水的效果。发达而能储水的地下根系网络，足以保证桑树在年降水量250毫米～

300 毫米的干燥气候条件下，地上部分的正常生长所需要的水分供应。此外，桑树叶阔枝繁，也可以减轻雨水冲刷，达到减缓径流，有利于雨水下渗。

改良土壤　该地区土壤剖面为沙质，表土为松沙土，土壤孔隙度较大，水汽热不协调，漏水漏肥，土壤养分含量较低，各项指标值均低于全县平均水平。桑树立体交叉的根系网络，不仅极大地提高了桑树的防风固土能力和抗旱能力，还可改变土壤的理化性状和土壤结构，提高持水力和土壤肥力。得益于该系统内古桑树群及传统的耕作方式，风沙土的土壤质量有较为明显的改善。

调节大气　桑树是一种多年生木本阔叶植物，其光合作用强，生长茂盛，生物量和碳储量均大，是较好的碳汇林树种。初步估算，每公顷桑树年吸收二氧化碳约 49.29 吨，折合纯碳 13.43 吨，年释放氧约 35.85 吨。

遗产经济价值

保障当地生计安全　黄河故道内土壤主要为风沙土，土壤贫瘠，且易扬沙。桑树适应性和抗逆性均很强，在抑制风沙、改善小环境的同时，通过养蚕缫丝生产各种丝产品及其他农产品种植，从衣食住药等方面保障了当地居民自给自足的生计需求。

营养价值和药用价值　古桑树多生长着对环境要求苛刻的桑黄。在中国，桑黄的使用从汉朝起至今已有 2000 多年的历史，中国最早的本草学著作《神农本草经》就有“桑寄生”的药物功效记载。《本草纲目》记载桑黄能“利五脏，宣肠胃气，排毒气”，现代研究证实桑黄能够提高人体的免疫力，减轻抗癌药的副作用，可用来辅助恶性肿瘤病人的放疗和化疗。

促进旅游业发展　每年的五月中旬到六月下旬是桑葚成熟

葚果采收（遗产地提供）

的季节，也是夏津当地的葚果文化采摘节。此时，不同品种的桑树结出不同色彩的桑葚，游客可以在桑园中自由采摘、品鉴。据报导，十三五期间，夏津县实现旅游总收入 82.94 亿元。

随着科学技术的发展，桑产业链条正在不断延伸，利用桑叶、桑枝、桑皮、桑根、桑黄等开发的各种食品、保健类药品等价值很高。目前，桑类产品如桑葚酒、桑叶粉食品在市场上已经展现出供不应求的趋势，同时开展桑园间作套种、养殖畜禽等可实现综合经营和循环利用，可多途径实现桑园的产值与桑农的收益，促进农民增收致富。

遗产社会价值

沙地治理与经济发展双赢的典型示范　山东夏津黄河故道古桑树群所在地为东周黄河流经遗留下来的沙河地，距今已有两千多年的历史。历史上，这里风沙肆虐，民不聊生，劳动人民经过上千年的探索，植树造林，抵御风沙，至清中叶时已经是林木郁郁，一望无边。为在恶劣的生态条件和贫瘠的沙土上实现人与自然的和谐发展，协调防风治沙的生态需求与发展农业的生活需求，当地先民选择了桑树这种具有中国桑蚕文化特色的树种。当地著名的腾龙桑、卧龙桑古树树龄在一千年以上，其他古树的树龄亦多达几百年。由古桑树树龄猜测，当地居民与风沙的斗争是坚持不懈的，而选择经济、生态双效突出的桑树广泛种植，则充满了智

慧的远见卓识。桑树生命力旺盛，根系发达，在干旱半干旱荒漠也能生长发育，抗低温、耐高温、耐盐碱，具有强大的防风固沙保土功能。因此，桑树是北方风沙区治理风沙首选树种之一。同时，历史上夏津种桑养蚕缫丝的农业生产方式保障了当地社会经济的发展，伴随着陆上丝绸之路的开拓与兴起，当时桑蚕文化和桑蚕产业也一度兴旺发达。此外，这种双赢模式还充分体现了农业文化遗产的动态适应性。例如，由于植棉的冲击、战乱和国力的衰退，夏津桑蚕产业逐渐萎缩，但为了适应经济社会变化，夏津桑树的栽植和培育，又由“叶用桑”向“果用桑”转变，很好地保障了当地群众的生计。桑树寿命长，经千年而能结果，更令人惊奇的是，桑树没有大小年，进入产果期后年年都是盛果期，这对于灾荒年代人们解决粮食短缺问题具有重要意义。

现代农业多功能发展的样板　夏津黄河故道古桑树群，不仅具有遏制风沙、保持水土、绿化荒山等显著的生态价值，而且桑树对土壤、气候有非常广的适应性，容易栽植，大面积推广极为方便。植桑养蚕是桑产业发展的传统模式，时间短、见效快、收益高，一般情况下能达到“五当年”，即当年育苗、当年栽桑、当年养蚕、当年嫁接、当年见效。数百年的古桑，依旧根深叶茂，冠幅达 10 米，即使是千年老树，依然年年硕果累累，在防风固沙、保持水土之余，一棵古树年产桑果 800 斤、鲜叶 450 斤，夏津农民甜蜜地称之为甜蜜果；果实可以晒干，在靠天吃饭的年代，是重要的粮食，如今又是休闲观光的增收果。黄河故道古桑树群历史悠久，文化积淀深厚，已成为一道独具特色的旅游景观。

遗产文化价值

文化精神　古桑树是黄河故道的灵魂，见证着夏津先民为适应贫瘠的自然条件而百折不挠的防风固沙历史；古桑树是精华的浓缩，具有深刻的历史意义和文化价值。古桑树遒劲的枝干，旺盛的生命力以及旱涝保收的特点，象征着当地居民坚韧不拔的精神和顽强的生命力。

记忆传承 桑文化与夏津的鼓文化、黄河文化、民俗文化等相互影响，共同构成了历代传承的文化系统，是黄河流域农桑文化的代表和中国农业文明发展历史的见证。桑文化已渗透到百姓衣食住行的每一个角落，在当地居民看来，桑树不仅是一种树，更是一种精神寄托。“治沙”县令朱国祥纪念馆内，至今还保存着当年农家使用的桑木碗、桑木车、桑木扁担、桑木水桶等生产用具。当地老人回忆，他们当年就是用桑木扁担挑着桑木水桶挑水，灌溉桑树，植树造林。

民间艺术 夏津县农耕文化氛围浓厚，历史上传统文艺活动如架鼓、马堤吹腔、小戏曲（又称“小调子”）等，都与当地劳动生产息息相关。敲架鼓在当地流传有600余年历史。起初，每逢久旱不雨或遭受自然灾害时，人们便在桑林击鼓求神，后逐渐发展成为一种娱乐活动，再配上锣、钹等打击乐器，形成现在的打击乐组。马堤吹腔是一个古老的剧种，在当地的马堤村已有170多年历史，村民以口传心授的方式历经九代，将此剧种传承至今。夏津小调民歌等也有浓郁的地方特色，如朱官屯小调有说有唱，幽默滑稽，当地有口头禅“听见了小调声，吃饭都叫不应”；劳动号子《打夯歌》是为协调多人劳动的动作服务的。同时，当地民众还将对桑树的喜爱融入富有黄河流域特色的民间艺术之中，如剪纸等。

文学创作 桑是历代诗词歌赋吟诵的对象，《诗经》中有“桑之未落，其叶沃若”“菀彼桑柔，其下侯旬”等诗句，三国曹植的《美女篇》中有“柔条纷冉冉，叶落何翩翩”的美好意象，唐诗宋词中咏桑的作品数不胜数，清雍正时知县陈学海也有诗赞曰：“苍葚蓂得民安业，处处丰登乐岁畦。”

遗产特点

遗产特点主要从系统结构和系统特征加以阐述。

在系统结构上，主要有果木混交、果粮间作两个特点：

果木混交　果木混交是黄河故道古桑树群长期以来形成的适应当地自然条件和社会条件的农业生产方式。桑树与山楂树、柿树、枣树、核桃等果树形成果树类混交林，同时，间有香椿、臭椿、槐树和杨树等用材树。这是古代先民最原始的生态意识，并被应用于生产实际，在充分利用空间的前提下，发挥各类树种在防治病虫害方面的协同作用。此外，作为混交果树林，多栽几种果树还可以在不同的季节都有收获，丰富产品种类，增加收益。

果粮间作　果木混交固定了黄河故道的流动沙丘，有效改善了局部的立地条件和小气候，当地先民可以在风蚀耕地上实行果粮间作，可充分利用阳光和空间。由于成年树林郁闭度较高，且根系较为发达，因此适宜套种的桑树、杏树、桃树等一般高2米～3米，树龄3年左右。以林下间作作物不与果树争肥、争水、争光、争空间为原则，经长期生产摸索，林下间作作物多为夏种秋收的花生、红薯、棉花、绿豆以及麦类、高粱、玉米等。在达到生产目的的同时，间作绿肥和豆科作物能改良土壤、促进果树生长，间作物留茬或秸秆覆盖可减少风蚀，达到改善沙地生态环境的目的。

在系统特征上，主要有复合性、战略性、多样性特点：

复合性　夏津黄河故道古桑树寿命长，进入产果期后年年都是盛果期，千年的古桑树也能结果。桑果可以直接食用，也可制作成葚干、葚糕、葚粥；鲜叶可以养蚕或养殖其他家畜，也可做成桑叶菜、桑叶粥、菜饼、菜团等。同时，该系统通过多种木本果树间作、农林复合经营等方式，改善黄河故道沙地的立地条件，从而生产并提供其他农产品。桑树与桃、杏、梨、苹果、山楂等果树间作，在避免纯林模式的同时提供多种木本水果；以桑树为主的木本植物，与小麦、绿豆、花生、地瓜、油菜、青椒等多种农作物进行间作，在林下和周边散养鸡、鹅、羊等牲畜，这些可以满足桑农日常生活的部分需要。

战略性 一是召开了高层次专家咨询会。2014 年 7 月，夏津县召开了“夏津县黄河故道古桑树群农业文化遗产保护与发展研讨会”，中国工程院院士李文华、向仲怀、束怀瑞和 50 多位农业文化遗产、桑蚕产业发展专家出席了研讨会。与会专家从农业文化遗产保护与发展、现代农业产业体系建立、桑文化产业链条延伸、古树资源的多级利用等方面提出了许多建设性的意见和建议。会后，夏津县政府向山东省委省政府提交了“关于进一步推动夏津黄河故道古桑树群农业文化遗产保护与发展的建议”，如加大资源的保护力度，加快桑产业发展，产、学、研紧密结合等。二是编制了《保护与发展规划》。2014 年，夏津县政府委托中国科学院和相关科研院所，组织高层次、多学科的专家队伍，开展制订《夏津黄河故道古桑树群农业文化遗产保护与发展规划》的工作。在实地调查、文献调研、专家咨询的基础上，根据农业文化遗产保护与发展的基本要求和夏津实际情况，划定遗产地范围，确定功能区，制定严格的农业生态、农业文化和农业景观的保护行动计划，可操作的农业生态产品开发和可持续旅游发展措施。三是大力推进以古桑树群为特色的夏津黄河故道森林公园建设和发展生态旅游。2006 年黄河故道森林公园被德州市林业局批准为市级森林公园，2009 年森林公园被批准为省级森林公园，2015 年晋升为国家级森林公园；2006 年以来，已建成颐寿园、杏坞园、香雪园、槐林生物园、平安湖湿地风景区等景点；2008 年以来，每年举办梨花节、葚果文化采摘节、金梨采摘节等旅游节庆活动，成功打造了“游黄河故道，品千年葚果”生态旅游品牌，年接待游客130 万人以上。

多样性　一是品种多样性。该系统种植果树的历史悠久，种类多样，除桑树外，还包括梨树、杏树、桃树、枣树等，被誉为“小杂果之乡”。二是农业生物多样性。古桑树和其他果树间作，在黄河故道的沙地上创造了丰富的生态位，为其他农业物种共存提供了条件，形成了非常丰富的生物多样性。据当地的调查统计，目前系统内种植的粮食作物有 5 种，经济作物达到 38 种，家养动物达到 15 种，水产养殖达到 10 种。其中，白玉鸟是夏津县独有的品种。三是相关生物多样性。除了十分丰富的农业生物多样性，黄河故道内由于较为复杂的地形地貌特征，多样的生态系统类型，形成了丰富的生态位。整个系统内，生物与环境之间和谐共生，相互作用，形成了多种多样的植物和动物资源。

桑林（遗产地提供）

三、遗产现状与发展

遗产现状

种质资源的重要基因库，产学研结合的重要平台。夏津黄河故道古桑树群生态系统以桑为主，由梨、枣、杏、桃、山楂、李、柿等形成的混交林，在地形地貌复杂的黄河故道内创造了多样的生境，保育、丰富了生物多样性。据初步调查统计，该系统内共有维管植物 56 科 148 属 214 种。

野生动物资源共有 23 目 49 科 84 属 107 种。此外，古树上还多生长着野生木耳、桑黄等菌落。特别是该系统现保存百年以上桑树 2 万余株，分为大紫甜、白子母、白葚、红子母、江米葚、紫葚子、长柄白、小草莓等 8 个当地传统品种；此外，该系统内还保存着百年以上古柿树、古杏树、古山楂树、古梨树等其他果类古树 1 万多株，为桑产业及相关果树产业的发展保留了重要的种质资源。

夏津黄河故道古桑树群的古树，记录了 1000 多年来的气候等地理环境的变化、植物生理的演进，以及直接或间接记录了社会历史的变迁，具有自然环境与社会历史变化方面的研究价值。此外，黄河故道古桑树群还为北方沙地治理和生态恢复提供了范本。夏津黄河故道古桑树群为桑蚕产业、桑蚕文化、防风治沙等产、学、研活动提供了场所。通过不同专业的

桑黄（遗产地提供）

多学科协同合作，可促进蚕桑基因技术研究、多形式产品研发和多元化产品发展，促进桑文化产业发展等；通过建立产、学、研同盟，可提升技术创新能力，加快科技成果转化，促使夏津桑产业品牌引领中国、走向世界。

自然因素与人类活动的威胁，现代农业技术的冲击 与所有的农业生态系统一样，古桑树群落生态系统的稳定性和生产效率也常受到自然因素（如生态系统演替、气候变化、病虫害发生）和人为因素（如管理不当、过度掠夺）的影响。2014 年黄河故道古桑树群因白粉虱病害导致桑叶减产，给当地植桑农民带来损失。此外，随着城镇化扩张和工业化的影响，人类活动范围不断扩大。受经济利益的驱动，部分古树遭到砍伐，被替代为速生杨树、农作物或工厂。古桑树群周边环境、古桑树群落结构、古桑树群生态系统的稳定性和多样性都遭到一定程度的破坏。同时，随着夏津黄河故道地区旅游产业的不断发展，古桑树群已成为核心旅游资源，游客量也逐渐攀升。通过旅游产业的带动，古桑树群焕发出新的生机，但是随之而来也暴露了一些问题。大量游客带来了经济效益，也带来了环境的污染和破坏，不文明行为随处可见，如攀折树枝、晃动果实、折损幼苗等现象层出不穷，对古桑树群的生长环境造成新的威胁。

受经济效益的驱动，现代农业技术不断冲击着传统的农业生产方式。直接砍伐古树，种植矮化新品种桑树虽然在短期可以获得直接的经济增长，但是却摧毁了夏津宝贵的桑树种质资源，破坏了古树承载的历史价值和文化价值，长期来看是得不偿失的。同时，古桑树群稳定的生态系统也正在面临农药、化肥等化学农业的威胁。传统的管理方法虽然科学环保，但是远远不及使用农药化肥见效快，方便易行，所以桑区农药、化肥大行其道，加之古桑树群周边村社不利于桑树的农事生产活动，因此古桑树群生存环境逐渐恶化。

适龄劳动力的减少，保护管理措施不健全 随着社会经济的发展，城镇化步伐的加快，越来越多的年轻人选择走出乡村，到城市中发展自己的事业，农村成年适龄劳动力的减少，已经成为我国农村及农业生产面临的一个普遍问题，夏津县也不例外。在古桑树群的养护及相关生产中，许多年轻人不愿从事农业重体力劳动，对古桑树相关的经营管理等农业传统生产技术也缺乏热情，也给黄河故道古桑树群农业文化遗产的传承带来一定问题。据抽样调查统计，愿意留在当地从事与桑相关产业生产的劳动力，在55岁以上的群体中占68.3%，45岁～54岁的群体中占19.5%，而25岁～34岁的群体中仅占4.9%，愿意从事该产业的人口占比随着年龄的减小而递减。

夏津县政府非常重视黄河故道古桑树群这一重要农业文化遗产的保护，但目前尚未建立专门的遗产保护管理机构，制订专门的管理办法。一些地方遗产保护工作缺乏强有力的组织和领导，工作难以有序开展。农业文化遗产保护是一项专业技术性很强的工作，但目前夏津的农业文化遗产保护主要由旅游局负责，一方面缺乏专业的技术力量，另一方面也难以承担繁重的保护和发展工作任务；特别是目前对黄河故道文化与蚕桑文化的挖掘、整理和保护工作都比较薄弱，对这些文化遗产的采集、记录、整理、保存、保护和传承，需投入专门人力和大量的资金。

遗产发展

生态产品开发

一是桑产品生产基地建设 充分利用遗产地丰富的沙土资

源，加快桑树新生态园发展步伐，引进饲料桑、叶用桑等新品种，对目前生态旅游开发区林带进行树种改良及种植结构调整，并逐步扩展到黄河故道全流域范围，切实扩大桑树种植结构规模，力争3年～5年内基地规模达到10万亩，为桑产业发展提供资源。

葚果（遗产地提供）

二是生态农产品开发与宣传 挖掘遗产地各类生态农产品，包括桑产品及古桑树群生态系统内生产的果蔬产品、畜禽、野生植物及深加工产品。大力发展以桑果、桑医药、桑茶、桑酒系列产品为重点的特色农副产品深加工产业；以企业或合作社等为主体，进行生态农产品的“三品一标”认证。同时，在网络、电视、广播、报纸、杂志等传媒上多层次多角度开展各类农产品的宣传，积极参加各种农产品展览和宣传活动。

三是龙头企业培育与品牌建设 大力发展桑产品加工业，把桑产业加工提升为主导产业；以东方紫酒业有限公司、山东卡洛斯葡萄酿酒有限公司、山东圣源集团、山东鑫秋农业科技股份有限公司等为重点，做好本地葚果酒生产加工；培育桑葚罐头、桑葚蜜饯、桑葚果汁、桑葚膏、葚叶茶、桑黄等产品生产企业。

四是桑产业发展的政策引导与扶持 要鼓励农民和企业积极参与产业发展，通过产业链延伸，建立多方共赢机制；积极开展招商引资工作，鼓励民间资本和外资进入桑产业领域；建设新丝路桑文化产业园，形成集桑产品加工、科研、销售于一体的产业集聚区；充分发挥财政资金支撑作用，在稳定投入财政资金的基础上，积极争取国家、省级资金财政预算和扶持蚕桑行业发展的项目资金。

五是对外合作和交流 要与全国知名院校、科研所紧密合作，提高桑产业科学研究技术水平；加快人才培养和学科体系建设，尽快设立院士工作站、建设中国古桑树种质资源库、成立中国桑产业创新技术联盟等，为桑产业的保护和开发利用提供智力支持，为桑产业发展提供人才和技术保障。

休闲农业发展

一是遗产地旅游产品开发与品牌建设 以黄河故道国家森林公园观光、采摘、休闲和度假为主题，合理利用生物、生态、农业、工业等资源，按照不同类型引进特色旅游项目，形成黄河故道生态体验旅游、区域文化体验旅游、科教旅游、休闲疗养度假旅游和农业观光体验旅游五大特色旅游产品；大力探索桑文化、桑产业和旅游产业相结合的新思路、新途径，创新古桑树群开发利用模式，深入挖掘和弘扬桑文化、鼓文化、黄河文化、养生文化等文化资源，充分发挥各自优势，着力打造1个～2个以古桑树群为核心的农业文化遗产旅游品牌。

二是休闲农业产品开发 依托夏津黄河故道古桑树群景观特色，加速观光产品升级；依托周边县市客源，大力发展休闲度假旅游；依托农桑文化，深度开发文化旅游，形成遗产地以农村休闲、研修教育、文化陶冶、自然山水游、特色产品销售为核心的五大休闲农产品集群。大力发展以“吃农家饭、住农家院、摘农家果”为主要内容的农家乐，以休闲度假和参与体验为核心，发展功能齐全、环境友好、文化浓郁的休闲农庄。

三是基础设施建设　加快休闲场所的路、水、电、通讯等基础设施建设，建立明晰的路标指示和完备的停车场。参照相关规范标准，改善住宿、餐饮、娱乐条件，增设垃圾、污水无害化处理等设施，使休闲场所的卫生条件达到公共卫生标准，实现“垃圾净化、环境美化、村容绿化”。加强休闲农业生产基础条件建设，在动植物新品种引进、现代种养技术示范、设施农业生产设备、绿色有机农产品生产等方面加大建设力度，为拓展农业功能创造条件。

四是管理和服务体系建设　分类、分层开展休闲农业管理和服务人员培训，提高从业人员素质；强化对各类休闲农业合作组织和行业协会管理与支持的力度，增强行业自律性，建立休闲农业产业技术体系和信息服务体系，增强休闲农业支撑保障能力；引进专项投资企业及特色项目，推进景区市场化运作；整合夏津黄河故道古桑树群系统的自然景观、人文景观、农业景观等优势资源，以桑农文化为主题，设计满足游客吃、住、行、游、购、娱等需求的具有本地特色的旅游路线。

参考文献

[1] 孙雪萍、刘某承、王斌：《山东夏津黄河故道古桑树群生态系统服务功能分析》，《世界农业》2015 年第 11 期。

[2] 阮筠婷:《敢叫瀚海变桑园——夏津黄河故道古桑树群的遗产梦》,《世界遗产》2015 年第 10 期。

[3] 王照红、陈传杰、郭光等:《夏津古桑群保护现状及开发利用》,《北方蚕业》2014 年第 4 期。

[4]《夏津黄河故道古桑树群——从“资源优势”到“产业强势”的生态嬗变》,《蚕学通讯》2018 年第 2 期。

[5] 翰涛:《从历史中走来的古桑树群》,《乡镇论坛》2017 年第 33 期。

（撰文：张君腾　华业英　李梦佳）

河北涉县旱作石堰梯田系统

河北涉县旱作石堰梯田系统位于河北省西南部晋冀豫三省交界处，地处太行山东麓。涉县县域全部是山地，全县旱作梯田总面积达 21 万亩，其中最有代表性、最具规模的梯田位于井店镇王金庄，其梯田有 5 万余块，面积共 1.2 万亩；土层厚的不足 0.5 米，薄的只有 0.2 米，石堰长度近万华里，高低落差近 500 米。在艰苦的自然条件下，涉县山地农民顺应自然、改造自然，经过上千年的接续奋斗，造就了世界旱作梯田的中国样板——河北涉县旱作梯田系统。1990 年，涉县旱作梯田被联合国世界粮食计划署专家称为“世界一大奇迹”“中国第二长城”。[①] 2014 年，其被评为第二批中国重要农业文化遗产。2021 年 9 月 27 日，作为联合国《生物多样性公约》缔约方大会第十五次会议（CBD COP15）八大平行论坛之一的非政府组织平行论坛在云南昆明召开，会上，论坛组委会公布了“生物多样性 100+ 案例”全球征集活动结果，“涉县旱作梯田系统农业生物多样性的保护与利用”从全球 26 个国家的 258 个申报案例中脱颖而出，成功入选“生物多样性 100+ 全球典型案例”。[②] 2022 年 5 月 20 日，河北涉县太行山旱作梯田系统被列入全球重要农业文化遗产。作为全球重要农业文化遗产，河北涉县旱作梯田系统历史之悠久、规模之宏大、景象之壮美、特色之鲜明，世所罕见，不仅生产了大量的农产品和生产生活资料，

秋季梯田谷子（贺献林 摄）

创造了一批有机农产品品牌，还有效防止了水土流失、山体滑坡、泥石流等自然灾害的发生，同时构建了梯田文化、金驴文化、饮食文化、石头文化等独特的文化体系。其独特的山地雨养农业系统和规模宏大的石堰梯田景观，集中展现了我国北方山区的生态、经济、社会和文化形态，充分展示了该系统丰富的文化性、活态性、适应性、多功能性，在全球范围内都具有独特性。[③]

一、遗产历史发展

太行山地区是中国古代文明的发祥地之一，位于太行山深山区的涉县太行山旱作梯田系统已具有上千年的悠久历史。

战国至宋元时期，战乱迫使流民逃入太行山深山区。他们修筑山寨，开凿石堰梯田。涉县境内现留存的王金庄康崖寨等多处古山寨遗址，均为先民在南宋初期所建造。

发展初期：经历了元明之际朝代更迭的社会动荡，北方大量流民涌入太行山区谋求生计，使得明代初期此地村落数量与常住人口数量得到增长，石堰梯田开垦面积显著增加。

规模发展期（1661－1911）：清朝统治者为石堰梯田的发展提供了稳定的社会环境与较为连续的农业发展政策，持续的人口流入保证了梯田开垦面积的增长与村落数量的增加。

2018年夏季梯田中药材——柴胡（贺献林 摄）

质量提升期（20世纪50－80年代）：在国家土地改革政策的影响下，涉县开展了持续的梯田开垦与整修运动，并增厚土层、培肥地力，显著提高了梯田土壤质量与山顶绿化率。

威胁挑战期（20世纪90年代至今）：城镇化与商品化发展为石堰梯田的保护带来诸多威胁与挑战，如自然村落数量明显减少、耕地面积缩减、土壤肥力下降等。

二、遗产价值与特点

涉县旱作梯田系统地处缺土少雨的石灰岩山区，“山高坡陡、石厚土薄、十年九旱”是涉县梯田的真实写照。最薄的土壤层仅0.2米，降水少且分布不均。涉县旱作梯田系统蕴含着当地劳动人民丰富的生产生活经验，形成了以梯田建造、梯田维护、集雨蓄水为主的水土资源利用技术。农民在垒石堰时，充分利用土少石多的实际情况，在基部用大石头铺垫，中部用碎石分层填充，上部则用过筛细土铺就。这样的石堰梯田既结构稳固，又具有很强的蓄水保土能力，达到“有洪防洪、无雨防旱”的效果。旱作梯田的修复，则采用一种独创的悬空拱券镶嵌式的石堰修复技术。此外，当地人还建造了一系列集雨储水设施，如水窖、水井、水池、水柜、水库等与梯田相配套的水利设施，将自然降水收集起来，为点种等农事活动提供水源，通过保土、保水、蓄水和用水，实现了对土壤和雨水的有效利用，形成“小雨润物、中雨蓄水保墒、大雨入库、暴雨进川、水不出山”的高效山地雨养农业生产方式。业界专家实地考证后评价，涉县梯田建筑的层次性与水分生态运转机理在我国乃至世界坡地治理中都有极高的借鉴意义。[④]

遗产生态价值

河北涉县太行山旱作梯田系统是当地先民通过适应和改造艰苦的自然环境，发展并世代传承下来的山区雨养农业系统。在脆弱的生态环境里，当地居民通过生物多样性的保护和文化多样性的传承，使不断增长的人口、逐渐开辟的梯田与充满智慧的农耕技术长期协同进化，在缺土少雨的北方石灰岩山区实现了地区的可持续发展。经过长期的演化，梯田与山顶的森林和灌丛、山谷的村落和河流形成了复合生态系统，不仅为当地居民提供了丰富多样的食物来源，而且具有重要的水土保持、生物多样性保护、养分循环等生态功能。

水土保持　山顶的森林和灌丛能够截留降水，使土壤免于雨水溅击和地表径流冲刷，从而有效减少土壤流失。被拦截的降水渗入土壤，进而增加土壤水分含量。位于山腰的梯田通常根据山势修建，能够有效减少雨水冲刷导致的土壤侵蚀，从而增强梯田的蓄水保土能力。据测算，单位梯田面积的水土保持量约为单位非梯田面积的 4 倍。而就土壤废弃损失价值来说，单位非梯田面积的损失是单位梯田面积的 8.8 倍。

生物多样性保护 涉县太行山旱作梯田系统具有丰富的农业生物多样性及品种多样性。据调查，石堰梯田内的粮食作物包括谷物 5 种、豆类 3 种、薯类 2 种，经济作物包括油料 6 种、麻类 1 种、中药材 9 种、蔬菜 30 余种，林果产品有干果 1 种、鲜果 8 种、其他 2 种，村落内饲养牲畜 8 种、禽类 1 种。

涉县太行山旱作梯田系统具有重要的生物多样性保护功能。石堰梯田里种植了丰富多样的农作物、经济作物和经济树种，不仅显著提高了系统的农业生物多样性，而且对相关生物多样性的保护也起到重要作用。

养分循环 涉县太行山旱作梯田系统具有重要的养分循环功能。当地农民常年用作物秸秆饲养毛驴，并以作物秸秆与驴粪沤制有机肥还田，或者直接将作物秸秆还田。长期的秸秆还田能够显著提高土壤肥力、改善土壤结构，不仅巧妙地解决了养分转化和土壤培肥问题，而且实现了梯田内部的养分与物质循环。另外，石堰梯田里种植着花椒树、黑枣树等经济树种，其枯枝落叶经微生物分解变为有机质后也能增加土壤肥力。

遗产经济价值

涉县太行山旱作梯田系统里比较重要的粮食作物是谷子、玉米和大豆，其他有小麦、高粱等粮食作物，绿豆、红小豆、黑豆等豆类，马铃薯、甘薯等薯类，经济作物则包括花生、油菜、芝麻等油料作物，棉花、苘麻等棉麻作物，豆角、萝卜、南瓜等蔬菜，柴胡、丹参、连翘等中药材。涉县是中国花椒之乡、中国核桃之乡，花椒、核桃和柿子被称为“涉县三珍”；“涉县核桃”“涉县花椒”“涉县黑枣”先后被认定为国家地理标志保护产品。黑枣是石堰梯田中常见的经济树种，其抗旱、抗病、抗虫害的能力都很强，且产量相对稳定。

遗产地花椒、黑枣和核桃的销售比重均在90%以上。小米等杂粮由于营养丰富，富含多种对人体有益的成分，成为餐桌上不可或缺的美味食品。涉县小米被加工成米醋、米酒等产品；花椒果皮主要用于调味，亦可入药，花椒籽可榨油，其加工产品深受消费者喜爱；除了花椒，涉县人民将核桃、黑枣、柿子等加工成各式各样的产品，受到广大消费者的欢迎。

在农田耕作尺度上，涉县旱作梯田系统采用间作、套作、轮作、混作等种植模式，形成了包括选种、耕地、播种、施肥、间苗、除草、杀虫、灌溉、收获在内的一整套耕作技术。长期以来，当地农民遵循“因地制宜，因时制宜，因物制宜”的原则，利用不同作物的生育期相近的情况，进行作物的间作套作，以提高单位面积产量。如玉米、高粱间作，谷子、高粱间作，玉米、菜豆套作，玉米、南瓜套作，花椒、小豆套种等。通过轮作模式保持土壤肥力，减少病虫害发生；利用不同的谷子品种进行轮作，达到防治病虫害的目的；利用同一作物不同品种的生育期不同或不同作物的生育期不同，进行错季适应栽培。此外，当地农民在石堰边种植花椒，在田块上种植黑枣、核桃、柿子等经济树种。它们与粮食作物、经济作物形成了农林复合结构，既增强了梯田的水土保持能力，丰富了梯田里的生物多样性，又实现了土地空间的充分利用，提高了梯田的单位面积产量。④

涉县太行山旱作梯田系统是多功能农业的典型代表。遗产系统的保护与发展将在遗产地乡村振兴中起到重要作用，不仅可以开展绿色有机农产品的生产与加工，促进品牌化建设与产品价值提升，而且可以发展休闲农业与可持续旅游，促进遗产地农民增收和区域经济发展。

遗产社会价值

带动劳动力就业　该系统不仅让当地人民可以进行谷子、花椒等农林产品的生产与加工，实现长期稳定且多样化的粮食作物、经济作物生产，还为当地开展休闲旅游提供了资源，在带动当地劳动力就业方面起到重要作用。

促进地方经济发展　依托旱作梯田系统，涉县太行山区居民从事农林产品的生产、加工与销售，并逐步发展休闲旅游、乡村旅游，对促进当地经济发展和社会和谐稳定起到重要作用。

提高农民收入　遗产地农民人均收入中，大致一半来自农业及林果业收入。所以该系统对当地农民收入的提高，也具有重要作用。

遗产文化价值

涉县旱作梯田系统种植或管理的农业物种有26科57属77种，共包括171个传统农家品种，见证了中国北方旱作农业的发展，也在太行山区乃至中国北方留下了浓厚的文化印记。[5]涉县太行山旱作梯田系统的文化价值，体现在围绕毛驴、作物、石头等关键要素所衍生的传承千百年的文化符号与文化习俗。毛驴不仅是梯田内特有的生产力和交通工具，还为梯田农业生产提供重要的有机肥料，而充满灵性的毛驴也得到了当地农民的真心爱惜。严苛的自然环境所孕育的饮食文化，使当地居民形成了以杂粮为主的饮食习惯。由于很大程度上依然是靠天吃饭，所以当地居民对风调雨顺的美好期盼已经演化成禳瘟祈福的集体心理意识。

遗产特点

涉县太行山旱作梯田系统由山顶的森林和灌丛、沿山势蜿蜒盘旋的石堰梯田、山谷的村落和河流、河滩地共同组成。该系统是人工与自然的有机统一，在山巅登高望远，用石头砌筑的梯田蜿蜒起伏在座座山谷，并随着季节的变化异彩纷呈。梯田里丰富多样的农林作物漫山遍野，各类瓜果点缀在田间地头，呈现出春华秋实的自然之美、人与自然的和谐之美，可谓震撼人心的大地艺术。

山顶的森林和灌丛具有保持水土、改善局地小气候、为生物提供栖息地、净化空气等功能。森林和灌丛通过截留降水、增加地下径流，有效地减少土壤流失，保持土壤水分。浓密的林冠白天阻挡太阳辐射，使温度不至于太高，晚上阻挡热量逃逸，使温度不至于过低，起到局地小气候调节的作用。林地内冬暖夏凉、夜暖昼凉，有利于林下植物的生长，也成为动物重要的栖息地。森林和灌丛中的植被不仅吸收二氧化碳，对二氧化硫、氯气、氟化氢等有害气体也有一定吸收能力，还具有滞尘的功能。

村落不仅为当地农民提供了良好的生活环境，而且具有重要的集雨蓄水功能和文化传承功能。为了解决生产与生活用水，当地人建造了一系列集雨蓄水设施，并根据用途确定水源使用的优先级，从而实现水资源的可持续利用。以民俗文化、饮食文化、建筑文化、毛驴文化为核心的农业文化[⑥]，通过村落这个载体一代代传承下来，使涉县旱作石堰梯田系统成为中国北方旱地农业文化的典型代表。

河滩地地势相对平坦，为当地人提供了一定数量的较肥沃的农业用地，具有一定的农业生产功能。季节性河流在雨季不仅为当地人提供了水源，而且通过蒸发起到调节局地小气候的作用。

“山高坡陡、山多地少、石厚土薄、水源贫乏”是当地自然环境的主要特征。正因如此，当地农民修建了保土保水的石堰梯田，并利用花椒树稳固石堰；种植适应能力强、增产潜力大的谷子、玉米等旱地作物，并选育出丰富多样的耐旱、抗病、抗逆性强的农作物品种；修建水柜、水窖、水库等集雨蓄水设施，并采取保土保墒的传统耕作技术，以应对频繁发生的旱涝灾害；选择耐力持久、爬坡能力强的毛驴作为运输和劳作的重要工具，并通过秸秆过腹还田实现地力维持。

涉县旱作石堰梯田系统是全球山区水土资源利用的典范、全球可持续生态农业的典范、中国北方旱作农耕文化的代表，能够为消除贫困、消除饥饿、可持续城市和社区等联合国可持续发展目标的实现贡献自己的力量。

三、遗产现状与发展前景

在当前市场经济大背景下，农村文化教育资源和条件相对缺失落后，年轻人对梯田的感情远不及父祖辈，加之相对落后的生产条件、繁重的体力劳动、较低的农业比较效益，使得梯田对年轻一代农民的吸引力越来越差。多数年轻人没有耕作梯田的意愿，大多选择到外地或城里打工。外出打工的收入远高于梯田种植的现实，更加剥离了当地青年农民对土地和梯田的感情。这些情况导致当地农村青壮年劳动力流失。

为切实保护好老祖宗留下来的旱作石堰梯田系统这份宝贵的文化遗产，近年来，涉县县委县政府将保护旱作石堰梯田作为保护改善太行山区脆弱生态系统的重要抓手，进一步强化“在保护中开发、在开发中保护，在发展中传承、在传承中发展”的理念，举全县之力抓规划、抓推进、抓提升，使太行山旱作梯田系统重新焕发了生机。

构建多方参与、共同治理的保护发展格局 涉县将做好旱作梯田保护提到县委县政府的重要议事日程，成立了由县委书记任组长的“涉县旱作梯田农业文化遗产保护领导小组”，统领全局、协调各方；指导组建以农民为主体的“涉县旱作梯田保护与利用协会”，批准设立龙头企业“涉县梯田农业旅游开发有限公司”，制定出台旱作梯田农业系统农业文化遗产保护与发展规划、保护管理办法、修复建设及保护发展实施方案等政策文件，并积极与中国农业大学、中国科学院等开展科研合作，构建起“政府、社会、农民、企业、科研”五位一体的多方参与机制。[③]

落实保护职责，形成以整治修复促保护的综合治理体系 紧密结合涉县旱作梯田实际，聘请中国科学院专家为梯田系统制订了 34 项保护行动方案，从生态保护、文化传承、产品开发、能力建设等方面进行了全方位规划。全面整治和修复 2016 年“7·19”特大洪灾中损毁的 1.2 万亩梯田，复垦荒废梯田 0.4 万亩，收集整理 74 种作物 180 个老品种，建成“种子银行”。持续加强梯田环境整理，打造了山顶松柏戴帽、荒山连翘满坡、梯田果粮（药）间作、路边花草争艳的多彩梯田。组织开展农田道路、主干排水渠、抗旱水窖、蓄水塘坝等基础设施建设，进一步构建起小雨润物、中雨蓄墒、大雨入塘、暴雨进川、水不出山的良性生态体系。[③]

着力融入全域旅游，打造太行山区风光奇特的美丽画卷 涉县以创建全国全域旅游示范县为契机，将太行梯田大峡谷列入县域经济高质量发展“六个三”战略布局，实施百座塘坝耀太行、千家林场绿太行、万家民宿富太行的“百千万”工程，使太行梯田变成了艺术画廊，成为涉县全域旅游的一大特色。随着涉县被评为“四好农村路”全国示范县，被认定为首批全国全域旅游示范区，太行山旱作梯田的知名度迅速提升，成为国内外游客来涉县旅游的首选目的地，藏在深山无人识的旱作梯田系统成为远近闻名的网红打卡地。[③]

推进产田融合，实现梯田系统可持续发展与农民增收致富的双赢局面 结合美丽乡村建设，积极推进旱作梯田核心区内历史文化名村、古村落建设，创新梯田农业观光园、休闲农庄、石头民俗文化村建设，大力发展小米、花椒、黑枣等生态有机农产品，不断加强中药材示范基地建设，古老农业文明与现代商业实现了共生共存。依托丰富的梯田文化资源，兴建了王金庄的“梯峡青阳椒香谷”、张家庄的梯田文化写生基地、江新村的“将心京连”部落民宿、后池村的“不忘初心、牢记使命”党性教育基地等，共同构成了乡村振兴的先导区、经济发展的隆起带。[③]

涉县县委县政府会同乡镇政府、村委，通过开展征文大赛、摄影大赛、民俗文化展演、花椒采摘节等特色文化活动，充分挖掘涉县旱作梯田的文化底蕴，展示涉县旱作梯田的独特魅力，同时带动产业快速发展。自 2016 年“河北涉县旱作梯田系统”入选农业部（今农业农村部）全球重要农业文化遗产预备名单以来，多家纸媒和网络媒体以图文报道的形式介绍旱作梯田的优美景观、独特文化，以及遗产认定以来的发展情况。涉县旱作梯田还通过电影、纪录片等影视作品形式，生动呈现遗产地的历史文化与风土人情，经过众多媒体的宣传推介，产生了

2016年王金庄梯田雪景（贺献林 摄）

较大的社会影响，提高了遗产地的社会知名度，促进了休闲观光农业的发展。

河北涉县旱作梯田农业文化遗产不仅是祖先留给我们的宝贵财富，也是属于全人类利用自然、改造自然、与自然和谐共生的文化瑰宝。我们要像保护自己的眼睛一样保护梯田。涉县县委县政府计划以其入选全球重要农业文化遗产为契机，紧紧围绕加快梯田保护治理体系和保护治理能力的现代化，在创新完善机制上下功夫，以制度建设开创旱作梯田系统保护的新局面：一是完善财政投入机制，设立农业文化遗产保护与发展专项资金，整合各类涉农项目资金，用于太行山旱作梯田系统的保护与发展；二是完善政策激励机制，充分调动社会资本，努力争取企业、非政府组织等的财力支持；三是完善产业促进机制，以传承农耕文化为出发点，拓展农业功能，丰富项目业态，打造农业文化遗产品牌，推动实现农业提质增效、农民就业增收；四是完善多方参与机制，以政府为主导，联合科研院校开展系统研究，引导相关企业采用传统农耕技艺开发梯田农产品与特色旅游纪念品，继续支持“涉县梯田保护与利用协会”参与旱作梯田保护与利用，不断提升当地群众保护农业文化遗产的自觉性和主动性。[③]

注释

①农业部农产品加工局:《第二批中国重要农业文化遗产——河北涉县旱作梯田系统》，中华人民共和国农业农村部网，2014年6月24日。

②《联合国〈生物多样性公约〉缔约方大会第十五次会议（COP15）今日开幕》，中国日报网，2021年10月12日。

③汪涛:《走进河北涉县旱作梯田系统》，农民日报澎湃号，2020年1月1日。

④王月红、张晓楠:《旱作梯田 因地制宜蓄水土 地种百样不靠天》，农民日报澎湃号，2020年1月1日。

⑤白明山:《新华全媒+|深藏太行的旱作梯田藏着怎样的老种子“密码”》，新华社新媒体，2021年10月12日。

⑥岳文婷:《新华全媒+|太行梯田春耕背后的变与不变》，新华社新媒体，2022年4月10日。

参考文献

[1] 智慧娟、贺献林、牛会玲:《河北涉县旱作梯田系统入选全球“生物多样性100+全球典型案例”》，河北新闻网，2021年10月9日。

[2] 赵泽众:《新闻纵深|涉县梯田，勾画生物多样性之美》，河北新闻网，2021年10月28日。

[3] 涉县融媒：《"银装素裹"美如画！新华社组图刊发涉县后池梯田雪景》，中原新闻网，2020 年 1 月 9 日。

[4] 汪涛：《传承农耕文明 助推乡村振兴——让涉县旱作梯田系统在保护与开发中焕发新生机》，《农民日报》，2019 年 12 月 19 日。

[5] 王月红、张晓楠：《旱作梯田 因地制宜蓄水土 地种百样不靠天》，农民日报澎湃号，2020 年 1 月 1 日。

（撰文：魏梁　张落桐　张兆方）

内蒙古阿鲁科尔沁草原游牧系统

内蒙古阿鲁科尔沁草原游牧系统以蒙古族传统的“逐水草而居，食肉饮酪”的生产和生活方式为特征，在游牧系统内的三要素——牧民—牲畜—草原（河流）之间，形成了天然的相互依存和相互制约的关系。千百年来，这种不可分割的“三角关系”延续至今，不断孕育和发展着蒙古族这一草原民族所独有的生产方式、生活习俗、文化特质和宗教信仰，时刻体现着深藏在蒙古族人民血脉之中的崇尚天意、敬畏自然、天人合一的生

冬夏营地转场 特色农具（邹宝良 摄）

活理念。时至今日，这种理念还在随着社会的进步而不断更新、演化和传承。

阿鲁科尔沁草原游牧系统于2014年5月被列为第二批中国重要农业文化遗产。2017年8月，正式启动申报全球重要农业文化遗产工作。2019年6月12日，阿鲁科尔沁草原游牧系统被列入第二批中国全球重要农业文化遗产预备名单，2022年5月20日被联合国粮农组织正式认定为全球重要农业文化遗产。①

一、遗产历史传承

阿鲁科尔沁旗蒙古族游牧业生产具有悠久的历史，是中国古代草原游牧文化的发祥地之一。特殊的地理环境孕育了古老的草原游牧文化，其有文字记载和文物佐证的历史就有5000多年。从历史上来看，阿鲁科尔沁旗蒙古族游牧业发展主要经历了以下几个阶段：

春秋战国时期——游牧系统初具雏形　春秋战国时期，诞生并兴起于漠南黄河河套地区（指内蒙古自治区和宁夏回族自治区境内贺兰山以东、狼山和大青山南、黄河沿岸的地区，统称河套）和阴山（今内蒙古狼山、大青山等）一带的匈奴系民族，利用中原各国政权混战之机，雄起于欧亚草原，成为第一个实现统一的北方游牧民族政权。青铜兵器的使用，壮大了草原游牧民族的武装力量。他们以长期逐水草迁徙的畜牧经济所积累的动物题材作为自己的装饰特征，创造了灿烂的游牧文明，对中国及世界历史产生了深远影响。

辽、金时期——游牧生产方式盛行　近年来考古发现的辽代壁画墓中，从与人共同生活的马、牛、羊可以看出，当时的畜牧

业已成为主导产业，马已成为主要交通工具。从精雕细刻的马鞍具、弓、箭、木制油漆家具、饰具等可以看出，当时生活在这里的人民，不但从事畜牧业，而且兼营狩猎业，同时手工业也达到相当高的水平。

元、明时期——阿鲁科尔沁旗建制，游牧系统快速发展 后金天聪八年（1634）皇太极划分牧地，将归顺后金的蒙古四子部安置于阴山山脉东北侧；将阿鲁科尔沁部安插在乌尔吉木伦河北岸、札鲁特部与巴林部之间，并于清朝崇德元年（1636）分别建旗。此后，阿鲁科尔沁旗的游牧系统得到了快速发展。

清朝时期——游牧草地因垦荒而受到破坏 清末新政时期，清政府废除了过去的所有禁垦令，阿鲁科尔沁旗、察哈尔部左翼四旗、热河围场、热河牧场、敖汉旗、巴林旗、东札鲁特旗、西札鲁特旗的荒地一律放垦，进入全面放垦时期。到光绪三十三年（1907）底，阿鲁科尔沁旗可耕种土地达到5000多公顷，草场受到了较大破坏。

中华人民共和国建立以后——在“以粮为纲”等政策下草场面积缩减 中华人民共和国建立以后，为了发展经济、恢复生产，制定了不少政策。在“多种多收、高产多收”“以粮为纲”等政策号召及片面强调粮食生产的背景下，把大面积草原开垦为农用耕地。

二、遗产价值与特点

遗产的生态价值

生物多样性维持 阿鲁科尔沁旗（以下简称“阿旗”）传统草原游牧业的形成和发展有着悠久的历史，属于世界草原畜牧业中的经典产业。其干旱半干旱草原属于典型的不平衡生态系统，只有游牧型草原畜牧业才是其合理的产业选择，它蕴含着丰富的适应性管理知识。在未来的一段时期，阿旗草原地区的主导文化都将以游牧文化为精髓，它是充分吸收包括农业文明、工业文明和信息文明在内的一切人类文明优秀成果的体现。

生态适应　草原游牧畜牧业是人们在千百年的自然选择中，提炼出的符合家畜自然生长规律、生物与自然能够和谐共处的生产方式。首先，是基于对自然环境的保护。草原和家畜是互利共生关系，适度采食能促进牧草生长，同时保证牧草鲜嫩，家畜将粪尿提供给草原，供给草原丰富的营养，使草生长得更好。其次，实现不同季节草原的科学分配。结合气候特征合理分离春、夏、秋、冬季牧场。再次，家畜生理特征与环境相适应。转场游牧方式可以有效预防家畜疾病，牧民在游牧到夏季牧场前，首先进行驱虫，让家畜把体内的寄生虫及虫卵排净，一身干净地转场到千里之外，可以切断传染源，确保健康。另外，放牧运动本身有利于健康。生命在于运动，运动有利于所有动物的健康。当今圈养舍饲条件下，家畜因运动不足造成了诸多疾病。现代畜牧业是在具备高标准草场的基础上，实施划区轮牧，让家畜运动起来。最后,是地区传统文明的延续。长期的实践证明，建立在与生态环境和谐共处的情况下的游牧生产方式，是自然选择的结果，符合自然发展规律，这正是草原民族传统文明得以延续的原因。

防风固沙　阿旗的林木品种主要有杨树、山杏、锦鸡儿、沙棘、黄柳、油松、樟子松、柠条等十几个品种，这些林木品种普遍具有抗旱、抗风蚀、耐沙埋等特点，具有防风固沙的生态保护作用。

水土保持 通过近几年的严加保护和规模治理，阿旗的土地、草牧场沙化趋势得到有效遏制，区域生态屏障基本建成，原生态游牧区这一游牧民族赖以生存的净土得到较好的保护。

水源涵养 游牧系统凭借其大面积的草场、厚层的枯枝落叶和发达的根系，能够起到良好的蓄水和净化水质的作用。

养分循环 在游牧系统中，牲畜与牧草之间形成养分循环。放牧能使牧草和牲畜相互提供营养物质，可对草原生态系统的物质循环起到促进作用。

遗产经济价值

保障畜牧产品安全 来自草原的牛羊等草食动物即传统游牧条件下的畜产品，是无污染的天然绿色产品。就畜产品品种而言，牛、羊、马等几个重要品种就可提供肉、奶及内脏产品近百种。就数量而言，阿旗是全国知名的畜牧业大旗，近些年全旗大小牲畜存栏始终保持在 200 万头（只）以上。就质量而言，阿旗具有丰富多样的草原类型，可以确保家畜采食百草，营养丰富全面。就营养而言，牛肉含有丰富的蛋白质，能提高机体抗病能力；羊肉补气滋阴，暖中补虚，开胃健脾。

提供生物能源 牧民以牲畜粪便作为燃料，体现了游牧民族融于草原自然生态系统的特点。从客观上看，这种习惯保护了草原的生态环境，与烧草相比，这样做对草原环境的破坏程度很小。

提供部分日用原料 草原游牧方式生产的皮革，生长中经过风吹日晒和雨雪冰霜的锻炼，柔韧性更强，制成的产品更加经久耐用。阿旗的昭乌达肉羊的羊毛产量高，具有弹性好、吸湿性强、保暖性好等优点。阿旗山羊绒是羊绒中的上品，主要来自罕山白绒山羊，过去与绿豆和麻黄草并称为“阿旗三宝”。

遗产社会价值

发展旅游 在长期的生产生活实践中，阿旗牧民创造了独具特色的草原游牧文化。游牧系统独特的草原景观、游牧文化和历史遗产，共同形成了独特的旅游景观产品，具有巨大的旅游经济价值。

科学研究 阿旗畜牧业生产历史悠久，通过长期生产实践积累形成的游牧文化和生产技术具有科研价值。阿鲁科尔沁草原游牧系统在研究植物学、动物学、植物生态学、动物生态学、环境科学、森林生态学、森林病虫害防治，以及水土保持和生物资源的可持续开发利用等教学科研方面，具有重要价值。

遗产示例

定时移场 每年六七月份牧草长成的时候，阿旗牧民赶着牛羊，车载蒙古包等生产生活所需用品，去罕乌拉山脉以北的移场点。在那里待上三四个月后，等到10月天气变冷，又陆续回到嘎查村所在的冬营地，日行夜息，风餐露宿，逐水草而牧，形成了出场和回场的壮观场面。[②]

敖包祭祀 祭敖包是蒙古族重要的祭祀活动，是草原民族崇尚自然思想的表现形式之一。其目的是庆祝牧业生产喜获丰收，表达人们崇拜大自然、希望风调雨顺的愿望。在长期的社会生活实践中，敖包已经逐渐演化为游牧民族祭天、祭山、祭四方的神坛，也成为路标和界标，同时还是青年男女相会和谈情说爱的地方。

蒙古包 高原季节性强风、暴雨、风雪发生时，蒙古包的半球形形状可以最大限度地缓解这些自然力对它的冲击作用。毡子比土墙、砖墙更能隔热、防潮，并且不隔音（声波传导性好），待在蒙古包里的牧人可以在不出屋的情况下，掌握畜圈及其附近发生的意外情况。

遗产特点

互补性　独特的地理区位、生态环境、生产方式和文化传承，促成了阿鲁科尔沁草原游牧系统的良性循环即互补性。

在传统草原游牧畜牧业中，家畜与草原形成了良性循环，草原上生产的牧草为家畜所利用，利用过程本身就是对草原牧草多样性进行调节。比如，早春菊科蒿草生长旺盛，幼嫩时即被家畜吃掉，这就避免了蒿草影响其他植物的正常生长。家畜排出的粪尿作为有机肥料为牧草提供营养，家畜在草原上进行采食、践踏和排泄粪尿，会增加有机肥料并促进牧草根部生长，促进草原的适应性。家畜对牧草的采食有选择性，对某种适口性好的牧草的采食，能促进牧草的分蘖、分枝和生长。当放牧次数或放牧时期安排合理时，适口性好的牧草会在草层中适应性增强并向高产方向进化。[③]

家畜在草原上走动、奔跑，合理放牧的适当践踏，能使地面苔藓和藻类形成的覆盖层破碎，有利于自然散落的牧草种子获得生长发育的环境条件，还能使枯死的植物倒伏、破碎，加速分解，提高土壤的有机质含量。在放牧过程中，家畜的粪尿是牧草的营养物质，因此适度的放牧活动能使牧草和家畜相互提供营养物质，对草原生态系统的物质循环起到促进作用。适度的放牧活动还能提高牧草种子的生活力、牧草的再生性和草皮的弹性，增加土壤有机质，改善土壤结构，提高草地的通透性。适度的放牧行为，能使植物根系稠密，与土壤结合形成弹性很强

冬营地 沙那水库（杨伟东 摄）

的草皮，可以提高草原的耐牧性。

创造性　阿鲁科尔沁草原游牧系统的创造性体现在三个方面：一是可持续性。草场面积和载畜能力的有限性，迫使牧民在畜群规模和草场生态平衡之间做出选择，采用限制牲畜数量的办法以求得游牧业的可持续发展。④二是活态性。适当放牧对草原生态是一种合理保护，适度采食可促进牧草生长，同时可保证牧草鲜嫩。家畜采食牧草转化成的粪尿提供给草原丰富的营养，使草原生长得更好。三是复合性。游牧民崇拜并敬畏自然，他们把人、畜、草进行有机结合，科学利用并保护草场，形成森林、草原、湿地共存，牛、羊、马等多种家畜共生的局面。

三、遗产现状与前景展望

遗产现状

游牧历史悠久漫长，游牧系统独一无二　有文字记载和文物佐证的阿鲁科尔沁游牧历史有5000多年。巍峨的大兴安岭、广袤的草原、密布的河流、南部与农耕地区紧密接壤等基本生态和地理要素有机组合，满足了理想的游牧系统所应具备的最优越的自然地理条件。

自然景观巍峨壮阔，生物类型多种多样　阿旗沃野千里，山川秀丽，水草肥美。遗产地有森林、灌丛、草原、湿地等多样的生态系统，承担着保护大兴安岭南麓山地典型的过渡带森林—草原生态系统的完整性，保护西辽河源头的重要湿地生态系统，保护栖息于该生态系统中的野生马鹿（东北亚种）种群，保护国家重点保护鸟类大鸨、黑鹳及其他珍稀濒危鸟类的繁殖地等重要功能。阿旗已经形成了以牛、羊、马为主要牲畜品种的传统草原游牧生态系统，在本地畜牧业生产中具有不可替代的独特优势。⑤

游牧传统光彩依然，传承融合持续发展　历经世世代代的传承和发展，传统蒙古族游牧生产过程中选育良种、接羔保育、分群放养、大小牲畜结构合理搭配等环节，都蕴含着科学实用的生产经验、人与自然和谐发展的朴素思想。这些可行的方法与天人合一的传统理念延续到当代，就是现代农业生产中所推崇的保护生态与自然、发展有机与绿色食品等。

游牧文化独具特色，牧民生活多姿多彩　当地牧民世世代代过着逐水草而居的游牧生活，养成了吃苦耐劳、性情豪放、热情好客、热爱生活、爱护家畜的性格特点。牧民们放牧途中经过敖包，或者每逢年节，都要祭祀敖包，以此表达对大自然慷慨恩赐的感激之情。每到夏季的那达慕大会，牧民们会聚一堂，高歌赞美上苍，用美食祭祀敖包。骑马、摔跤、射箭的“好汉三赛”，把这些活动推向高潮。

发展前景

完善制度体系，加强生态保护 阿旗人民政府编制了《内蒙古阿鲁科尔沁草原游牧系统保护与发展规划》，出台了《阿鲁科尔沁草原游牧系统保护暂行办法》[⑥]等一系列政策性文件，对游牧区保护内容、责任分工、开发原则、经费保障等方面进行了明确，进一步规范了游牧区的保护管理。

完善保护机制，根据内蒙古自治区相关法规，阿旗制定出台了“生态保护与建设的暂行规定”“生态环境违法行为举报奖励办法”“森林草原防火工作责任追究办法”等规范性文件，严格执行《赤峰市禁牧休牧和草畜平衡条例》，推行草畜平衡制度等。近几年，通过严加保护和规模治理，阿鲁科尔沁草原的土地、草牧场沙化趋势得到有效遏制，区域生态屏障基本建成，原生态游牧区这一游牧民族赖以生存的净土得到较好的保护。

草原生态好秋景（谭志民 摄）

弘扬游牧文化，拓展产业空间 近年来，阿旗旗委旗人民政府紧紧围绕加

快发展和改善民生两大主题，着眼建设“五大基地、一个平台”，即绿色农畜产品生产加工输出基地、优质牧草全产业链产业示范基地、清洁能源输出基地、生物天然气生产应用示范基地、蒙古族游牧文化特色旅游休闲度假基地和大宗农畜产品交易平台，阿旗旗委旗人民政府带领全旗干部群众解放思想、扎实苦干，有效推动了全旗经济社会健康快速发展。

阿鲁科尔沁草原游牧系统被列为中国重要农业文化遗产后，通过各级各类媒体的大力宣传，其在国内外的知名度和影响力大幅度提升。阿旗旗委旗人民政府围绕建设“绿色农畜产品生产加工输出基地”，利用游牧区纯净无污染的有利条件，着力建设优质肉牛羊天然养殖基地，建立畜产品可追溯体系，全力培育地标品牌，丰富“天然、绿色、安全”特质，打造草原游牧系统生态产品；围绕建设“蒙古族游牧文化特色旅游休闲度假基地”，引进实力企业，科学合理进行旅游规划和开发建设，促进一二三产业融合发展。

注释

①刘东雪、董亮：《内蒙古阿鲁科尔沁草原游牧系统被认定为全球重要农业文化遗产》，中国旅游新闻网，2022 年 5 月 24 日。

②秦志伟：《草原上的牧马人》，《中国科学报》，2016 年 12 月 21 日。

③崔培蕾：《绵羊的放牧方式和季节性营养障碍》，《现代畜牧科技》2017年第6期。

④刘明远：《论游牧生产方式的生产力属性》，《内蒙古社会科学（汉文版）》2005年第5期。

⑤《内蒙古高格斯台罕乌拉国家级自然保护区》，https://baike.so.com/doc/9901973-10249191.html。

⑥于伟东：《走进内蒙古阿鲁科尔沁草原游牧系统》，《农民日报》，2019年12月28日。

参考文献

[1] 牙克石融媒：《内蒙古阿鲁科尔沁草原游牧系统正式认定为全球重要农业文化遗产》，人民日报客户端 内蒙古频道，2022年5月21日。

[2] 丛德新、贾伟明：《欧亚草原史前游牧考古研究述评——以史前生业模式为视角》，《西域研究》2020年第4期。

[3] 弓春伟、王玉甫：《内蒙古阿鲁科尔沁草原游牧系统正式被认定为全球重要农业文化遗产》，澎湃号腾格里新闻，2022年5月20日。

[4] 孤凤：《蒙古行思录第34集：巴林、阿鲁科尔沁》，360doc.com，2017年4月17日。

[5] 姜淑娟、李震宇：《阿鲁科尔沁旗打造现代农牧业升级版》，《赤峰日报》，2016年7月22日。

[6] 刘明远：《论游牧生产方式的生产力属性》，《内蒙古社

会科学（汉文版）》2005 年第 5 期。

［7］秦志伟：《草原上的牧马人》，《中国科学报》，2016 年 12 月 21 日。

［8］视觉赤峰：《阿鲁科尔沁，草原游牧文化的一方净土》，中共阿鲁科尔沁旗市委宣传部，2021 年 8 月 26 日。

［9］王文通：《尘封“阿旗三宝”唤回绿水青山》，《松州学刊》2013 年第 1 期。

［10］于嘉：《中国重要草原游牧区千余户牧民踏上夏季转场之旅》，兴安在线，2020 年 6 月 2 日。

［11］奔腾融媒：《内蒙古阿鲁科尔沁草原游牧系统正式被认定为全球重要农业文化遗产》，澎湃号，2022 年 5 月 20 日。

（撰文：黄波　曾子心　徐璐铭）

福建安溪铁观音茶文化系统

福建安溪铁观音茶文化系统，是以传统铁观音品种选育、种植栽培、植保管理、采制工艺和茶文化为核心的农业生产系统，以及该系统在生产过程中孕育的生物多样性，发挥的生态系统功能，呈现的人文和自然景观特征。[①]福建安溪铁观音茶文化系统申报全球重要农业文化遗产的申报地为福建省安溪县，批准时间为2022年5月20日。

一、遗产历史发展

安溪境内层峦叠嶂，雨雾笼罩，气候温和，茶树生长环境条

美丽茶山（谢旭东 摄）

件得天独厚。县内茶叶生产历史悠久，始于唐末，兴于明清，盛于当代，可谓千年积淀，百年发展，十年腾飞。

从历史上看，福建安溪铁观音茶文化系统演变的过程主要分为以下几个阶段：

1.安溪茶和茶文化的起源与发展

唐代是我国茶业兴起的时期，史称茶兴于唐而盛于宋。据安溪民间族谱记载，唐末五代时期，安溪开始开山种茶制茶。

宋代是我国历史上茶叶生产和茶文化大发展的一个重要时期。这一时期，安溪茶业也有较大的发展。“宿雨一番蔬甲嫩，春山几焙茗旗香”，这是宋朝黄夷简退隐安溪所作的山居诗。明万历《安溪县志》载：“茶名于清水，又名于圣泉。”清水、圣泉皆寺院。清水寺位于安溪蓬莱山上，始建于北宋元丰六年（1083）；圣泉寺则位于安溪驷马山左侧，大致建于唐天祐年间。从史料中可看出，宋代安溪不论寺庙或农家都已普遍产茶，并能对茶叶品质做出比较、鉴别和评价，这也充分说明宋代安溪种茶、制茶、饮茶已发展到了一定的水平。

2.明清安溪铁观音的发现与乌龙茶的制作技艺

明清时期是我国古代茶业和传统茶学由鼎盛走向终极的一个阶段，安溪茶业也不例外。在这一阶段，安溪茶业接连发生了几件震撼中外茶界的重大事件：如乌龙茶的发明创制、名茶铁观音的发现、乌龙茶制作技术和铁观音茶苗传入台湾。

清初，安溪茶农发明创制了独特的采制工艺，并形成了独特的茶类——乌龙茶。乌龙茶和铁观音的关系十分紧密，铁观音属于乌龙茶，而且还是乌龙茶的代表。民国《建瓯县志》载：“乌龙茶叶厚而色浓，味重而远，凡高旷之地，种植皆宜，其种传自泉州安溪县。”②

台湾的乌龙茶及其制作技术源自安溪。其由来流传着两种传说：安溪在明末清初发明创制的乌龙茶，不久就传入台湾；清嘉庆三年（1798）前后，安溪人王义程在台湾把乌龙茶制作技术进一步改进、完善，创制出包种茶，并在台北广大茶区大力倡导和传授。光绪十一年（1885）安溪人王水锦、魏静相继赴台，在台北七星区南港大坑（今台北市南港区）传授包种茶产制技术。③以上就是“魏说”和“王说”的由来。

清代中期，安溪茶叶相当有名，产量也大。乾隆年间《安溪县志》载，崇信出者多，惟凤山、清水岩得名。乾隆年间《晋江县志》云：“茶，城中所食，来自安溪。”乾隆年间同安县不产茶，所用者安溪清水留山诸种。清光绪三十年（1904），安溪生产的乌龙茶呈逐渐振兴之势，全县茶叶产量达1250吨。此后，铁观音生产不断发展，质量不断提高，市场不断扩大，成为茶中之王，香飘四海，享誉五洲。

3. 安溪茶种植制度的发展

爱心茶园（谢旭东 摄）

明崇祯年间，安溪茶农在长期的生产实践中，从茶树枝条压在土壤中能生根发芽而得到启发，创造出“茶树整株压条繁殖法”，这标志着茶树从有性繁殖到无性繁殖的转变；民国九年（1920）前

后，西坪乡茶农试验“长穗扦插繁殖法”获得成功；民国二十四年（1935）西坪乡平原村教师王成文改“长穗扦插法”为“短穗扦插法”。[④]短穗扦插法克服了种子播种的有性繁殖法和压条繁殖的无性繁殖法的种种不足，具有省母树枝条、省操作工时，又能保持母树优良种质，还能大量培育优良出圃苗木的优点。

4.安溪铁观音茶文化的传播

安溪人既是包种茶的始祖，也是台湾包种茶打开内外销市场的开拓者。清光绪八年（1882），安溪人王安定、张占魁等人合股在台北开设“建成号”茶庄，营销包种茶，其市场不断扩大，生意长盛不衰；自民国九年（1920）起，每年春秋两次，举办包种茶技术讲习会，对包种茶技术的传播与改进起了重要作用。至民国十九年（1930）前后，台湾各产茶区都能制造包种茶且产量逐年增加，出口量凌驾于乌龙茶之上。

清道光二十二年（1842）前后，安溪的青心乌龙传入建瓯。相传光绪十一年（1885）前后，由林凤池把青心乌龙带回台湾，种植于冻顶山。几经发展，青心乌龙成为台湾茶树种植面积最大的当家良种。据说光绪二十二年（1896），安溪大坪人张迺妙受同乡族人之托，回家乡携带纯正铁观音茶苗一批，种植于木栅区樟湖山获得成功并逐步发展，成为台湾最具代表性的正宗铁观音产区。如今木栅茶园已被列为台湾观光农业的一部分，是民众和游客休闲游览的好地方。

2012年是安溪铁观音茶文化系统申遗工作启动元年。2014年，安溪铁观音茶文化系统被认定为第二批中国重要农业文化遗产。2019年1月，安溪县启动全球重要农业文化遗产申报工作。2019年6月，安溪铁观音茶文化系统入选第二批中国全球重要农业文化遗产预备名单，10月入选农业农村部向联合国粮农组织推荐的申报全球重要农业文化遗产名单。[⑤]2019 年 9 月以来，联合国粮农组织全球重要农业文化遗产科学咨询小组专家海琳达·欧耶琪、李先德、闵庆文都曾前往安溪，并对安溪铁观音茶文化系统进行实地调研和考察，对安溪县茶文化系统传承保护发展工作给予极大肯定。2021 年 4 月，12 个驻华国际组织的外交官走进铁观音发源地，交流安溪铁观音农业文化遗产保护发展经验。2022 年 5 月 6 日，联合国粮农组织对安溪铁观音茶文化系统进行线上考察并最终确定安溪县为第一个接受线上考察的重要农业文化遗产候选地。5 月 20 日，福建安溪铁观音茶文化系统被联合国粮农组织（FAO）正式认定为全球重要农业文化遗产。

二、遗产价值与特点

遗产生态价值

生物多样性保护　福建安溪铁观音茶文化系统中的植被较为丰富，乔木主要有柿子树、桂花、龙眼、荔枝树、柠檬桉等，灌木主要有茶树、盐肤木等，草本主要有牛筋草、黄花菜、下田菊、苦艾、五节芒、芒草、酢浆草等。据安溪县林业局统计，经常光顾茶园的鸟类大约有 44 种，它们中有鸢、灰胸竹鸡、雉鸡、斑鸠、草鸮、云雀、家燕、山脊鸰、伯劳、八哥、柳莺、麻雀等；除此之外，还有出没于茶园的家禽如鸡、鹅等。茶园内还有一些捕食性动物，主要有哺乳类（鼬、蝙蝠等）、两栖类（青蛙、蟾蜍）、昆虫类（螳螂、蟋蟀）等，这些动物在茶园生态系统中均有其独特的作用。因此，茶园生态系统中动物种类和数量较一般的荒地要丰富得多，它们保护着珍稀鸟类及其他生物的多样性。

水源涵养　通过“茶—林—绿肥”复合栽培模式，福建安溪铁观音茶文化系统达到了乔木、灌木、草的有机结合。铁观音生态茶园可通过乔木和灌木冠层截留雨水，草本植物和枯落物持水，土壤非毛管空隙蓄水，实现其水源涵养的功能。通过野外调查发现，铁观音生态茶园乔木的郁闭度为20%～30%，茶树的郁闭度可达95%以上，这样可避免雨水直接冲刷土壤，并且能将降雨部分截留或者全部截留，从而减少了地表径流。铁观音生态茶园的土层厚度在50厘米以上，也能较好地储存水分。

气候调节与适应　福建安溪铁观音茶文化系统具有调节气温使茶园内温度日较差减小、提高空气湿度使茶园微域环境湿度相对稳定，降低光照强度以改善光质等气候调节的功能。通过实地测定，传统茶园夏季茶蓬表面的气温明显低于裸茶园，茶树系统在长期发育过程中形成了忌强烈直射光、喜散射光等喜光耐阴的特点，其光合作用补偿点较高，光饱和点较低。在铁观音传统茶园中，通过乔、灌、草垂直结构，可对环境体系的温、湿度和水分的平衡起到调节作用。

养分循环　福建安溪铁观音茶文化系统拥有传统茶园，通过坡壁留草种草、套种绿肥和割青埋青用作绿肥，使得土壤养分得到较好的改善。传统茶园矿质元素富集向上的趋势比裸茶园要快，其良好的土壤物理性状加速了茶园土壤系统内的生物循环，提高了土层土壤肥力，保证了根系对矿质元素的吸收，从而优化和提高了茶叶的自然品质。

水土保持　茶树根系发达，根的深度一般可达60厘米～80厘米，根幅一般可达100厘米以上，这使茶树固持的土壤较多。因此，要对茶园土壤进行合理耕作，疏松土壤可促进微生物活动，加速土壤熟化，有利于茶树根系的生长和更新。[6]茶园还可通过放养蚯蚓疏松土壤，增加土壤孔隙度，改良土壤结构，促进茶树根系生长。[⑦]此外，在茶园行间铺草覆盖和套种绿肥，不仅可以防寒防旱，增加土壤有机质和生物活性，还能减少水土流失和抑制杂草滋生。[⑧]相比较裸露地面，茶园能有效地保持水土，而茶园坡壁留草可使保持水土的功能显著提高。

遗产经济价值

福建安溪铁观音茶文化系统最为主要的农产品即茶叶，除此之外，还包括茶园的一些间作植物。通过实施“茶－乔（果树、珍贵木材树种)－草本（花生、豆类、绿肥等）”的复合栽培，安溪铁观音生态茶园不仅收获了品质优良的铁观音茶叶，而且收获了其他农林产品。安溪铁观音是乌龙茶中的极品，以其香高味醇、青蒂绿腹红镶边及冲泡多次有余香的独特风格饮誉海内外。[⑨]据《中国名茶》载：安溪铁观音鹤立鸡群，名闻全球，堪称茶中之王，获得国内外人士的赞誉。它畅销国内大江南北，出口 40 多个国家和地区，成为各地茶叶店的镇店之宝，有“没有铁观音不成茶店”的说法。铁观音既可登上大雅之堂，又能溢香于百姓之家，深受广大消费者的喜爱。除此之外，铁观音茶园也提供多样化的农林副产品，如黄花梨等珍贵木材、油柿等水果，以及花生、黄豆、薯类等农作物。

食物营养安全　茶叶中含有丰富的营养素和药物成分，具有防治多种疾病的功能和较好的保健作用，因此它被称为天然的保健饮料。据检测，安溪铁观音中共发现有 30 余种矿物质元素。

原料供给　安溪铁观音是茶叶精深加工业的重要原料。以铁观音鲜叶或成品茶为原料，可从茶中分离和纯化抽提出其特效成分，或改变茶叶本质制成新的产品。根据铁观音茶叶成分的药理功能和保健功能，加工生产各种药茶和保健茶等产品。可利用茶叶中多种有机成分、微量矿质元素及防病治病特效成分，作为食品的辅料进行综合性加工。

药用资源　安溪铁观音鲜叶中含有相当丰富的有机成分。已有流行病学和实验室研究资料表明，茶叶中的主要组成成分茶多酚、儿茶素对多种化学致癌物引起的肿瘤特别是上消化道肿瘤具有预防作用。[10]

遗产社会价值

休憩和保健功能　安溪县铁观音茶园分布在条件优越的自然环境中，区内群山环绕、丘陵起伏，苍山青翠、花草繁茂，四季常青、空气清新，这种优美的田园风光，对向往“回归自然”的旅游者有强大的吸引力，同时也是进行养生保健的最佳场所。

就业增收　2017 年全县 26 万农户中有 20 万农户种植茶叶，加工茶叶；121.46 万人口中有 50 多万人以茶为生，35 万劳动力从事与茶相关的行业；100 万农民中有 80 多万人受益于茶产业。茶业的发展同时带动了包装印刷、机械制造、食品加工、交通物流、餐饮旅馆、茶文化旅游以及房地产的发展。

休闲农业　近年来安溪县开发了茶文化旅游景点。除了景点旅游和茶庄茶园，为了满足城市居民的休闲旅游需要，当地以茶文化为依托，开发以“茶园观光、欢乐农家”为主题，集游、购、品于一体的休闲农业基地。人们来到茶产区，既可欣赏当地美丽的风光，又可体验采茶、炒茶、品茶的乐趣，还可了解茶文化知识，可谓一举多得。结合当地铁观音茶悠久的历史，安溪人大力发展休闲农业，不仅传承发展了茶文化，还带动了当地相关经济的发展。

遗产文化价值

文化传承 安溪茶文化古老独特，内容丰富，形式多样，集历史、经济、宗教、民俗、礼仪、教育、医学、园艺、陶艺于一堂，融诗词、书画、歌舞、戏剧、文学艺术于一体，是安溪人民勤劳智慧的结晶，是安溪文明的象征。在长期的实践中，安溪茶农不但创造出一套精湛的制茶技艺，而且形成了一套十分讲究的品茶技艺——安溪茶艺。安溪茶艺是福建安溪铁观音茶文化系统的精华之一，带有浓厚的闽南生活气息和艺术情调，它追求清雅，向往和谐，在人与茶的互动中，传递着“纯、雅、礼、和”的茶道精神。

茶俗文化 安溪是一个有着一千多年产茶历史的古老茶乡，通过长期的积累、演变和发展，形成了一种独具特色的茶俗。通过口传心授、世代传承，安溪茶文化渗透到茶乡人的生产、生活，渗透到人们的衣食住行、婚丧喜庆、迎来送往的礼俗和日常的交际之中。

茶香人家（邓文祥 摄）

民俗信仰，每逢农历正月初一、十五，安溪农村不少群众有向佛祖、观音菩萨、地方神灵敬奉清茶的传统习俗。[11]

婚丧嫁娶，早在明清时期，随着安溪茶业的兴盛，茶就以一种特殊意义和特殊形式融入婚丧嫁娶、祭祀扫墓活动中。

斗茶与茶王赛，随着乌龙茶的发展和铁观音的创制，在相互交流、切磋、比试制茶技艺过程中，安溪民间形成了斗茶习俗，并逐步演变成茶叶质量的比赛，形成安溪铁观音茶王赛的雏形。

茶诗、茶歌、茶联、茶谚　茶叶在安溪的历史源远流长，茶在当地人的物质生活中已成为不可缺少的一部分。早在五代时期，安溪就有茶诗传世。清初，安溪铁观音发现并得到广泛传播后，安溪品茶、咏茶诗风大兴。安溪茶乡千百年来种茶、品茶、唱茶，处处茶香处处歌。古老的安溪茶歌以闽南方言及安溪茶歌调演唱，语言通俗，曲调优美，内容丰富，形象鲜明。这些茶歌或表述茶乡的生活感触，或体现爱情生活中的悲欢离合，或反映茶乡今昔的巨大变化。唐末，安溪就有茶联出现。明末清初以来，特别是当代，安溪乌龙茶声誉日隆，安溪的茶店、茶庄悬挂茶联成为一种时尚，茶联随处可见。安溪茶农在生产劳动和生活实践中，总结、提炼、形成了一系列言简意赅、口语化的茶谚，它们大多以闽南方言传诵，保留着浓厚的地方特色和乡土气息。

三、遗产现状与前景

遗产现状

铁观音的发源地　铁观音又称红心观音、红样观音，既是茶叶的名称，又是茶树品种的名称。清雍正年间在福建省安溪县西坪镇发现并开始推广。

乌龙茶的发明创制　勤劳智慧的安溪人民，吸取红茶“全发酵”和绿茶“不发酵”的长处，发明了“半发酵”的铁观音制茶技艺。[12] 此项制茶技艺被专家认为是精湛绝伦、巧夺天工。在世界各大茶类中，唯独安溪铁观音香气最丰富、最持久，因此安溪又被誉为“中国乌龙茶之乡”。

传统的生态茶园管理体系 一是茶园合理种树，推广带状茶—林模式，间作树种主要以落叶乔木、常绿乔木和小乔木树种为主，起到夏天遮阴、冬天落叶覆盖地表的功能。二是梯（坡）壁种草留草，尽量保留梯（坡）壁的杂草，以覆盖地表、保持水土，提供生物栖息场所。茶叶采收后割草，并将草覆盖或埋入茶园行间。三是套种绿肥，在未封行的茶园和幼龄茶园行间套种一年生绿肥，有效防止表层土壤养分蒸发和水土流失，同时把种植的绿肥作为饲料或肥料。这种复合生态系统维持了生物多样性，保持了水土和土壤养分循环等生态功能。

独特而悠久的茶文化 在人与茶的互动中，安溪铁观音茶艺形成了“纯、雅、礼、和”的茶道。同时，随着安溪乌龙茶的发展和铁观音的发现，茶农们相互交流、切磋、比试各自的制茶技艺，从而形成民间的斗茶习俗，并逐步演变成茶叶质量的比赛。直到现在，这种独特的茶文化依然保持旺盛活力，有力促进了制茶经验技术的交流和茶叶品质的提高。

严格的质量安全监管体系 为了让消费者喝上绿色、健康、放心的茶产品，安溪县政府始终把茶产业发展作为第一要务，强化源头管控，构建信息可查询、流向可追踪、责任可追究、产品可召回的质量安全可追溯体系，实现了从茶园到茶杯的全面安全管控。因此，安溪铁观音得以拥有让消费者青睐和信赖的品牌高度。

安溪茶业面临诸多挑战 一是传统知识传承与推广面临挑战。随着中国工业化、城镇化速度的加快和农业生产比较效益的下降，现有的农村劳动力素质偏低，不利于先进农业技术的推广，

难以满足组织化、规模化的现代农业生产方式对农业经营人才的素质要求。二是面临越来越严格的食品安全标准。近年来，茶叶贸易中“绿色壁垒”不断增多，成为限制安溪茶叶出口的瓶颈之一。食品安全标准越来越高，安溪农产品质量检测能力又比较薄弱，尤其在农残检测上，检测设备、人员等方面还不能满足目前的检测需求。三是周边产区和其他茶类的竞争。随着安溪铁观音在国内外影响力和美誉度的不断扩大，周边县及省内外跟着大量种植，不仅造成产量大增，压低了市场销售价格，而且有些外县种植、加工的茶叶在对外销售中打着安溪铁观音招牌“搭便车”，导致以假乱真、以次充好的现象时有发生。四是其他茶类的竞争。其他茶类加大推广力度，市场热点轮动不断加快，铁观音的传统消费者长期饮用后出现审美、口感疲劳，加上竞争对手为抬高自己的产品恶意诋毁，使得安溪铁观音美誉度受损，产品推广压力增加。五是应对极端气候的能力薄弱。安溪茶叶生产靠天吃饭的情况比较严重，茶园基础设施薄弱，保水保肥能力较差，遇到极

古寨晨韵（陈国平 摄）

端天气的不利影响，容易导致减产，茶农生产的风险增加。

遗产前景

产业发展基础雄厚，当地政府高度重视 茶产业是安溪的民生产业。安溪县委县政府高度重视茶产业发展，始终围绕“茶业富民”这一发展主题，每个时期都围绕“建基地、提质量、拓市场、树品牌”的思路，全面组织实施“优质、精品、名牌”等战略，通过举办各种大型茶事茶文化活动，大做茶文章，茶叶品质不断提高，茶叶市场日益扩大，茶叶价格持续上升，茶叶产业迅速壮大，取得了令人瞩目的成效。

广泛的品牌影响力和市场发展潜力 安溪铁观音先后被评为外商最喜爱的中国品牌（第三位）、“福建改革开放三十年最具影响力、最具贡献力品牌”“影响世界的中国力量品牌500强”，入选“2009消费者最喜爱的绿色商标”和“中国世博十大名茶”（第一位）。2008年乌龙茶制作技艺入选国家级非物质文化遗产名录，并由文化部推荐代表中国乌龙茶制作技艺申报世界非物质文化遗产。据市场需求调查与预测，目前全国茶叶生产与销售整体上呈供略过于求的状况。据中国茶叶流通协会统计，安溪茶叶在国内茶叶市场销售份额达5%。随着生活水平的提高和对生活品质的追求，人们对茶的消费水平和质量要求也会随之提升，安溪茶叶在未来的茶叶市场中仍将具有较大的发展空间。

涉茶产业链不断拓展和完善 在以茶和茶文化为主题的旅游方兴未艾的形势下，安溪县政府相继开发了中国茶都、茶叶大观园、茶叶公园、铁观音发源地、高山生态观光茶园、茶庄园等与茶相关的旅游项目。[13] 全县按照“跳出茶叶做大茶产业、跳出安溪铁观音做大中国茶都”的“两个跳出”战略[14]，不断拓展涉茶产业

链条，搭建农民创业园，推进茶机具产业基地、茶叶包装城等一批高端产业平台，带动产业集群发展、系统升级。

重视农业文化遗产保护利用工作 安溪县具有悠久的种茶制茶历史，安溪人发明了乌龙茶独特的半发酵技艺，发现了铁观音优良品种，使铁观音种植、栽培、加工系统成为一个具有传统优势与旺盛生命力的农业系统。在难得的历史机遇下，保护好利用好这一系统，不仅对于弘扬中华优秀农业文化，增强国民对民族文化的认同感、自豪感具有重要意义，而且作为丰富休闲农业的重要历史文化资源和景观资源来开发利用，能够增强产业发展后劲，带动安溪地区农民就业增收，可以实现在发掘中保护，在利用中传承，是发挥传统农业优越性、实现农业可持续发展的有效途径。

注释

①李向娟：《安溪铁观音茶文化系统被认定为全球重要农业文化遗产》，《福建日报》，2022 年 5 月 22 日。

②詹宣猷等修，蔡振坚等纂：《建瓯县志》，1929 年。

③《台湾乌龙茶及其制作技术介绍》，茶文化网，2020 年 8 月 23 日。

④安溪竹心斋主人：《安溪故事四：安溪人对中国茶业的贡

献》，简书，2019 年 5 月 5 日。

⑤人民资讯：《喜讯！安溪铁观音茶文化系统正式列入全球重要农业文化遗产》，2022 年 5 月 20 日。

⑥说茶 TV：《多物种结合，这个福鼎白茶生态茶园不玩虚的！》，搜狐网，2019 年 12 月 11 日。

⑦飞鱼：《谈生态茶园建设与管理》，茶艺网，2019 年 12 月 6 日。

⑧潍坊诸城快讯：《生态茶园建设管理规范》，山东终身学习在线，2020 年 6 月 1 日。

⑨天兰茶府：《安溪铁观音的保健作用》，搜狐网，2018 年 11 月 7 日。

⑩史习舜、彭仙娥、周紫荆等：《饮用乌龙茶与食管癌关系的病例对照研究》，《中国公共卫生》2003 年 11 期。

⑪安溪铁观音茶文化推广中心：《古老茶乡 安溪的饮茶习俗》，茶网，2014 年 9 月 15 日。

⑫《乌龙茶制作技艺（铁观音制作技艺）》，中国非物质文化遗产网。

⑬《浅谈茶文化的旅游胜地》，百文网，2018 年 3 月 28 日。

⑭安溪报：《两个跳出、十六字方针 加速安溪铁观音茶产业转型》，茶网，2014 年 3 月 27 日。

参考文献

[1]《安溪茶业明清时期的兴盛》，普洱茶网，2012 年 7 月 24 日。

［2］醉清风：《茶叶的深加工与综合利用》，茶艺网，2020年3月16日。

［3］天鹰兄弟：《茶树该如何预防与防治病虫害》，搜狐网，2019年9月19日。

［4］《福建安溪铁观音茶文化系统》，全国农业展览馆网。

［5］安溪新闻网：《“安溪铁观音茶文化系统”获评为联合国粮农组织全球重要农业文化遗产》，澎湃新闻 澎湃号 媒体，2022年5月20日。

［6］《福建铁观音发源地，福建铁观音茶的名字由来》，普洱茶网，2019年8月18日。

［7］周湖健、赖小玲：《九日山寻茶》，《东南早报》，2018年10月12日。

［8］《蓬莱镇概览》，泉州市安溪县人民政府网，2019年2月12日。

［9］《清水岩（福建省泉州市安溪县十八景点之一）》，https://baike.so.com/doc/5977773-6190734.html。

［10］安然观茶：《五阆山：闽南乌龙茶发展史上举足轻重的地位与作用》，搜狐网，2019年6月8日。

［11］孙鹏伟：《工夫茶、乌龙茶，不能不知的冷知识》，观茶世界网，2020年10月23日。

［12］《金骏眉和铁观音哪个好喝》，普洱茶网，2020年3月23日。

［13］中国国际茶文化研究会：《三安经验调查报告（完整版）安化 安吉 安溪》，搜狐网，2019年5月29日。

［14］《安溪茶叶历史》，金骏眉网。

［15］谢荣：《青心矮脚乌龙茶一话情思》，搜狐网，2018年

4月21日。

[16] 林金科、赖明志、詹梓金：《茶树叶片净光合速率对生态因子的响应》，《生态学报》2000年第3期。

[17] 安溪竹心斋主人：《自豪！安溪人对中国茶业的贡献，来看看！》，搜狐网，2019年5月11日。

[18] 郭斌、章财根：《“安溪铁观音茶文化系统”入选国家农业文化遗产名单》，中国新闻网，2014年6月16日。

（撰文：马赛　张龙豹　庄雲捷）

敬　告

为使读者对中国的世界农业文化遗产（全球重要农业文化遗产）有更加直观具象的认识，本书转用了国内外某些单位、个人官网和书刊上已公开发表的照片或绘图。出版者充分尊重图片作者的著作权，本书出版前曾设法取得有关作者或权利人的同意授权，但由于种种原因没能做到，在此谨向有关作者深表歉意。看到本书后，敬请作者或权利人及时提供有关身份和著作权等证明材料，以便出版者根据国家有关规定支付相应稿酬。

联系电话：0531-82098512（办）

电子信箱：qilupress@126.com